O futuro da inteligência artificial

de ameaça a recurso

KEVIN SCOTT
COM GREG SHAW

O futuro da inteligência artificial

de ameaça a recurso

Tradução
André Fontenelle

Rio de Janeiro, 2023

Copyright © 2020 por Kevin Scott.
Copyright da tradução © 2023 por Casa dos Livros Editora LTDA.
Todos os direitos reservados.
Título original: *Reprogramming the American Dream*

Todos os direitos desta publicação são reservados à Casa dos Livros Editora LTDA. Nenhuma parte desta obra pode ser apropriada e estocada em sistema de banco de dados ou processo similar, em qualquer forma ou meio, seja eletrônico, de fotocópia, gravação etc., sem a permissão do detentor do copyright.

Publisher: *Samuel Coto*
Editora executiva: *Alice Mello*
Editora: *Lara Berruezo*
Editoras assistentes: *Anna Clara Gonçalves e Camila Carneiro*
Assistência editorial: *Yasmin Montebello*
Copidesque: *Bonie Santos*
Revisão: *Mariana Gomes*
Design de capa: *Renata Vidal*
Diagramação: *Abreu's System*

Dados Internacionais de Catalogação na Publicação (CIP)
(Câmara Brasileira do Livro, SP, Brasil)

Scott, Kevin
O futuro da inteligência artificial : de ameaça a recurso / Kevin Scott, Greg Shaw ; tradução André Fontenelle. – Rio de Janeiro: HarperCollins Brasil, 2023.

Título original: Reprogramming the American Dream.
Bibliografia.
ISBN: 978-65-6005-012-9

1. Carreira profissional – Mudanças 2. Inteligência artificial 3. Inteligência artificial – Filosofia 3. Futuro – Perspectivas 4. Tecnologia – Aspectos sociais I. Shaw, Greg. II. Título.

23-151121   CDD-160

Índices para catálogo sistemático:
1. Inteligência artificial : Pensamento crítico : Filosofia   160

Tábata Alves da Silva – Bibliotecária – CRB-8/9253

Os pontos de vista desta obra são de responsabilidade de seu autor, não refletindo necessariamente a posição da HarperCollins Brasil, da HarperCollins Publishers ou de sua equipe editorial.

HarperCollins Brasil é uma marca licenciada à Casa dos Livros Editora LTDA.
Todos os direitos reservados à Casa dos Livros Editora LTDA.
Rua da Quitanda, 86, sala 218 – Centro
Rio de Janeiro, RJ – CEP 20091-005
Tel.: (21) 3175-1030
www.harpercollins.com.br

*A meu pai, Jimmie Scott,
e meus filhos, Chloe e Connor*

Sumário

Introdução 9

PARTE 1: ONDE ESTIVEMOS

Quando nossos empregos começaram a acabar 23
Minha escolha de carreira 37
Histórias de superação 71
O agricultor inteligente 99

PARTE 2: PARA ONDE VAMOS E COMO CHEGAR LÁ

IA: por que ela é necessária 121
IA: o que é (e o que não é) 133
Como os modelos aprendem 149
IA: ameaça ou bênção para os empregos? 183
Política e ética 205

Conclusão 239
Agradecimentos 257
Notas 263
Recomendações de leitura 267
Leituras adicionais 271

Introdução

Sempre tive um fraco por histórias. Pode ser coisa de sulista. Coisa de gente do interior. Cresci cercado por um rico elenco de personagens com gosto pela narrativa e, às vezes, por aventuras improváveis. Todo domingo de manhã, eu recebia uma dose de duas horas da Bíblia King James através das lentes de pregadores fervorosos. Quando minha mãe se cansou de ler para mim as mesmas histórias repetidamente, aprendi a ler sozinho e implorava para me levarem à biblioteca, abastecendo-me de material novo. História. Mitologia grega. Dr. Estranho e a Patrulha do Destino. A *World Book Encyclopedia*. A *National Geographic*. O *Peterson Field Guide to the Stars and Planets*. Não havia histórias suficientes para mim.

Acontece que contar histórias não é só coisa de sulista ou de gente do interior, também é tech. No livro *O mundo da escrita*, um inspirador tratado sobre o poder das narrativas na moldagem dos povos, da história e da civilização, Martin Puchner escreve que, para contar a história da literatura, ele precisou abordar tanto as narrativas quanto as tecnologias criativas, pois a interseção entre as duas é o ponto de partida. O alfabeto é o código; o papel e a imprensa são as tecnologias de comunicação tanto quanto as linguagens de programação são o código, e a internet o meio de comunicação. Yuval Noah Harari, no livro *Sapiens*, sugere que as histórias e a infraestrutura cognitiva que se desenvolveram nos seres humanos dezenas de milhares de anos atrás são a razão mais provável para o *Homo sapiens* ter superado as espécies de humanos que existiam há setenta mil anos. Harari postula que nossa capacidade de contar histórias e as histórias que escolhemos contar são os fundamentos da nossa sociedade como um todo. Tudo, das empresas à moeda, da Constituição às leis, é uma história que partilhamos, o que nos permite coordenar nossos esforços individuais em meio a bilhões de outros seres humanos. As narrativas não são compartilhadas apenas por meio da palavra escrita: a ascensão dos podcasts e da Audible, da Amazon, nos mostraram que a tradição oral sobrevive; a Netflix e o HoloLens mostram que histórias visuais podem ser apresentadas em uma série de formatos. Jeff Weiner, meu antigo chefe no LinkedIn, diz que "nós somos as histórias que contamos", e ele tem razão, em um sentido muito literal.

Duas narrativas são dominantes em relação à IA: para os trabalhadores de baixa e média qualificação, ouvimos a história sombria de uma constante e crescente destruição de empregos; para os trabalhadores do conhecimento e profissionais liberais, ouvimos uma história idílica de conveniência e aumento da produtividade. Em uma ponta, temos uma narrativa que imagina um futuro em que a vida e o bem-estar estão à mercê de máquinas impenetráveis e da elite que as controla. Na outra, a visão de um mundo no qual o trabalho e a renda não são mais necessários e todos nos aposentamos em uma linda praia qualquer, deixando os robôs executarem todo o serviço. Nenhuma das duas, porém, capta a realidade como um todo, que é, no meu entender, uma versão mais complicada do futuro, cheia de nuances e de esperanças. Acredito que precisamos urgentemente de uma história diferente — uma sobre o potencial da IA para criar abundância e oportunidade para todos, ajudando a resolver alguns dos problemas mais incômodos do planeta. Na verdade, na minha perspectiva, com as devidas salvaguardas, a IA pode ser uma ferramenta de empoderamento que nos permitirá realizar mais daquilo que nos torna essencialmente humanos.

Introdução

Em seu livro *The Epic of America* [O épico da América, em tradução livre], de 1931, James Truslow Adams escreveu:

O sonho americano é o sonho de uma terra onde a vida seja melhor, mais rica e mais plena para todos, com oportunidade para cada um conforme sua capacidade ou suas realizações. É um sonho de difícil interpretação para as classes mais altas europeias, e muitos de nós já estamos abatidos ou ressabiados em relação a ele. Não é o mero sonho de ter um carro e um salário alto, mas o sonho de uma ordem social em que cada homem e cada mulher possa atingir o patamar mais alto de que é capaz de nascença e ser reconhecido pelos demais por aquilo que é, quaisquer que sejam suas circunstâncias fortuitas de berço ou posição.

O "sonho americano" é uma aspiração nobre, uma das ambições que inspiraram cidadãos e imigrantes nos Estados Unidos muito antes de Adams cunhar o termo. Nossa crença nesse sonho sofreu idas e vindas ao longo do tempo, e para alguns foi praticamente impossível de atingir. Mas, talvez em um grau maior que qualquer revolução tecnológica anterior, a IA pode ser usada para revitalizar o sonho americano, para reprogramá-lo em favor de todos nós na busca pelo nosso eu mais pleno.

Neste exato instante, a história do futuro da tecnologia flui de um modo que não era visto no Ocidente desde a parte final da Revolução Industrial, no início do século XX. Para alguns, a ascensão iminente da inteligência artificial e da robótica é uma história utópica, e estes mal podem esperar que esse futuro chegue. Para outros, é uma história distópica, e estes têm dificuldade em imaginar como alguém iria querer viver no mundo que estamos criando para nós mesmos.

Em muitas dessas narrativas, está implícita a ideia de que a parte rural dos Estados Unidos e os que vivem nela não importam mais. Aqueles que cuidam de fazendas e trabalham na agricultura representam menos de dois por cento da população americana. Em março de 2017, a revista *Washington Monthly* publicou que "o estado de depressão dos Estados Unidos rural vem recebendo um novo olhar em consequência da eleição de 2016, e merecidamente. As pessoas têm questionado como trazer de volta a prosperidade ao campo e recuperar a vida cívica das pequenas cidades". Em seu *Réquiem para o sonho americano*, Noam Chomsky escreve que a possibilidade de todos terem um emprego decente, comprarem uma casa e um carro e colocarem os filhos na escola "desmoronou". Compartilho a preocupação, mas não o fatalismo. Este livro revela que estamos em um ponto de virada, com a oportunidade de moldar os desdobramentos dessa história. A concretização desse potencial, de modo a garantir que venha para o bem das comunidades onde pessoas como J. D. Vance, autor de *Era uma vez um sonho*, e eu crescemos, exige uma abordagem virtuosa em relação ao desenvolvimento da IA, que a coloque na agenda pública ao lado das mudanças climáticas, das epidemias sanitárias e da educação pública.

A história que tenho para contar é diferente, uma que você nunca ouviu antes. Ela se baseia em duas experiências de vida: a primeira delas é minha própria criação, na cidade de Gladys, no interior da Virgínia, uma de tantas comunidades típicas dos Estados Unidos que foram — e continuarão sendo — atingidas pelas tecnologias emergentes. A segunda é meu cargo atual como diretor de tecnologia da Microsoft, onde temos um envolvimento profundo com o desenvolvimento de aplicações de IA, diariamente atentos ao potencial impacto sobre trabalhadores de cidades como Gladys, que sempre dependeram de trabalhadores de baixa ou média qualificação.

Do meu ponto de vista, ninguém tem contado a verdadeira história, uma história realista, sobre a IA, que não seja nem utópica nem distópica. Meu objetivo neste livro é ajudar a moldar essa narrativa, explicando, de forma realista e otimista, o potencial da IA para criar prosperidade para todos nós e não apenas para uns poucos privilegiados. Realizar esse potencial exige uma abordagem virtuosa em relação ao desenvolvimento da IA e de um conjunto de políticas que visem democratizá-la.

A IA precisa se tornar uma plataforma que qualquer pessoa ou empresa possa usar para reforçar a própria criatividade e produtividade e que possa ser usada para resolver os grandes problemas que nossa sociedade enfrenta. Em entrevista a Semil Shah, o investidor de risco Chamath Palihapitiya parafraseou Bill Gates, que teria dito: "Uma plataforma existe quando o valor econômico de todos que a utilizam excede o valor da empresa que a criou".[1] Não é certo que o valor criado pelo desenvolvimento da IA fique concentrado somente nas mãos de um punhado de empresas de elite e dos seus funcionários. Os responsáveis pelas inovações devem ser recompensados, mas é preciso que essas inovações criem uma mais-valia que beneficie as empresas e os trabalhadores em toda parte, da área rural dos Estados Unidos aos centros de inovação urbanos do litoral.

Grande parte do progresso que fizemos na criação de uma plataforma de IA capaz de, a cada ano, dar apoio a mais pessoas na criação de projetos ambiciosos é consequência direta de pesquisas financiadas e amplamente divulgadas com dinheiro público. Além do acesso às pesquisas e a esse rico mercado de ideias, o software de código aberto e a internet possibilitaram que mais pessoas, com origens e experiências mais diversificadas, realizassem coisas com IA, disponibilizando códigos e dados para desenvolvedores e pesquisadores. Mais recentemente, com o advento da computação em nuvem, as empresas que operam no ramo da infraestrutura em nuvem — como Alibaba, Amazon, Google e Microsoft — ganharam, todas, incentivo econômico para apoiar o maior número possível de desenvolvedores e fabricantes em seus esforços para criar os próprios produtos e serviços de IA na nuvem. Tudo isso é ótimo, mas não é o suficiente. *Precisamos garantir que todos possam participar do desenvolvimento dessa plataforma de IA e se envolver de forma inteligente em debates essenciais sobre como ela evolui e é governada.*

Um dos memes mais famosos da ficção científica — gênero que ninguém ficará surpreso em saber que eu adoro — é baseado em um conto escrito por Damon Knight em 1950, "To Serve Man" [Para servir ao homem, em tradução livre]. Popularizado por um episódio de *Além da imaginação* e desde então usado como referência dezenas de vezes, inclusive no primeiro episódio da série *Treehouse of Horror*, do desenho *Os Simpsons*, o conto é um trocadilho com o duplo sentido do verbo *servir*. Na história, alienígenas desembarcam na Terra e fornecem à humanidade energia e comida ilimitadas, um mecanismo que desliga as armas de guerra e a promessa de medicamentos que prolongam a vida. Um dos protagonistas humanos do conto, um personagem chamado Grigori, desconfia das intenções dos extraterrestres. Aprende o idioma deles e rouba um de seus livros, *Para servir ao homem*, que se revela não um tratado sobre como prestar serviços à humanidade, e sim um livro de receitas.

Em nosso esforço para fazer progredir o estado da arte da IA a fim de criar novos produtos, automatizar processos e descobrir negócios inteiramente novos empoderados pelas tecnologias de IA, precisamos estar o tempo todo vigilantes, para que todo esse esforço continue focado em servir ao ser humano... no sentido positivo da palavra. A boa notícia é que a IA é uma ferramenta desenvolvida e controlada por nós, humanos. Todos nós, do cientista e desenvolvedor ao empreendedor e executivo de negócios, passando pelo educador e pelo gestor público, temos permissão para tomar decisões em relação ao desenvolvimento da IA na medida em que essas decisões sejam centradas no ser humano e, no balanço final, sirvam ao bem-estar público. O equilíbrio é crucial, embora atingi-lo não seja tarefa trivial, considerando a complexidade da interseção dessas tecnologias com a sociedade e a nossa vida cotidiana.

Por fim, embora a inteligência artificial já seja, e provavelmente continue a ser, uma das tecnologias mais benéficas que o ser humano já criou, temos que ser realistas em relação às consequências negativas que virão com ela, como foi o caso com muitas das complexas revoluções tecnológicas ao longo da história. *Temos que lutar para evitar o máximo possível essas consequências negativas e, quando elas aflorarem, temos que mostrar compaixão para com os impactados, dedicando-nos ao máximo para mitigar esses impactos com a maior brevidade possível.*

Se os médicos fazem o juramento de não fazer o mal, os engenheiros de software deveriam fazer o mesmo. Engenharia de software é o meu trabalho, é como eu penso e enxergo o mundo. Atualmente, como diretor de tecnologia da Microsoft, pai e filantropo, também reflito sobre como a tecnologia afeta as pessoas, a comunidade e a sociedade.

Introdução

O duplo golpe representado pelo crescimento exponencial dos dados e do poder de processamento dos computadores tem alimentado uma revolução da inteligência artificial que, em comparação, fará empalidecerem as revoluções industriais anteriores. A Revolução da IA vai impactar radicalmente a economia e o emprego de todos durante gerações. Não sou o único a antever uma transformação maciça da natureza do trabalho causada pelas mesmíssimas máquinas que ajudei a engendrar. A prateleira de escritores de ficção científica, filósofos, economistas e especialistas em tecnologia chega a vergar sob o peso de tantas Cassandras. Meu ponto de vista, entretanto, fortalecido por ter crescido na região do sul dos EUA dizimada pelo tsunami econômico da decadência dos setores do fumo, têxtil e de móveis, foi forjado por um senso de tenacidade e otimismo.

A pergunta que este livro faz é: empresas e governos conseguirão trabalhar em colaboração para programar as tecnologias da próxima geração e as futuras políticas públicas, de modo a manter vivo o sonho americano? No ambiente atual, essa pergunta parece ingênua ou cínica. Mas o que poderia haver de mais importante? Assim como a saúde pública, as mudanças climáticas e a educação pública, precisamos de colaboração e compreensão internacionais em relação ao futuro da IA e do trabalho. Isso representa indagação intelectual, debate racional e união, sem frases feitas, sensacionalismo e divisionismo político. Da mesma maneira que alguns acreditam que é tarde demais para reverter os efeitos do aquecimento global, alguns observadores e até especialistas em tecnologia temem que a IA esteja em uma espécie de rota inalterável para tomar de nós tanto o emprego quanto a dignidade. Sou cético em relação a isso, mas as evidências que constato e leio — os avanços nos algoritmos de aprendizado de máquina, um mapeamento digital, cada vez mais exaustivo e robusto, do mundo e do conhecimento humano para o treinamento dos sistemas de aprendizado de máquina e a veloz expansão do treinamento computacional — indicam que o futuro para o qual avançamos a duras penas será muito diferente do presente.

No outro extremo do espectro de preocupações em relação ao futuro da inteligência artificial estão teorias sobre o que significam para nós, humanos, uma IA, ou uma inteligência artificial geral (IAG), poderosa. A maior parte da IA que encontramos em nosso cotidiano é feita de sistemas elaborados com as técnicas de aprendizado de máquina treinadas pelo ser humano para desempenhar tarefas bastante estreitas e específicas. Entre essas tarefas pode estar selecionar os anúncios que você vê quando navega pela internet, transformar as palavras que você verbaliza no celular ou no computador em uma transcrição de texto que possa ser processada por algum outro sistema ou identificar amigos e parentes nas fotos que você salvou para que essas pessoas possam ser tagueadas e notificadas. A IAG — que ninguém sabe ao certo quando atingiremos — teria habilidades muito mais "humanoides". Há quem imagine, com muitos receios sobre o que a IAG pode vir a representar para a humanidade, futuros como aqueles da série *O exterminador do futuro*, em que a IAG pode se tornar verdadeiramente autônoma e hostil ao ser humano. Críticos desses receios afirmam que a IA está longe até mesmo de passar em testes fracos de sapiência, como o Teste de Turing[2] ou o desafio do Esquema de Winograd,[3] e que a IA de nível humano se situa em algum momento distante e desconhecido do futuro que talvez jamais seja alcançado.

Embora eu não tenha a expertise e nem a bola de cristal para prever com exatidão quando a IAG pode chegar, tenho convivido com a tecnologia moderna por tempo suficiente e lido histórias o bastante para saber que muitas vezes subestimamos a velocidade com que tecnologias futuristas subitamente chegam. Historicamente, a IA tem sido limitada àquilo que é capaz de realizar com o poder de processamento que se pode colocar em problemas do gênero e a quanto tempo o ser humano leva para codificar lógica e conhecimento em algoritmos de IA. Hoje em dia dispomos de enorme quantidade de poder de processamento em nuvem e de diversas bases de dados de conhecimento humano digitalizado, como o YouTube e a livraria do Kindle, que podem ser usadas para treinar sistemas de IA. À medida que nossos atuais algoritmos de IA absorvem essa inteligência humana para realizar as novas tarefas que imaginamos para os sistemas turbinados por IA, podemos atingir aquilo que Thomas Kuhn definiu como uma mudança de paradigma, na qual o ser humano será incluído ou excluído. Qual dessas duas opções alcançaremos depende de nossos atos hoje, da história que criarmos e dos princípios que estabelecermos em relação ao mundo onde queremos que nossos filhos vivam amanhã.

Tenho uma sensação profunda de dissonância cognitiva: a mesma coisa que pode fazer a humanidade progredir também pode causar incômodo e até danos às pessoas. Este livro surge do poderoso impulso que sinto para reconciliar as duas coisas. É uma narrativa de engenheiro, e não uma cogitação de filósofo, economista ou roteirista de cinema. Como diretor de tecnologia da Microsoft, tenho interesse em jogos? É claro que tenho. Mas também sou um produto do interior dos EUA, um dos lugares mais vulneráveis na narrativa distópica da IA. Meus valores e minhas experiências iniciais como engenheiro ocorreram em uma das regiões dos EUA, a zona rural, que mais estão em risco. Saí do sul rural há mais de duas décadas, primeiro para estudar e depois para o Vale do Silício e a indústria de tecnologia. Mas, no âmago, continuo sendo uma dessas pessoas — gente do campo — e me preocupo em criar um futuro que as valorize e suas qualidades.

Não sou um apologista da IA, sou, porém, um otimista. O futuro da IA que antevejo necessita de trabalhadores de alta, média e até baixa qualificação que participem da criação e da operação de sistemas inteligentes. Não sou o único a pensar assim. Na verdade, em 2018 a Microsoft anunciou um investimento importante em comunidades rurais para aumentar a capacitação digital local, assim como o Google anunciou o treinamento de dez milhões de nigerianos. E startups na China e no Vale do Silício, como BasicFinder, Mada Code e Scale empregam dezenas de milhares de pessoas para ensinar sistemas de aprendizado de máquina a realizar tarefas específicas. De forma inversa, em 2017 a Amazon descobriu as consequências de não possuir uma força de trabalho qualificada quando anunciou que abriria uma sede em

East Palo Alto, na Califórnia, no coração do Vale do Silício, e acabou descobrindo que "não havia gente o suficiente com as competências exigidas", nas palavras do repórter Bernard Marr, da revista *Forbes*.

A história que desejo contar é a história de um futuro com esperança, em que a IA beneficie todos nós igualmente, uma história em que os obstáculos diante desse futuro não sejam insuperáveis. Cada um de nós tem um papel a desempenhar na concretização desse futuro esperançoso.

Quanto aos especialistas em IA, isso significa refletir profundamente sobre as consequências das escolhas que eles fazem quase todos os dias, atuando para evitar aspectos nocivos, como modelos com vieses ou sistemas de IA que empoderem ou amplifiquem nossas piores tendências enquanto seres humanos, e garantindo que o trabalho deles tenha um impacto positivo, voltado para os outros humanos. Sei, por experiência pessoal, o quanto é fácil se deixar mergulhar completamente nos detalhes de uma IA incrivelmente complexa e minuciosamente focada quando se trabalha com isso. Na verdade, sem fazer isso é quase impossível realizar seu trabalho! Porém, por mais absorto que se esteja na complexidade do trabalho cotidiano, também faz parte da missão enxergar a IA dentro de um contexto e refletir sobre o resultado das decisões que são tomadas.

Quanto aos desenvolvedores de produtos e empreendedores, seu papel é assegurar que aquilo que empoderam com IA seja genuinamente benéfico para a maior parcela possível da humanidade; que colaboradores com origens, experiências e expertises diversificadas sejam contratados; e que assumam a responsabilidade de ajudar a diminuir os impasses que possam ser criados, sejam eles intencionais ou não.

Quanto aos investidores e alocadores de capital, seu papel é refletir sobre seus investimentos em IA, da mesma maneira que Bill Gates reflete sobre as plataformas: que elas criem mais benefícios econômicos para os outros do que para você, sua empresa ou as empresas de seu portfólio. Considerando a tendência das tecnologias revolucionárias incipientes, como a IA, de beneficiar desproporcionalmente os detentores da expertise ou do capital, isso é de suma importância, e considerando o quanto o desenvolvimento da IA está geograficamente concentrado, nós, investidores, temos o dever de apoiar investimentos com diversidade e equidade geográfica.

Quanto aos gestores públicos, seu papel é implementar políticas que não apenas previnam ou desestimulem as consequências negativas da IA "do mal", mais importante que isso, incentivem e acelerem os benefícios da IA "do bem". Nos Estados Unidos temos, talvez, o melhor histórico do mundo moderno em termos de políticas governamentais que facilitem o advento de tecnologias revolucionárias para o bem comum. Um ótimo exemplo é o setor aeroespacial, em que um mix bem-feito de financiamento direto, incentivo e regulamentação governamental engendrou todo um ecossistema tecnológico sem o qual a vida moderna seria impossível.

Curiosamente, a China começou a copiar o modelo americano para lançar seu próprio setor de IA. O "Plano de Ação Trienal para a Promoção do Desenvolvimento de um Setor de Inteligência Artificial de Nova Geração",[4] adotado no 19º Congresso do Partido Comunista da China, em 2017, detalha uma estratégia extremamente minuciosa para a criação de um setor de IA chinês, afirmando: "Precisamos aproveitar a oportunidade histórica, realizar avanços em áreas cruciais, promover o desenvolvimento do setor de IA, reforçar o setor de inteligência industrial e promover uma integração profunda entre a IA e a economia real".

Além de desenvolver um mapa da estrada de políticas públicas igualmente detalhado para a promoção do setor de IA nos EUA, também seria interessante levarmos em conta o papel que a voz dos Estados Unidos desempenha no desenvolvimento global de políticas de IA. A inteligência artificial foi, literalmente, inventada nos EUA, e desde seu advento instituições de pesquisa e empresas americanas estão entre as líderes de seu desenvolvimento. Chegamos a um momento em que precisamos ou tomar a decisão de sermos líderes nas políticas de IA, e promover tanto nossa prosperidade futura quanto nossos valores democráticos, ou deixar essas políticas de IA serem definitivamente escritas em outra parte.

Talvez o papel mais importante a ser desempenhado para garantir um futuro de esperança para todos nós com a IA seja o do cidadão comum. Não importa quem você seja, qual seja o seu trabalho, onde você more ou o momento em que se encontre na jornada da vida, você precisa ter compreensão das oportunidades e dos riscos da IA, ajudando na tomada das decisões corretas em relação ao que deve ser estudado para as gerações futuras. Você precisa entender o que a IA representa para o futuro do trabalho, de modo a se preparar para as futuras oportunidades de emprego, saber onde pode haver oportunidades para a empresa que você quer abrir ou até o que seria uma aposta segura para investir na aposentadoria. O debate de políticas públicas em relação à IA será complexo e exigirá que os cidadãos de governos democraticamente eleitos se dediquem a questões nem um pouco banais e façam concessões dolorosas. Sua voz não será ouvida nesse debate se você não estiver pelo menos um pouco informado, e você não terá como dizer que está bem-informado a menos que consiga analisar uma série de opiniões e pontos de vistas conflitantes entre si e sintetizar racionalmente sua própria opinião inteligente.

Embora eu tenha vivenciado a pobreza e a decadência econômica maciça na região onde fui criado, a realização do sonho americano continuou a ser uma esperança compartilhada por mim e meus amigos. Porém, para que o sonho americano seja uma meta realista para todos hoje em dia, precisamos de algo além da simples crença nele. Precisamos cultivá-lo. Para usar o jargão de engenheiro de software, precisamos *reprogramá-lo*. Este livro é a minha tentativa de contribuição nesse sentido, para mostrar como tecnologias inteligentes, criadas do jeito certo, podem aumentar a chance de que todas e todos atinjam a plenitude de suas habilidades inatas.

Para mostrar a você o futuro, convido-o a viajar comigo de volta às minhas origens rurais, na Virgínia.

PARTE 1

Onde estivemos

CAPÍTULO 1

Quando nossos empregos começaram a acabar

―――

É provável que você já tenha se deparado, não poucas vezes, com previsões verdadeiramente apavorantes sobre a inteligência artificial e suas consequências para o futuro da humanidade. No mínimo, de que as máquinas estão chegando e vão roubar seu emprego. É fácil encontrar histórias assustadoras em todos os lugares sofisticados onde se encontram os visionários da tecnologia de Nova York e os gestores de Washington — em TED Talks, em Davos, nos festivais de ideias, nas revistas *Vanity Fair* e *New Yorker*, no *New York Times*, nos filmes de Hollywood, em eventos como o South by Southwest e o Burning Man. Elon Musk, um brilhante inovador, e Stephen Hawking, o genial físico teórico, são dois dos produtores mais citados e influentes dessas previsões sobre a inteligência artificial. A IA representa uma "ameaça existencial" à civilização, advertiu Elon Musk a uma plateia de governantes em Rhode Island em um dia de verão.

Quando o fundador do PayPal, da Tesla e da SpaceX fala, eu escuto. E as palavras de Musk continuam a ressoar em minha mente quando o carro que *eu* dirijo (que não é autônomo, pelo menos ainda não) sobe o piemonte rural do sul da Virgínia, onde eu nasci e fui criado. Dali, quase consigo ver minha casa. Os campos eram cobertos por um tapete fulgurante de folhas de tabaco verdes e trabalhadores indo e vindo de lucrativas usinas têxteis e fábricas de móveis. Mas essa economia não existe mais. A pobreza, o desemprego e a frustração são enormes, não muito diferente do que acontece com nossos vizinhos do outro lado das montanhas Blue Ridge, nos Apalaches, ou ao norte, no "Cinturão da Ferrugem". Estou indo de carro de Rustburg, capital do condado, para Gladys, uma comunidade rural livre dos incorporadores, onde ainda vivem minha mãe e meu irmão.

Saí desse lugar, localizado bem perto de onde o general Lee rendeu-se ao general Grant na Guerra de Secessão americana, porque desde criança eu pressentia o triste fim de uma economia que antes progredia e mal podia esperar para ir em busca de meus próprios sonhos de criar computadores e software. Mas esse povo ainda é meu povo, e eu os amo. Hoje, como um de tantos empreendedores de tecnologia na Costa Oeste, minha visão de mundo tem os pés fincados tanto na Califórnia urbana quanto no Sul rural. Voltei para casa para testar esses alertas resolutos, geradores de ansiedade, que costumo ouvir quando estou com os maiores pensadores do Vale do Silício, de Nova York e de Washington, para verificar por conta própria se haveria uma história diferente para contar.

Como muitos, fiquei tocado com a descrição da vida sofrida e da tradição familiar de pobreza do livro *Era uma vez um sonho*, de J. D. Vance. O livro traduziu a raiva e o desespero que converteram muitas regiões de tendência democrata deste país a posições políticas mais conservadoras. Apresentou uma narrativa desconhecida para muitos de meus amigos do litoral que queriam entender o que estava acontecendo nas áreas interioranas dos Estados Unidos. Este é um livro sobre tecnologia, não sobre política. Mas se eu puder entender melhor como andam os amigos e parentes com quem fui criado em Campbell County uma década depois de serem varridos por uma maré econômica e em meio a outra, talvez possa influenciar melhor o desenvolvimento de tecnologias avançadas que em breve chegarão a suas vidas.

Paro o carro em Brookneal Highway, a estrada principal de duas pistas, em um amplo estacionamento de brita que mais parece um depósito de equipamento pesado, perto da antiga casa onde meus amigos W. B. e Allan Bass viviam quando estávamos no ensino médio. Uma placa bem na frente indica que chegamos à Fazenda de Grama Bass. A casa principal hoje abriga uma operação agrícola em expansão. Fica quase na esquina da casa da minha mãe e, sinal dos tempos, perto de um discreto prédio cúbico e cinzento que é a sede de um *hub* de acesso à internet de alta velocidade da CenturyLink. Cabeças de cervos empalhadas, uma pele de urso negra e uma pele de lince-pardo enfeitam a sala de reuniões, que antigamente era a cozinha da casa.

Naquele tempo, W. B. e Allan eram populares. Sempre andavam em uma picape bonita com um suporte para armas e eram conhecidos por seu talento para caça e pesca. A família Bass lavrou os mesmos campos de tabaco de Campbell County por cinco gerações, remontando à Guerra de Secessão. Desde que nasci, Barksdale, o avô, Walter, o pai, e agora W. B. (Walter Barksdale) e seu irmão Allan, trabalharam aquela terra junto com nove trabalhadores sazonais, a maioria imigrantes mexicanos.

Em Campbell County, muitas famílias plantavam e vendiam fumo, mas hoje restam apenas duas. Primeiro veio o relatório do Departamento de Saúde de 1964, reconhecendo oficialmente os riscos do tabaco para a saúde. Na época, cerca de 42% dos adultos americanos fumavam; hoje são cerca de 20%. Em 1988, o fumo foi proibido nos voos comerciais de menos de duas horas nos EUA e dez anos depois passou a ser proibido fumar em voos comerciais no país. Um estudo de 1991 publicado no *Journal of the American Medical Association* concluiu que crianças de seis anos reconheciam com a mesma facilidade Mickey Mouse e Joe Camel, o camelo símbolo de uma marca de cigarros. A grande transformação começou em 1998, quando a indústria do cigarro chegou a um acordo para pagar uma indenização de 206 bilhões de dólares, a maior da história americana, com 46 procuradores-gerais estaduais, a fim de resolver ações pedindo o ressarcimento dos custos de doenças relacionadas ao cigarro para a saúde pública. Por fim, em 2004, o Congresso encerrou um programa de 64 anos de subsídio federal aos preços, que sustentava a produção e o preço do fumo. Com a concorrência estrangeira e sem cotas de importação federais, o preço do fumo despencou. O tabaco, um dos principais empregadores do interior da Virgínia, evaporou.

A família Bass plantava uma variedade conhecida como *brightleaf*, ou tabaco da Virgínia. Nessa variedade só se usam as folhas, cerca de 18 a 22 por talo, para os cigarros. Eles também vendiam o tabaco escuro, que envolve usar o talo inteiro, usado em fumo de mascar e charutos. Em 2005, a família Bass, percebendo que seu negócio antes valioso estava condenado, começou a fazer a transição da terra de tabaco para grama, ou relva, produto vendido para empresas de construção, que a utilizam na criação ou na reforma de jardins paisagísticos e campos de golfe e de outros esportes. Em 2008, já tinham parado totalmente de cultivar fumo. Hoje o verde de seus produtos tem outro tom — grama-bermudas, grama-esmeralda e festuca. Também plantam um pouco de soja.

"De comida as pessoas sempre vão precisar, mas de grama, nem sempre", me disseram. Felizmente, eles pularam fora do tabaco quando a maré ainda estava favorável.

Como em qualquer ramo, celulares e computadores são onipresentes na Fazenda de Grama Bass. Também é usado um pouco de tecnologia de automação na maquinaria pesada, inclusive uma colheitadeira Trebro que enrola a grama, empilha-a em pallets e garante que o desperdício seja mínimo. Allan Bass precisou passar por quarenta horas de treinamento e agora já realizou cerca de três mil horas de operação. Segundo ele, colher a grama na hora certa "é uma arte e uma ciência". Recentemente, os irmãos Bass acrescentaram tecnologia de GPS (posicionamento global por satélite) aos aspersores, aumentando exponencialmente a eficácia e a eficiência. Essa transição ainda está em andamento. "Ainda não fazemos de olhos fechados", reconhece Allan.

O que mais os incomoda é que a tecnologia não é mais tão transparente quanto era. O problema dos tratores autônomos e dos aspersores por GPS é que não dá para saber o que quebrou, ou, pelo menos, não dá para o agricultor comum saber. A maior preocupação deles não é a IA, mas saber se a tecnologia que possuem se autoconserta. "Quando alguma coisa quebra, você passa um tempão tentando resolver." E o tempo que Allan passa consertando seu equipamento agrícola tem um enorme impacto sobre a produtividade de seu pequeno negócio.

Eles encaram os drones, e aquilo que eu chamaria de aprendizado avançado de máquina ou IA precoce, como algo que pode vir a ser útil no recolhimento de informações sobre a safra. Um drone pode tirar inúmeras fotos das "zonas de calor" da plantação para detectar problemas de irrigação, insetos e pragas. Uma IA e drones podem ser treinados para identificar os maiores desastres em potencial, servindo de sistema de alerta precoce, salvando, provavelmente, grande parte dos empregos humanos caso esses problemas passassem despercebidos e a safra fosse perdida. Embora tenham o sentimento de que a solução humana é melhor — "O que nós temos funciona. O ser humano sabe o que procurar" —, leva muito tempo e dinheiro para a diminuta mão de obra passar o pente fino em vários hectares de terras em busca de detalhes mínimos. Seria muito melhor empregar o capital humano em expansão, rapidez na entrega e inovação de produtos, qualquer coisa menos ficar caminhando quilômetros a fio.

Os jovens Bass estão otimistas. O negócio vai bem, e o filho de W. B. optou por ficar em Campbell County, mesmo tendo se formado em engenharia de computação em Lynchburg, uma cidade próxima. A próxima Revolução Industrial não está tão longe da Fazenda de Grama Bass.

Minha parada seguinte é nas proximidades de Brookneal, na Virgínia, para visitar outra amiga, Sheri Denton Guthrie, gerente financeira do Asilo Heritage Hall. O Heritage cuidou de três de meus avós nos últimos anos de vida. Assim como na Fazenda Bass, quero compreender melhor como a IA um dia vai afetar um lugar que conheço tão bem, um que em breve muitos *baby boomers* também conhecerão.

O Heritage tem dezessete unidades espalhadas por todo o interior da Virgínia. Ao todo, são sessenta residentes e nada menos que oitenta funcionários, dependendo da taxa de ocupação. Há enfermeiros, assistentes de enfermagem, zeladores, uma secretária médica, uma equipe de internação e um diretor. Sheri cuida do caixa da instituição e tem um impressionante currículo de treinamento em uma série de sistemas de cuidados de saúde, do PointClickCare ao Toughbook, para citar alguns. Mesmo com toda a tecnologia disponível, ela diz que continua sendo dificílimo. O Heritage recebe os pagamentos com base na chamada "pontuação RUG" de cada residente, abreviatura em inglês de um cálculo chamado "grupo de utilização de recursos" do sistema público de saúde dos EUA (Medicare e Medicaid). Os funcionários percorrem as unidades com Toughbooks, registrando coisas como os minutos de terapia física, verbal e ocupacional; as visitas médicas; as consultas de saúde mental; as terapias intravenosas; e o apoio dos assistentes de enfermagem. Todos esses serviços somados geram uma pontuação RUG, pela qual o asilo é reembolsado.

Assim como os irmãos Bass, Sheri não se preocupa tanto com a IA, e sim com problemas mais banais, como alinhar na impressora os relatórios financeiros. Alguns anos atrás, hackers roubaram os registros pessoais da seguradora do asilo, a Anthem. Por isso, ela se preocupa com privacidade e segurança. Robôs com IA poderiam, quase certamente, ser treinados para realizar muitas tarefas no asilo, da alimentação de informações médicas à administração de medicamentos e até ao tratamento de lesões. Ela faz, porém, uma ressalva. "Nossa geração, sim, aceitaria, mas não esta aqui. Eles bateriam no robô com a bengala."

Depois de uma rápida parada no restaurante Golden Skillet para comer frango frito com feijão-verde e chá gelado, me apresso para visitar Hugh E. Williams, que administra uma pequena equipe de trabalhadores na American Plastic Fabricators. Hugh E., como todos os nossos colegas de classe o conhecem, é um homem alto e corpulento, com uma barba ruiva em que só agora uma mecha de fios brancos, bem no meio, começa a denunciar a idade. Hugh E. e eu crescemos juntos, frequentando a mesma igreja desde que éramos bem pequenos e a mesma escola na adolescência. Ele me mostra, orgulhoso, sua fábrica, agora localizada em uma antiga instalação têxtil da Bassett-Walker. Fundada em 1936 como Bassett Knitting Corporation, uma hora e meia a oeste de Brookneal, na cidade de Bassett, na Virgínia, a velha usina fazia parte de um importante setor industrial do Sul que transformava algodão em roupas. No passado, os tecidos de algodão dominaram a economia do Sul, mas a mão de obra mais barata no exterior e a automação dizimaram a força de trabalho. A usina de Brookneal fechou e a esperança de que reabrisse um dia era mínima.

Um empreendedor local, porém, abriu uma pequena empresa para moldar peças de plástico de precisão, minúsculas, demandadas por um amplo leque de clientes, de parques temáticos a concessionários do setor de defesa. A empresa, que atua essencialmente por empreitada, foi duramente atingida pela crise financeira de 2008, mas voltou a crescer logo depois por oferecer preços competitivos na fabricação de plásticos e polietileno de alta densidade. Ao passar de vinte empregados, necessitando de um espaço maior, assumiram a finada usina têxtil. No dia da minha visita, um dos funcionários usava um sofisticado torno controlado por computador para criar uma peça complicada para a Jumpin' Jellyfish, uma atração dos parques da Disney. A empresa enviou as especificações a Hugh E., eles programaram a máquina e *voilà*, um a um, os jovens funcionários transformam plástico em obras de arte industriais. Um diploma de operador de máquina da Southside Virginia Community College e um pouco de treinamento na função podem levar a um emprego com boa remuneração em uma cidadezinha pela qual ninguém dava mais nada.

Como testemunhei em primeira mão, e como muitos trabalhadores americanos vivenciaram diretamente, os empregos na indústria vêm desaparecendo há décadas, levados para outros países, onde a produção é mais barata. O que eu vi em Brookneal, e que vem acontecendo em toda a América tanto em ambiente rural quanto em urbano, é que novos empregos industriais vêm sendo criados porque a IA, a robótica e a automação avançada vêm se tornando mais eficientes e mais baratas a cada dia, tornando viável produzir coisas nos Estados Unidos e em outros mercados onde o custo da mão de obra é alto. À medida que a automação vai se tornando mais barata e mais potente, permitindo a redução dos custos unitários de produção e uma maior competitividade, o jogo vai ficando mais equilibrado para as pequenas empresas, o que lhes permite crescer e criar mais empregos e mais bem pagos.

Esse padrão, que combina o melhor do talento humano com o melhor da automação, pode levar a uma incrível prosperidade. Basta olhar para as Mittelstand, como são conhecidas as pequenas e médias empresas alemãs que geram menos de cinquenta milhões de euros de receita anual. Coletivamente, elas representam 99,6% das empresas alemãs, 60% dos empregos e mais da metade do Produto Interno Bruto do país.[5] São empresas competentes em encontrar mercados restritos, mas valiosos, e em usar mão de obra qualificada e automação avançada para fabricar produtos de alta qualidade com extrema eficiência. Se vivesse na Alemanha, o empregador de meu amigo Hugh E. pertenceria ao Mittelstand, junto com outros 3,3 milhões de empregadores.

Números da Microsoft indicam que a indústria está entre os segmentos de crescimento mais velozes para talento e habilidade com IA. Segundo o LinkedIn, as habilidades da IA cresceram 190% entre 2015 e 2017.[6] A ideia de criar novas vagas na indústria da interiorana Brookneal, bem pagas e de alta qualificação, teria sido impensável duas décadas atrás. Agora, é realidade. Trata-se de uma boa notícia. E notícia melhor ainda é que a tendência subjacente à automação continuará a trazer tecnologias cada vez mais poderosas e baratas, que vão criar ainda mais oportunidades tanto para empreendedores quanto para trabalhadores, nas áreas urbanas e rurais dos EUA.

No futuro, é provável que parte dessa automação consiga fazer aquilo que é feito hoje pelo ser humano. É o que tem acontecido há séculos com a automação. Do ponto de vista do mundo desenvolvido no início do século XXI, isso significa que mais empresas e mais empregos podem ser repatriados do exterior; que será possível criar novas empresas, com novos empregos, que seriam economicamente inviáveis ou tecnicamente impossíveis nos dias de hoje, proporcionando a todos nós bens de maior qualidade, mais baratos e mais inovadores, além de serviços que vão melhorar nossa qualidade de vida. É provável que a IA nos ajude a reduzir algumas das desigualdades que resultaram do livre comércio global do final do século XX. É bem menos provável que chegue logo o dia em que alcançaremos uma IA e uma robótica capazes de substituir totalmente o trabalhador humano em empregos industriais e serviços específicos. E isso é ainda mais verdade se tomarmos a decisão de influenciar os acontecimentos e buscar intencionalmente o primeiro caminho em vez do segundo.

Diante de cenários hipotéticos cada vez mais delirantes sobre a possível hegemonia da IA sobre o ser humano, a realidade daquilo que a IA é capaz de fazer hoje e será capaz de fazer em um futuro próximo incentiva o comedimento. Por exemplo, em 2017 a repórter Daniela Hernandez, do *Wall Street Journal*, presenciou um concurso de robôs inteligentes, patrocinado pelo governo. Um por um, cada robô era trancado atrás de uma porta. Um deles conseguiu colocar seus dedos mecânicos em torno da maçaneta e abri-la, mas não soube o que fazer com uma leve brisa que voltava a fechar a porta o tempo todo. O "Estudo de Cem Anos de Inteligência Artificial", em andamento na Universidade Stanford, concluiu em seu relatório de 2016 que, embora os computadores estejam se tornando mais capazes em tarefas altamente específicas, uma dominação dos robôs é bastante improvável. "Ao contrário das previsões mais fantasiosas sobre IA na grande imprensa, o comitê do estudo concluiu que não há motivo para se preocupar com uma ameaça iminente da IA sobre a humanidade. Ainda não foi desenvolvida nenhuma máquina com intenções e metas autossustentáveis de longo prazo, e tampouco é provável que elas venham a ser desenvolvidas em um futuro próximo." Se a sociedade encarar a IA com a mente mais aberta, escreveram os autores, as tecnologias originadas desse setor podem transformar profundamente a sociedade, para melhor, nas décadas por vir. Embora a IA esteja progredindo a uma velocidade impressionante, ainda há um longo caminho até que seja capaz de transformar drasticamente o mundo... para o bem ou para o mal.

Minhas visitas aos irmãos Bass, a Sheri e a Hugh E. me lembraram que na zona rural — e, suspeito, também no Cinturão da Ferrugem — uma mente aguçada, atenção aos detalhes e otimismo, com base na realidade da tecnologia atual, continuam a ser uma força dos líderes e empreendedores do trabalho braçal de média qualificação. Acredito piamente que IA, robótica, drones e dados continuarão a empoderar, e não substituir, os trabalhadores em comunidades como Gladys e Brookneal por várias gerações. Toda semana, entra ano, sai ano, assisto a demonstrações de produtos e sessões de estratégia em desenvolvimento de IA. Seja no meu cargo na Microsoft, seja como investidor no Vale do Silício, cada vez mais tenho certeza de que a IA, no fim das contas, será uma questão de empoderamento do ser humano, não de banimento.

Enquanto a noite de outono desce sobre Campbell County, faço um retorno com o carro e volto para a casa de mamãe, como fiz tantas vezes na juventude. Meus velhos amigos me deixaram inspirado. Naquela noite, enquanto o sono chega devagarzinho, imagino o que eu poderia fazer aqui para criar empregos e ajudar a reconstruir a economia local.

Na manhã seguinte, acordo cedo e dirijo por uma hora em direção ao sul, até a cidadezinha de Boydton, na Virgínia, no condado de Mecklenburg, perto da divisa com a Carolina do Norte. Vou visitar a nuvem da Microsoft, ou pelo menos o lugar onde parte dela está armazenada, em um dos maiores centros de dados do planeta. A Quarta Revolução Industrial, termo que os economistas têm usado para descrever o advento da era da IA, já está em pleno andamento no interior da Virgínia (há séculos, somos um viveiro de revolucionários). Não muito tempo atrás, a Microsoft e o Facebook formaram uma parceria para passar um poderoso cabo transatlântico de dados um pouco a leste de Norfolk, na Virgínia. Esse cabo, combinado com *data centers* como o de Boydton, vem criando um novo setor econômico no Velho Sul. Quero ver com meus próprios olhos esses tijolinhos do futuro dos dados e da IA — um gigantesco exemplo de como a tecnologia melhora a qualificação do trabalhador rural e cria empregos para o futuro.

Minha viagem de carro serpenteia pelas estradas de ferro antigas, do século XIX, em meio a propriedades rurais, e depois por marcos históricos discretos de revoluções do passado. No centro de cada cidade, ao longo do caminho, há a estátua de um soldado cabisbaixo, pranteando o luto de trágicos conflitos. O desemprego na região ronda os 6%, mas chegou a atingir 13% pouco antes de a Microsoft construir seu *data center*.

Quando se chega a Mecklenburg, o *data center* aparece bem à sua direita. No momento em que escrevo este livro, é o maior *data center* da Microsoft, com vários hectares de computadores alinhados com perfeição e organizados em corredores que parecem infinitos. Boa parte da infraestrutura digital do planeta roda nesses centros, mas eles são quase invisíveis para quem passa por ali. Passe direto, como eu acabei fazendo, e você precisar dar a volta ao chegar à placa de "Bem-vindo a Boydton". Eu parei na frente dela para tirar uma foto e, de repente, surgido do nada, um jovem policial militar da Virgínia parou atrás de mim, com as luzes piscando, para oferecer ajuda.

Encontrei o caminho para o *data center* virando à esquerda na Prison Road. Se eu tivesse virado à direita, teria me deparado com um imenso terreno vazio, onde ficava o antigo maior empregador de Boydton — uma prisão federal de segurança máxima, que fechou alguns anos atrás por obsolescência.

Depois que passei por uma complicada revista de segurança, o diretor do centro me cumprimentou no saguão e me conduziu até uma enorme sala de reuniões, onde já estava passando um vídeo, feito com drone, para me dar um panorama da vastidão das instalações. Ele fez um resumo da história e das operações do *data center* e em seguida convidou meia dúzia de empregados, todos locais, para dividir o almoço encomendado em um restaurante próximo.

O *data center*, que tem duzentos hectares, é cercado por outros 1.200 hectares de mata — tem muito espaço para crescer, e essa é a ideia. Operários da região já construíram vinte *data centers* físicos, que atendem produtos da Microsoft na nuvem, como o Bing, o Azure e o Office 365. Nossas duas subestações de energia (de 100 e 128 megawatts) fazem da Microsoft o maior consumidor de energia da região.

Assim como a empresa de Hugh E. na véspera em Brookneal, Mecklenburg estava desesperadamente à procura de uma oportunidade de reconversão depois da crise financeira de 2008. A prisão ia fechar e o período parecia muito instável. Mas o condado tinha terras de sobra, energia nuclear e hidrelétrica e um administrador cheio de iniciativa. A revista *U.S. News & World Report* visitou Boydton como parte de uma reportagem sobre a Grande Recessão. A manchete era: "A cidadezinha que se recusa a morrer". Ela foi fundada no século XVIII.

Ironicamente, foi o dinheiro do acordo do processo do tabaco, disponibilizado pelo governo da Virgínia, que permitiu aos administradores do condado atraírem novos empregos. Quando a Microsoft expressou interesse em colocar seu *data center* em Boydton, o condado ofereceu o terreno por um dólar, junto com incentivos fiscais, em troca dos empregos e das taxas que a Microsoft viesse a pagar. Em 2009, quando a empresa solicitou alvará ao inspetor de obras, o administrador do condado de Mecklenburg simplesmente pegou um pedaço de papel e o assinou.

Hoje, a Microsoft emprega 430 pessoas em Boydton. Mas contratar trabalhadores qualificados tem sido um problema. Técnicos em TI não querem se mudar de onde moram. E até bem recentemente a população local não tinha vontade e nem lugar para se capacitar.

Um dos trabalhadores com quem almocei, Nathan Hamm, aprendeu isso a duras penas. Ele montou um estande da Microsoft na feira de empregos da Bluestone High School, uma escola local. Mas foi um senhor fracasso. Nenhum dos alunos do último ano, próximos da graduação, parou para indagar sobre carreiras no *data center*. Decepcionado, Nathan empacotou seu vistoso material de recrutamento e seguiu para o estacionamento. Vaqueiro nas horas vagas e pai de oito filhos, Nathan morava na mesma avenida do *data center* e tinha acabado de entrar para a Microsoft, primeiro como vendedor e então como funcionário. Seu chefe — que vinha de Chicago — havia pedido a ele que fosse até a cidade procurar moradores com qualificação (ou disposição para adquiri-la) para entrar no grupo de TI interno do *data center*. A plaquinha de "procura-se" era agitada freneticamente, mas as candidaturas eram raras.

Bem na hora que Nathan chegava no carro, um dos veteranos, que nem se dera o trabalho de ir até a feira de empregos, reconheceu-o e perguntou se podia se candidatar a uma vaga na Microsoft.

"Você precisa se capacitar", respondeu Nathan.

"Como eu faço isso?"

"Não sei, mas vou me informar."

A pergunta do estudante levou Nathan à Southside Virginia Community College, onde ele convenceu a direção, relutante, a agregar ao currículo certificações técnicas da CompTIA, como A+, Security+ e Cloud+, e que poderiam representar bons empregos no *data center* da Microsoft para toda a turma de formandos. Infelizmente, às vezes é preciso mais que simplesmente disponibilizar treinamento para capacitar as pessoas para as oportunidades de trabalho que nos parecem tão evidentes. Muitos estudantes estão acostumados a seguir os passos dos pais, trabalhando nas áreas e nas empresas que dão suporte ao agronegócio no sul da Virgínia. Os *data centers* de alta tecnologia representam o desconhecido. Mesmo diante da oferta de vagas e treinamento com a possibilidade de pleno emprego para os formandos da Bluestone e da Park View, outra escola de ensino médio da região, muitos estudantes se deparam com um mercado de trabalho complicado por não terem qualificação técnica.

Exemplificando essa dificuldade, o diretor do *data center* me disse que certa tarde parou para almoçar em uma lanchonete, e a atendente lhe perguntou o que a Microsoft fazia naquela propriedade gigantesca. Ela contou que as prisões geravam muitos empregos para a população local, e a simples ideia de um *data center* a deixava perplexa. O diretor virou-se para ela e disse: "Olha, o *data center* é mais ou menos como uma prisão, só que em vez de presos, nós protegemos os seus dados, um monte de dados". Com uma boa dose de incredulidade, ela deu um sorriso e foi embora.

Dá para sentir em toda parte a tensão entre os empregos novos e os empregos antigos e cômodos. Naquele mesmo ano, entreouvi o diretor de um *data center* de Cheyenne, no Wyoming, dizer ao pessoal do local que o petróleo, o gás e o carvão da região tinham acabado.

"É hora de as crianças daqui entenderem que o futuro são os empregos *tech*", pontificou.

"Ah!", respondeu um dos trabalhadores de qualificação média, sem saber direito se concordava.

Nisso reside uma tensão profunda. Se você tiver o diploma do ensino médio, me contaram, os setores de petróleo, gás e carvão na região de Cheyenne pagam mais de sessenta mil dólares por ano assim que sair da escola. Mas são empregos braçais pesados, como trabalhar em oleodutos, que exigem pouca formação extra e, com o passar do tempo, continuarão pagando quase o mesmo do início da carreira. Também falta aos empregos gerados em torno da extração de recursos naturais o horizonte de longo prazo que outros setores têm. É essencial despertar para esse futuro e preparar-se para ele.

CAPÍTULO 2

Minha escolha de carreira

———

Minha mãe me daria um tapa por dizer isso, mas fomos criados na pobreza. Eu e meu irmão nunca nos sentimos pobres, nunca sentimos falta de algo, e tínhamos pais que se dedicavam ao máximo para garantir que tivéssemos tudo de que necessitávamos. Mas a realidade é que vivíamos de contracheque em contracheque, não tivemos seguro-saúde na maior parte da minha infância e passamos por períodos em que a única razão de termos algo para comer era a generosidade da nossa vizinhança e a capacidade de minha família de caçar e lavrar a terra em Campbell County, na Virgínia.

A única coisa digna de nota na cidade de Gladys propriamente dita, pelo menos de acordo com a Wikipédia, é Shady Grove, uma casa de fazenda de estilo federalista construída em 1825 e que hoje faz parte do patrimônio histórico. "Assim como o trabalho no interior, o aspecto exterior de Shady Grove tem uma elegância e uma formalidade que transcendem seu provincianismo", escreveu um historiador.

E provinciana ela é. Gladys continua a ser uma área rural, de trabalho braçal — e um dos lugares mais bonitos da Terra, para mim. As grandes indústrias da região, em meados do século XX, eram duas usinas têxteis, diversas fabricantes de móveis, como a Thomasville e a Lane, e, é claro, a produção de tabaco. Minha avó trabalhou nas usinas têxteis. Minha mãe e meu pai trabalharam, em algum momento de sua vida, nas plantações de fumo.

Minha mãe, assim como a mãe dela, deve ter sido abençoada com um excesso de serotonina, porque estava sempre alegre e contente, em qualquer situação. Ela era a segunda melhor aluna da classe. Depois de terminar o ensino médio, fez um curso de secretariado na cidade vizinha de Richmond, capital do estado. Começou a carreira como caixa de banco em Brookneal. Depois que eu nasci, passou a trabalhar meio expediente em um escritório de contabilidade, preenchendo guias de imposto.

Meu pai se virava para pagar as contas. Ele tinha sido o pivô alto e bonitão do time de basquete da escola, teve um monte de namoradas e era superpopular. Mas, como tantos outros, foi chamado para lutar na Guerra do Vietnã e voltou com depressão, condição que foi se agravando com a velhice. No início, trabalhou com o pai dele, meu avô, no ramo da construção. Mas trabalhar para alguém não era muito a dele. Por isso, ele tentou a sorte como empreendedor — um posto de gasolina com loja de conveniência, uma empresa de transporte rodoviário e, depois, uma série de empresas de construção. Embora meu pai tivesse um porte físico imponente — 1,88 metro, mais de 130 quilos e uma força enorme, de uma vida inteira praticando esportes e fazendo trabalho braçal —, onde ele se saía melhor era no lado intelectual dos negócios. Ele tinha uma rapidez e uma precisão impressionantes nas propostas de licitações, muito antes de existirem computadores acessíveis para gestores de pequenas empresas. Apesar disso, os empreendimentos dele não deram certo e ele foi à falência — duas vezes.

Até hoje eu me lembro da gente empacotando todos os pertences, colocando na traseira de um Ford Granada azul detonado e indo embora da casa que meu pai tinha construído com as próprias mãos, mas não tinha mais como pagar. E até hoje, por mais feliz que eu tenha sido pelo meu sucesso no setor de tecnologia, dívidas me deixam nervoso; odeio contraí-las, mesmo quando os consultores financeiros me dizem que seria vantajoso para mim.

Hoje eu entendo que o drama em torno da nossa família era muito mais amplo e profundo. Estávamos longe de ser os únicos. A própria cidade estava começando a morrer economicamente, apanhada no fogo cruzado da turbulência política e tecnológica. Lembro-me do tempo em que todo mundo tinha emprego, em que o centro de Brookneal era tão movimentado que havia sinais de trânsito, lojas de departamentos e um jornal local cheio de notícias. Uma por uma, porém, as usinas têxteis começaram a fechar, e os empregos e fábricas, a se mudar para onde a mão de obra era mais barata. Os enormes prédios que antes fervilhavam de tecelões ficaram vazios. A demanda pelo fumo despencou, e os leilões regionais para onde os produtores levavam a safra acabaram. As grandes fábricas de móveis foram as últimas a fechar, à medida que a fabricação aos poucos se mudou para o exterior. O centro da cidade simplesmente desapareceu. As empresas locais e os jornais se tornaram sombras do que tinham sido.

A coisa de que eu mais me recordo, porém, e ainda sinto profundamente, é a comunidade. As pessoas se importavam umas com as outras. Qualquer que fosse a situação econômica, doávamos verduras do nosso jardim. Meu pai empilhava lenha para as senhoras da igreja terem como aquecer a casa no inverno. Ajudávamos onde fosse possível, e em troca as pessoas nos ajudavam. Havia uma autêntica compaixão, e gosto de pensar que levo isso dentro de mim como engenheiro, gestor e cofundador de uma família com minha esposa.

Mesmo nos momentos difíceis, se você prestasse muita atenção — e eu prestava —, ainda existiam boas vagas de emprego. O engenheiro industrial que cuida da fábrica e o gerente administrativo, por exemplo. Ainda havia empregos para aqueles com formação e treinamento desempenharem as tarefas de maior valor. Em uma cidadezinha do Sul, como Gladys, eu era considerado esquisito, porque preferia ler a *World Book Encyclopedia* ou ficar sentado refletindo sobre o sentido do infinito. Era uma cidade religiosa, e eu ficava na aula de religião perguntando sobre os dinossauros no Jardim do Éden. Eu era puro ceticismo, sempre querendo prova de tudo. A maior parte das respostas que os adultos davam às minhas (com certeza irritantes) perguntas era terrivelmente insatisfatória. Embora muito jovem, eu tinha uma fé inabalável no método científico, em conclusões e teorias com base em evidências e em experiências replicáveis. Era algo natural em mim, mas que também foi estimulado por uma pequena oficina na região central da Virgínia.

Hoje em dia, quando leio sobre os apuros dos trabalhadores braçais e rurais, não posso deixar de pensar em Shorty Tibbs, meu avô. Ser neto de Shorty Tibbs era o máximo porque todo mundo em Campbell County parecia conhecer e gostar dele, um amor que, de forma improvável, estendia-se a mim quando pessoas estranhas descobriam quem eu era. Elwood era o verdadeiro nome dele, mas os camaradas de navio na Segunda Guerra Mundial deram a ele esse apelido (*shorty*, "baixinho"), por causa da altura, e pegou. Ele levava jeito para o drama. O navio dele foi atingido por um caça kamikaze japonês que por pouco não acertou a sala de máquinas, abaixo do convés, quando ele estava de plantão. Ele voltou da guerra para trabalhar na fazenda da família e perdeu uma das mãos em um terrível acidente com uma colheitadeira mecânica de milho. Apesar desse revés, Shorty sabia consertar qualquer coisa e decidiu abrir uma lojinha de conserto de eletrodomésticos em Brookneal, na mesma avenida da nossa casa em Gladys.

Entrar naquela loja imunda, na infância, era a minha ideia de entrar no céu. Do piso de madeira de pinho ao teto alto, empilhavam-se velhas máquinas de costura, lava-louças, máquinas de lavar roupa e todo tipo de bugiganga eletrônica e mecânica quebrada, em diversos estados de ruína. Em meio àquelas antiguidades bizarras, uma das minhas favoritas era uma máquina de costura de pedal, totalmente operacional, mas sem utilidade prática nos anos 1970, mais ou menos como algo proveniente da Ilha dos Brinquedos Desaparecidos. Devo ter herdado a curiosidade do meu avô, porque a loja dele era um dos lugares mais mágicos que eu visitava. Anos depois, ao projetar nossa casa na Califórnia, pedi aos arquitetos que recuperassem pisos de carvalho de um galpão vizinho, porque me faziam lembrar a loja do meu avô.

Eu ficava assistindo enquanto meu avô trabalhava, sem perceber que o método dele se parecia muito com o de um engenheiro ou cientista. Ele examinava aquela peça quebrada de tecnologia de consumo, como uma torradeira ou uma batedeira, e, por um processo de eliminação, ia diagnosticando o que ainda funcionava e o que estava quebrado. Como um cientista da computação, usava a abstração para eliminar os detalhes mais complexos que não fossem relevantes para o problema que estava resolvendo. Não havia necessidade de mexer no motor elétrico ou na peça aquecedora, por exemplo, se o problema estivesse um nível acima. Uma torradeira ou batedeira quebrada era como uma caixa preta — totalmente opaca — para o cliente envergonhado que o levava a meu avô; para ele, porém, era um quebra-cabeças a ser resolvido. Ele era capaz de descer a vários níveis de complexidade, chegando até o metal puro se precisasse. Para ele, a abstração não tinha fronteiras. Simplesmente ia avançando. Sempre havia uma peça nova ou uma função nova a descobrir. Ele usava o método científico, uma abordagem empírica, e isso me inspirava. Se estivesse vivo hoje, não tenho dúvida de que consertaria os avançados hardwares e softwares que estão em todo tipo de aparelho. Se não entendesse alguma coisa, logo a dominaria depois de assistir a alguns vídeos no YouTube e empregar sua persistência férrea.

Por mais inspiradores que seus feitos de engenharia fossem, hoje fico igualmente impressionado com as grandes lições que ele me deu. Em certo nível, ele me mostrou o valor de fazer as coisas funcionarem, de converter algo que se tornara inútil em algo que voltava a ser útil. Assim como todos em nossa comunidade, ele era extremamente dedicado. Era autônomo e acreditava em cuidar das pessoas. Vivia do jeito que queria e sempre fez o certo para a família e os vizinhos. Esta é, para mim, uma história bem americana. Seja batendo um martelo para ganhar a vida, consertando aparelhos ou vindo para este país em busca de oportunidades, esses valores são parte do sonho americano.

Talvez a maior lição que eu aprendi com meu avô, e o maior dom que ele me deu, tenha sido seu jeito de resolver problemas. Ele tinha uma confiança inabalável de que tinha capacidade de resolver as coisas, de que cada investigação de um problema, por mais frustrante que fosse, o ajudava a atingir um conhecimento melhor de si e de sua relação com o mundo à sua volta, e de que é a necessidade humana em si que torna um problema digno de ser resolvido. Esse entendimento da solução de problemas e minha própria humanidade são o que nunca me fez duvidar de qual é o meu papel em um mundo no qual a capacidade da IA é cada vez maior. Sou um ser humano que sente curiosidade pela fascinante tela da natureza, das pessoas e de nossas complexas criações; tenho interesse pelos problemas dos outros seres humanos e o desejo de ajudá-los a resolvê-los. Em graus variados, é uma coisa que todos nós compartilhamos. A IA é uma ferramenta útil para explorar essa curiosidade e resolver problemas humanos. Nem ela nem nenhuma outra coisa jamais acabarão com essa curiosidade e esse interesse.

Existe muito mais gente como Shorty Tibbs, com habilidades técnicas ocultas e não aproveitadas, no interior sem empregos dos EUA e no Cinturão da Ferrugem. Meus amigos Hugh E., na loja de fabricação de plásticos, e os irmãos Bass, na fazenda deles, cresceram mexendo com coisas. Hugh E. era apaixonado por carros, e W. B., por sua fazenda. Eles mexiam com coisas importantes para eles e hoje se tornaram técnicos sofisticados em seus setores. O problema é que nosso sistema educacional trata a matemática, a ciência e a engenharia como coisas intelectuais e abstratas, e não como conhecimentos e habilidades que podem ser cada vez mais aplicados a qualquer área de interesse.

Enquanto meus amigos mexiam com caminhões e tratores, eu queria criar vídeo games. Era o começo dos anos 1980 e os fliperamas estavam começando a chegar a lugares como Campbell County. Eu fiquei encantado e subitamente interessado em descobrir como funcionavam. Eu queria escrever um jogo, mas como? Descobri na escola como usar os computadores para manipular os sistemas de frequência e abono de faltas, o que me permitiu faltar a mais aulas do que gostaria de admitir. Um dia acabei sendo pego e tive que encontrar um caminho mais apropriado para minhas ambições informáticas. Por isso, fiz o mesmo que muitos jovens daquela época: fazia alguns bicos e sempre pedia a todos que no Natal e no aniversário me dessem dinheiro, em vez de presentes, para que eu pudesse poupar o suficiente para comprar o computador mais barato possível, um RadioShack Color Computer II. O CoCo 2 — nome abreviado da máquina — era um caixote opaco com um teclado pouco prático, um microprocessador que já era lento mesmo para os padrões de 1983 e um interpretador da linguagem de programação BASIC embutido. Usava o aparelho de TV como monitor e podia ser conectado a um gravador de fitas cassete para salvar e carregar programas e dados. Um drive de disquete era caro demais, e os drives de disco rígido da época, embora disponíveis para o CoCo 2, seriam exorbitantemente caros. Eu queria um Commodore 64, mas estava simplesmente fora do meu alcance. Para aprender como programar meu novo computador, eu ia à Biblioteca Pública de Campbell County na esperança de encontrar qualquer livro que tivessem sobre programação e esquadrinhava as revistas para programadores profissionais, como a *Dr. Dobb's Journal*. Antes de chegar à adolescência, eu já tinha descoberto de algum jeito como programar em BASIC e linguagem de máquina.

O primeiro programa sério que eu escrevi foi para o jogo de fantasia *Dungeons & Dragons*, que cativou nerds como eu no mundo inteiro nos anos 1970 e 1980. Basicamente, eu codifiquei o livro de regras para que, se eu fosse o mestre da masmorra, eu tivesse ajuda com a complexa tarefa de gerar personagens, rolar os dados, consultar as regras se eu tivesse alguma e administrar uma campanha inteira. Fiquei bem orgulhoso de mim mesmo. Eu devia ter onze ou doze anos.

Quando chegou a época do ensino médio, minha nerdice deve ter chamado a atenção de alguém, porque fui incentivado a me candidatar à Escola Ímã* de Ciência e Tecnologia na região central da Virgínia, que mais tarde viria a ser a Governor's School, na vizinha Lynchburg.

---

* Nome que se dá, nos EUA, a escolas com currículos especializados que atraem alunos de grande potencial. (N.T.)

Eles pegavam dois alunos de cada escola de ensino médio da região. Candidatei-me no meu terceiro ano (de quatro) e fui aceito, mas eles só tinham uma vaga, e eu queria entrar junto com meu amigo Eric Holland. Eu era tímido e resolvi não aceitar se tivesse que ir sozinho. Eric, que hoje em dia é executivo do Google, muito inteligente, era mais corajoso que eu. Pegou a única vaga oferecida à nossa escola. No ano seguinte, meu último, fui aceito de novo e virei colega de Eric. Eles deviam ter aceitado nós dois desde o princípio. Ora, nosso sistema de ensino deveria oferecer a muito mais alunos as escolas de que eles necessitam e merecem. Outro amigo nosso tinha o mesmo talento, mas a escola o entediava demais. Tinha problemas domésticos — aquilo que hoje os sociólogos chamariam de "condições extremamente adversas". Abandonou a escola, mas era tão esperto que conseguiu encontrar um bom emprego no setor de TI mesmo assim. Ele cometeu suicídio. Pensando bem, todo o nosso sistema de ensino precisa mudar para atender às paixões de seus estudantes e a oportunidade de encontrar a escola certa não deveria ser arbitrária.

A escola ímã me propiciou a autonomia para ir em busca de meus próprios interesses, e descobri que programar computadores era mais que satisfatório, quase viciante. Comecei a brincar tanto com PCs quanto com Macintoshes no laboratório de informática da escola. Na maior parte do tempo, eu só ficava brincando, mas meu professor de informática, o dr. Tom Morgan, viu algo a mais. Incentivou-me a participar do torneio de informática da Sociedade Júnior de Engenharia da Virgínia. Foi como se de repente alguém tivesse me amarrado em um motor a jato, acelerando exponencialmente meu aprendizado. Comecei a ler todas as revistas de software, livros de programação e textos de informática que encontrava e passei a preencher todo o meu tempo livre com programação.

Quando cheguei ao último ano do ensino médio, eu já sabia que precisava sair da cidade. Meu pai e minha mãe insistiram para que eu entrasse na faculdade, mas como a primeira pessoa da família a ir em busca de um diploma de graduação, eu tinha que tomar muitas decisões por conta própria. Não tinha certeza de aonde queria ir, como conseguir entrar e, o mais importante, como iria pagar pelos estudos. Mas uma coisa era certa — eu não iria me endividar demais com empréstimos estudantis. Por isso, fui estudar na Lynchburg College, a segunda melhor opção de ensino superior da região. Morando com meus pais, eu economizava casa e comida, embora ficasse tão ocupado que raramente os via. No meu ano de calouro, entrei nas aulas de computação do penúltimo e do último anos. A biblioteca da faculdade assinava publicações acadêmicas, como *Journal of the Association for Computing Machinery* e *Transactions on Programming Languages and Systems*, nas quais eu mergulhava por longas horas, embora no começo não pudesse imaginar que um dia uma versão de mim mesmo seria capaz de entender aqueles artigos. Olhando para trás, é difícil acreditar que, em tão poucos anos, fazendo meu doutorado na Universidade da Virgínia eu submeteria artigos a publicações semelhantes, revisadas por pares. Recebi meu diploma em ciência da computação e entre o penúltimo e o último anos também ganhei uma oportunidade de pesquisa da Fundação Nacional de Ciência no Centro Nacional de Aplicações para Supercomputadores (NCSA, na sigla em inglês), sediado no campus da Universidade de Illinois em Urbana-Champaign.

Eu nunca tinha saído da Virgínia, mas lá estava eu, em algum lugar entre Chicago e St. Louis, em 1993, junto com um monte de outros estudantes de informática espertos e ambiciosos, entre eles um certo Marc Andreessen, que tinha acabado de ouvir falar dos padrões abertos de Tim Berners-Lee para a World Wide Web. Naquele ano ele lançou o navegador Mosaic, precursor do Netscape. O mundo estava, literalmente, mudando à minha volta. Eu trabalhava no grupo de pesquisa de biologia computacional da NCSA, escrevendo programas para supercomputadores paralelos gigantes, como os Thinking Machines CM-5, para ajudar os biofísicos e bioquímicos do meu grupo a compreenderem melhor como as sequências de aminoácidos se combinam para formar as complexas estruturas tridimensionais das proteínas.

Eu havia me apaixonado por programação, e voltei para casa, na Virgínia, cheio de energia e com um vago projeto de me tornar professor de ciência da computação. Mesmo sem muito dinheiro, meus pais e eu continuamos a dar um jeito de adquirir novos equipamentos de informática. Também comecei a trabalhar meio expediente em uma startup, a Electronic Design and Manufacturing (EDM), que estava entrando no mercado altamente competitivo de montagem de circuitos impressos. Seu fundador, Robert Roberts, era um brilhante engenheiro eletrônico com mestrado no MIT, fato que me impressionava absurdamente. Não apenas ele parecia saber tudo, da física à engenharia, mas também era capaz de me ensinar. Assim, ao mesmo tempo que eu estudava para me formar em ciência de computação, também ganhava um curso gratuito de engenharia elétrica no trabalho. Não apenas isso: eu também podia participar da criação de um negócio a partir do zero. Passei de montador de prateleiras para o almoxarifado e depois a desenvolvedor de software para produtos comerciais, como os fornos a lenha Englander. Um forno a lenha não parece algo muito sofisticado, mas, na verdade, ele tinha um sistema eletrônico que alimentava a câmara de combustão com os pedaços de madeira usando uma broca, uma ventoinha e um ciclo controlado por termostato. Escrevi o software e Robert projetou o painel de controle. Desempenhei um papel diminuto no trabalho da EDM para criar o sistema de controle de iluminação da Árvore Viva de Natal do pastor Jerry Falwell, uma enorme plataforma de seis andares, como um bolo de casamento, que servia de base para todo um coral de músicas de Natal. Todo ano, a igreja batista de Falwell, a Thomas Road, instalava cerca de meio milhão de luzinhas que faziam uma série de padrões estonteantes. Estes exigiam instruções de software e rack atrás de rack de equipamentos de informática. Não é à toa que no Sul dos EUA temos fama de sabermos nos virar!

O último projeto que realizei na EDM foi projetar os controles digitais e o software de uma broca cirúrgica elétrica criada para uso em cirurgias ortopédicas sem internação em locais carentes da infraestrutura pneumática, que na época era usada na maioria das brocas cirúrgicas. Nunca me esqueço do quanto me deixava tenso a possibilidade de fazer algo errado — um erro no código ou um número insuficiente de mecanismos de segurança no hardware — que pudesse causar um ferimento em alguém.

Consegui poupar seis ou sete mil dólares enquanto trabalhava e terminava meu bacharelado na Lynchburg. Uma vontade difusa de virar professor de ciência da computação me levou a pesquisar onde eu poderia fazer um mestrado, algo que Lynchburg não oferecia. Assim como na época da decisão de sair de Gladys para frequentar a Governor's School, eu não queria sair da casa dos meus pais, na região central da Virgínia. Mas a curiosidade e a ambição acabaram me levando a optar por ir para Wake Forest, duzentos quilômetros ao sul, em Winston-Salem, na Carolina do Norte. Wake Forest me poupou a cobrança da anuidade e me ofereceu um emprego no departamento de TI. Estávamos em 1996, e Wake Forest era uma das primeiras faculdades a exigir que todo aluno que entrasse a partir daquele ano tivesse um laptop com conexão à internet, algo impensável apenas um ano antes. A faculdade queria que os alunos se matriculassem nos cursos, consultassem os horários, fizessem pesquisas e trabalhos por meio de uma intranet. Era uma ótima ideia, mas ninguém sabia direito como fazer isso. A escola tinha todos os sistemas de informação do campus — informações de matrículas, histórico dos alunos, horários das aulas — em um velho minicomputador Hewlett-Packard; por isso, tive que escrever o código daquilo que se tornaria o primeiro banco de dados deles, inclusive o chamado sistema ETL ["extract, transfer, and load" ou "extração, transformação e carregamento", em tradução livre], que puxava todos os dados do *mainframe* e os colocava em um formato apresentável para alunos e corpo docente. Minha remuneração, durante o primeiro ano, era de oitocentos dólares mensais. O aluguel e a parcela do meu carro eram mais caros que isso. Usando o jogo de cintura que eu aprendera observando meu pai, convenci meus chefes no departamento de TI a me dar mais horas de trabalho e mais dinheiro, para que eu não tivesse que recorrer tão cedo à minha poupança. Acabei escrevendo um milhão de programas, que fizeram funcionar uma boa parte da novíssima intranet do campus, e acabei aprendendo praticamente tanto no trabalho quanto nas aulas do mestrado.

Enquanto isso, em casa, meu pai sofria para evitar que sua pequena empresa de construção naufragasse. Ele tinha conseguido um contrato do departamento de estradas para construir um depósito de sal, para uso nas estradas quando nevasse no inverno. Um dia, a equipe dele estava instalando o telhado desse edifício, montando 55 treliças, cada uma pesando pelo menos uma tonelada. Uma dessas treliças deslizou do suporte ao qual devia estar presa e caiu, raspando na cabeça do meu pai e impactando o ombro. Uma fração de milímetro a mais para cá e a treliça teria causado sua morte instantânea. Em vez disso, esmagou completamente o ombro dele e causou uma concussão grave. O efeito imediato do trauma cerebral foi um forte comprometimento da visão e uma disfunção da fala. Ele era um homem enorme, que passou a ter que usar óculos de lentes grossas para corrigir a visão e, para a tristeza dos amigos e das enfermeiras fiéis da igreja, quando falava praticamente só soltava palavrões.

Com o tempo, ele recuperou a visão e a fala normais, mas durante algum tempo foi algo duro de ver. Meus pais viviam de contracheque em contracheque, e eu mal conseguia cumprir meus próprios compromissos financeiros. A data limite para a defesa da minha dissertação de mestrado se aproximava rapidamente. Na verdade, eu tinha conseguido liberar somente uma semana e meia para terminar de realizar uma série de experiências e redigir a dissertação do início ao fim. Infelizmente, esse é um padrão na minha vida, mas consegui entregar tudo sem problemas. A defesa correu muito bem. Também recebi a notícia de que receberia uma generosa bolsa para fazer meu doutorado na Universidade da Virgínia. Logo depois da defesa da minha tese, meu orientador e eu fomos comer sushi no Sakura, um restaurante próximo em Winston-Salem. Era o dia 8 de maio de 1998, e o sonho de me tornar professor de ciência da computação estava começando a se concretizar. Depois do almoço, fui de carro até meu pequeno apartamento, abri a porta, e o telefone tocou. Do outro lado da linha, em nossa casa em Gladys, minha mãe me contou que meu pai tinha morrido naquela manhã, em um acidente de carro. Tinha acabado de completar cinquenta anos. Não me lembro de quase nada do que aconteceu naquele verão.

Na primavera do ano 2000, o Vale do Silício e suas prósperas empresas *ponto com* rivalizavam pela atenção de todo estudante de computação em todo campus dos EUA. A valorização das pet stores e farmácias online chegou à estratosfera. Poucos meses depois, a bolha da internet ia estourar, e a empresa que estava no centro de tudo isso, a Microsoft, corria o risco de ser dividida em dois por um tribunal federal, após ouvir durante anos os testemunhos em um violento processo antitruste envolvendo o Departamento de Justiça dos EUA e várias procuradorias gerais estaduais. Naquele verão, enquanto ainda estava no doutorado na UVA, pulei no meu calejado Volkswagen GTI e fui ao oeste pela primeira vez, para juntar-me a meu conselheiro, Jack Davidson, em um estágio na Microsoft Research, o setor de pesquisas da Microsoft, no grupo de Sistemas de Linguagem de Programação. Jack é um dos maiores pesquisadores sobre compiladores e sistemas de programação. Durante um sabático na Microsoft Research, ele me ajudou a conseguir o estágio e me acolheu em seu grupo.

Depois que me instalei no campus da empresa, comecei a me sentir uma verdadeira fraude, sob todos os aspectos. Meu sotaque do Sul e meu jeito de falar coloquial foram percebidos na hora. Ficou evidente para mim que meus colegas tinham tido poucos, quiçá nenhum, sulista entre eles. Já tinham visto na TV, mas nunca pessoalmente. E a linguagem corporal, ainda que a verbal não, fazia com que eu me sentisse o estereótipo que muita gente tem dos sulistas. Pensei: "Este lugar é para gente superséria, esperta, viajada, e não quero que achem que eu sou um caipira". Por isso, me esforcei para esconder meu sotaque, algo que faço inconscientemente até hoje, embora ele volte bem à vontade e com força total quando volto para casa e estou com amigos e parentes.

Apesar disso, eu me diverti e aprendi muito na Microsoft Research. Também descobri que resolver problemas de grande escala e causar impacto mundial é viciante. Via meus colegas da Microsoft enviando para fora produtos que impactariam na vida de centenas de milhares de pessoas. Enquanto isso, eu, como estudante de doutorado, escrevia artigos que, embora intelectualmente muito interessantes para mim, seriam lidos por algumas centenas de pessoas e usados de verdade por menos gente ainda. Depois do estágio de verão, voltei para a Virgínia, pela primeira vez, com a ideia de que talvez a carreira acadêmica não fosse o que eu queria.

A estrada de volta para a Costa Oeste, porém, exigiria uma rota sinuosa. É isso que faz o amor. Na primavera de 2002, conheci aquela que viria a ser minha esposa, Shannon, por meio de um classificado no The Onion, um site de humor. Faz todo sentido que a internet estivesse de alguma forma envolvida. Depois de uma longa série de mensagens privadas — centenas de páginas de e-mail que anos depois eu encadernei para dar a ela como presente de aniversário de namoro — começamos a sair, e em muito pouco tempo percebemos que éramos feitos um para o outro. Shannon estava preparando seu doutorado em História da Alemanha na Idade Moderna. Pouco tempo depois de começarmos a namorar, ela me contou que tinha conseguido uma bolsa prestigiosa, o que a obrigaria a voltar em breve para a Alemanha para fazer pesquisas para sua dissertação. Que azar o meu. Eu já tinha passado tanto tempo solitário. Determinado a não a deixar escapar, liguei na cara dura para um professor na Alemanha que estava iniciando um programa de ciência da computação na Universidade de Göttingen, a cidade onde Shannon ia morar. Göttingen é uma das universidades mais importantes em matemática e ciências do mundo. Entre seus ex--alunos estão Max Planck e Werner Heisenberg, ganhadores do Nobel, o matemático David Hilbert, e um dos meus heróis da matemática, Carl

Friedrich Gauss, que foi tanto aluno quanto professor da universidade no final do século XVIII e no início do século XIX.

"Oi, eu estou indo para Göttingen com minha namorada, que, por acaso, é historiadora", principiei. "Acabei de ganhar uma bolsa de doutorado da Intel, publiquei algumas coisas, recebi um prêmio de serviços prestados da Associação de Equipamentos de Informática. Teria algo para mim em seu departamento?" Não demorou a vir uma proposta de emprego. Minha esposa até hoje me dá sermão, dizendo que eu não dou valor à sorte extraordinária que eu tive de receber aquela oferta.

E assim, do nada, viramos um casal morando na histórica Göttingen, na Alemanha — Shannon enclausurada em bibliotecas úmidas da Europa, lendo documentos antigos, e eu dando aula sobre temas como teoria da computação, tentando terminar minha dissertação e fazendo aulas de alemão na faculdade local. Levávamos uma vida acadêmica tranquila e frugal, em parte reflexo de nossa renda limitada. Era um começo de conto de fadas e estávamos muito felizes, mas também isolados.

Como qualquer casal jovem, também foi um período de descobertas sobre nós. Shannon é extrovertida, agitada, interage com as pessoas, algo que ela fazia muito pouco enquanto pesquisava no silêncio quase total de bibliotecas e arquivos distantes. Por conta do meu período na Microsoft, lembrei-me de um colega que, de brincadeira, tinha criado uma versão da Lei de Moore, segundo a qual o poder dos computadores duplica a cada ano e meio. A Lei de Proebsting, assim batizada em homenagem a meu colega Todd Proebsting, dizia que a melhor tecnologia de otimização de compiladores, basicamente, duplicava o desempenho dos programas de computador a cada 24 anos. Demora. Demora. Demora. Pensei: ou passo os próximos seis meses fazendo algo intelectualmente estimulante — criando um pacote de software complexo de otimização que melhoraria, se eu tivesse muita sorte, em 5% um *benchmark* de desempenho sintético — ou posso tentar produzir algo que tenha muito mais impacto sobre o mundo.

O Google, embora eu ainda não soubesse disso, viria a ser a solução perfeita para a minha crise de carreira. Estávamos em 2003, um ano antes desse colosso da internet entrar na bolsa de valores, e me candidatei a uma vaga no Google, por capricho, e a um monte de outras empresas da web, promissoras, porém ainda pequenas. A meus olhos, o Google parecia totalmente descomplicado: uma página web simples com uma caixa onde você digita perguntas. Nada de mais. Eu não conseguia imaginar como os caras ganhariam algum dinheiro, mas nos pagaram uma passagem de avião da Alemanha para a Califórnia para uma entrevista. Shannon me deixou na antiga sede do Google, em Charleston Road, e um dia muito divertido começou para mim — seis entrevistas fascinantes e um almoço preparado pelo chef Charlie Ayers, que começou a carreira na banda Grateful Dead e viria a fazer fama na cozinha como chef principal do Google depois que os quarenta empregados originais da empresa lhe atribuíram a vitória em um desafio culinário.

Ao fim do dia, quando entrei em nosso carro alugado, Shannon ficou olhando para mim.

"Faz meses que não vejo você tão feliz assim", ela disse, sorridente.

O Google me ofereceu um emprego. Naquela época, a filosofia deles era contratar gente sem uma vaga específica em mente e, então, apresentar-lhes projetos para ver qual interessaria. Entrei como engenheiro de software, e nos deram a opção de morar no Vale do Silício ou em Nova York. Tínhamos gostado de morar em uma cidade europeia onde se anda muito, por isso optamos pela mudança da Alemanha para Nova York. Prometi a mim mesmo encontrar um trabalho que tivesse impacto, então me oferecia sempre que aparecia um projeto novo. Um desses projetos tinha a ver com aprendizado de máquina e o setor nascente da publicidade online. Voltei ao Vale do Silício por uma semana para acompanhar alguns dos engenheiros na AdWords, precursora do Google Ads, negócio de cem bilhões de dólares da empresa. A ideia era transformar o AdWords em uma plataforma self-service, que qualquer pessoa pudesse usar para comprar anúncios online. Tínhamos uma série de obrigações contratuais e diretrizes em relação a que anúncios podíamos exibir e onde. Embora algumas dessas obrigações e diretrizes fossem relativamente simples, havia um exército de acadêmicos com menção *summa cum laude* fazendo um trabalho de revisão enlouquecedor — e, em alguns casos, pedindo que conteúdo impróprio fosse revisado. Dá para imaginar facilmente como deve ter sido difícil para seres humanos revisar parte desse conteúdo impróprio. O Google cuidava da publicidade do America Online, na época um serviço de grande popularidade, e o AOL tinha uma política de tolerância zero com conteúdo adulto. Chegamos ao ponto de ter 50 milhões de dólares, ou mais, em uma fila de anúncios parados esperando revisão e aprovação. Eram os primeiros dias do aprendizado comercial de máquina, um subconjunto da inteligência artificial, mas era a solução perfeita para o problema. Criei um pacote de sistemas de aprendizado de máquina para detecção de conteúdo adulto, assim como um software para identificar o espaço regulamentar dos anúncios de medicamentos. Esse sistema novo de revisão automática de anúncios, que incluía meus classificadores de conteúdo, ajudou a destravar a fila e economizou uma enorme quantidade de dinheiro para a empresa. Pelo projeto, nossa equipe recebeu o Prêmio dos Fundadores do Google.

O leitor deve estar pensando: "Você ganhou um prêmio prestigioso por uma IA que substitui seres humanos e agora está escrevendo um livro sobre como a IA vai ajudar trabalhadores humanos". Isso mesmo! Na verdade, esse é um exemplo excelente de como a inteligência artificial pode aumentar a capacidade humana, resultando em um trabalho melhor e mais produtivo. Veja bem, o ser humano não tem como dar conta de forma eficiente dessa carga de trabalho, que se torna um obstáculo à produtividade e ao crescimento. Além disso, era uma tarefa trivial, repetitiva e, em alguns casos, polêmica, que fazia as pessoas sofrerem. Deixando essa tarefa para as novas aplicações de aprendizado de máquina, o Google pôde transferir esses empregados para tarefas que exigiam talentos humanos, como criatividade e empatia, em vez de deixá-los fazendo tarefas monótonas e degradantes.

Sem querer, eu tinha entrado em um foguete. Em menos de um ano, o Google lançou sua IPO (Initial Public Offering) [Oferta Pública Inicial, em tradução livre] que levaria a empresa a obter centenas de bilhões de dólares de capitalização no mercado. Subi na hierarquia da empresa, alternando entre o setor de publicidade e o de busca. Depois de quatro anos no Google, porém, comecei a investigar o que seria preciso para virar chefe de engenharia em algum lugar e concluí que o melhor caminho seria ajudar uma empresa pequena a crescer. Certa tarde, o CEO do Google, Eric Schmidt, cuja sala ficava perto da minha, apareceu e me perguntou se eu gostaria de ver o novo iPhone, que a Apple já tinha anunciado, mas não tinha lançado ainda. "Caramba, é claro!" Para mim ficou claro que o celular ia decolar, e pouco tempo depois uma pequena empresa chamada AdMob, que estava montando uma plataforma de publicidade para aparelhos móveis, me convidou para assumir seu departamento de engenharia. Nos anos seguintes, a AdMob se tornou a maior plataforma de publicidade móvel do mundo, uma ferramenta importante no ecossistema dos celulares, permitindo aos desenvolvedores monetizar seu trabalho e ao mercado comercializar suas aplicações para obter novos assinantes. Era um trabalho desafiador e empolgante. De cinco em cinco meses, nosso tráfego e outras métricas empresariais duplicavam em uma corrida geral para criar tecnologias que estivessem em sincronia com uma demanda explosiva.

Como é tão comum acontecer no Vale do Silício, um ano depois o Google comprou a AdMob por 750 milhões de dólares, depois que outra empresa fez uma oferta sigilosa, mas que acabou não dando certo, para nos adquirir. Subitamente, eu estava de volta ao Google. Na porta eternamente giratória do *high tech*, Deep Nishar, um antigo amigo com quem trabalhei no Google na automação dos anúncios, tinha saído para virar chefe de produto no LinkedIn, onde precisavam de um novo chefe de engenharia para aumentar a escala daquela que, em 2011, se tornara a maior rede social profissional do mundo. Era um novo foguete sendo lançado.

* * *

Ao longo dos anos, em uma série de cargos, sempre mantive meu currículo atualizado. O que quer que acontecesse comigo, eu imediatamente documentava, de forma meticulosa, para ter uma compreensão da minha carreira em relação às de outras pessoas que eu admirava. "Ok, muito bem, era esse tipo de professor que eu queria ser quando virei professor de ciência da computação", eu dizia a mim mesmo ao examinar um currículo acadêmico. Ou: "Ah, não, estou tão longe dos feitos dessa pessoa!". Eu usava o currículo como parâmetro da minha evolução.

Quando entrei para o LinkedIn, em 2011, minha esposa disse: "Sabe, essa é a maior ironia. Você está trabalhando para uma empresa que só tem gente contando para o mundo seu histórico profissional. É a convergência entre a sua carreira e a sua obsessão por carreiras".

No LinkedIn, o feed de notícias é importante, mas o mais importante é a identidade profissional que você cria para si e a história que está contando para o mundo exterior sobre quem você é, seus interesses e o que você sabe fazer. Nossas histórias compartilhadas são o mapa tanto do presente quanto do futuro, a pedra fundamental de como podemos operar em uma equipe, uma comunidade e uma sociedade em expansão. Nossas histórias em comum são uma parte tão básica de ser *Homo sapiens* que podemos esquecer com facilidade sua importância. A agitação da vida cotidiana às vezes nos distrai, fazendo esquecer o conhecimento compartilhado ou aceitar narrativas há muito ultrapassadas.

Uma das narrativas mais importantes é aquela que você usa para inspirar um grande grupo de pessoas a atingir um objetivo em comum. Nos anos 1990, o antropólogo Robin Dunbar postulou que o ser humano tem uma limitação cognitiva, hoje chamada de Número de Dunbar, que é o número de pessoas que um indivíduo consegue conhecer e de relações que é capaz de compreender dentro de um grupo. Se você já tentou liderar um grupo de 120 a 150 pessoas, deve ter notado que nesses grupos maiores ocorre algo diferente. Em grupos de tal dimensão, o gestor é capaz de conhecer cada membro da equipe, o que cada um faz, os limites de suas habilidades e sua confiabilidade, as idiossincrasias etc. Além disso, cada membro da equipe é capaz de ter esses conhecimentos sobre todos os outros membros da equipe. Esse "raio de confiança" permite que o líder estabeleça metas e objetivos, atribua responsabilidades e adquira expectativas razoáveis em relação ao andamento do trabalho. Isso também permite aos indivíduos responsáveis por uma tarefa cuja execução depende de outros que tenham expectativas razoáveis em relação a como se dará essa colaboração.

O *storytelling* permitiu a nossos ancestrais que compartilhassem uma visão do futuro e se organizassem em torno dessa visão de uma forma que as outras espécies humanas não foram capazes de imitar. Essa capacidade de trabalhar rumo a um objetivo comum com vários outros indivíduos, a maioria dos quais nossos ancestrais não conheciam ou não tinham como conhecer, foi o que permitiu ao *Homo sapiens* ter êxito em aspectos nos quais outras espécies humanas não podiam ter, estabelecendo a base das sociedades modernas.

As próprias empresas dos dias de hoje são obras de ficção, digamos assim, que só ganham vida porque seus funcionários, investidores, parceiros comerciais, reguladores governamentais e clientes compartilham a crença em sua existência. Esse padrão de crença comum na existência real das empresas existe há tanto tempo, é tão onipresente, reforçado por tantos precedentes e pactos, que falar das empresas como "narrativas" chega a parecer estúpido e etéreo. No entanto, as empresas não existiriam não fosse um complexo conjunto de narrativas que uma grande quantidade de pessoas decidiu acreditar serem verdadeiras. Não estou afirmando que as empresas também são pessoas, e sim querendo dizer que elas refletem as narrativas de seus líderes, funcionários e clientes.

De forma menos filosófica, criar uma narrativa sobre um futuro que você gostaria de ver se realizar está no cerne da liderança de grandes equipes. Contar uma história inspiradora permite que cada membro da equipe crie a sua própria narrativa. Uma boa história ajuda a equipe inteira a investir em um conjunto de ações que, somadas, permitem que ela se concretize no longo prazo, com o envolvimento de um grande número de pessoas. A falta de uma narrativa clara a respeito daquilo que você está tentando realizar e de por que isso exige muita gente é a receita do desastre.

Aquilo que valia para o *Homo sapiens* pré-histórico e que vale para empresas e todo tipo de organização dos dias de hoje vale também para grupos ainda maiores de seres humanos. Setores inteiros se sustentam em narrativas de como um conjunto de esforços pode produzir benefícios para empresas, clientes e as sociedades em que atuam. Sistemas econômicos estáveis se baseiam em narrativas que nos contaram, aperfeiçoadas ao longo do tempo, sobre como negociar de forma equitativa e recíproca, como resolver coletivamente os problemas da comunidade, como reagir a conflitos e como solucioná-los.

Para que um setor funcione e para que os sistemas econômicos e políticos permaneçam estáveis, é preciso que a maioria das pessoas acredite e aceite as narrativas sobre sua existência. Isso exige que elas compreendam como as narrativas dessas grandes estruturas se cruzam e impactam suas próprias histórias e que estejam decididas a acreditar nelas e aceitá-las. Para que as grandes estruturas prosperem, é preciso que os indivíduos se sintam inspirados por elas. Além disso, é preciso que se sintam empoderados a fazer perguntas sobre a natureza da narrativa — quem a criou, em que premissas se baseia e como novos personagens e vozes podem contribuir para ela. Histórias estão em constante desdobramento: sendo reescritas, redirecionadas e, sim, reprogramadas quando há novas informações disponíveis.

Uma das narrativas mais importantes e cheias de suspense em nossa vida é a das nossas carreiras. Sejam essas histórias obras de ficção futurista, aspirações sobre onde queremos chegar e como devemos nos preparar para o caminho, sejam memórias que tentam explicar onde estamos e como chegamos até aqui, nossa trajetória é indispensável. Sempre tive um fascínio especial por essas histórias, tanto as aspiracionais quanto as retrospectivas. Permitir que as pessoas as contem para muita gente e que depois usem a manifestação delas — o perfil profissional — para ajudar os outros a conectar-se, em busca de oportunidades, é uma utilidade preciosa das redes sociais. O LinkedIn, por exemplo, intermediou incontáveis conexões entre profissionais e trabalhadores em todos os setores — do *high tech* ao *low tech* — ao longo da última década.

Ironicamente, a mesma tecnologia que o LinkedIn utiliza para conectar as pessoas com as oportunidades é a que causa tanta ansiedade nos dias de hoje: a IA, e em especial um conjunto de tecnologias chamados "aprendizado de máquina", algoritmos e modelos estatísticos que realizam certas tarefas por conta própria, com base em reconhecimento de padrões e deduções.

Eu não entendia nada de aprendizado de máquina em 2003, quando saí da universidade para entrar no Google e comecei a trabalhar com sistemas capazes de avaliar anúncios com precisão equivalente à do ser humano. Passei meu tempo me especializando em linguagens de programação e otimização de compiladores, ou programas que traduzem de forma eficiente e eficaz a linguagem-fonte para a linguagem-alvo. Mas meu primeiro projeto no novo emprego exigia que eu me familiarizasse com um novo pacote de truques de computação. Trabalhei em diversos projetos no Google que incorporavam graus maiores ou menores de aprendizado de máquina. Até que passei a liderar uma equipe que cuidava daquele que, na época, provavelmente era o maior sistema sobre o assunto no mundo, que nos permitia estimar a probabilidade de alguém clicar em um anúncio de busca a fim de realizarmos com maior precisão o leilão de anúncios.

Ao longo dos últimos catorze anos, o aprendizado de máquina desempenhou um papel em todos os sistemas tecnológicos de todas as empresas onde trabalhei. No LinkedIn, se você estiver procurando emprego, ele ajuda a mostrar a vaga certa, ou a apresentar um feed de alta qualidade quando você visita a homepage ou o aplicativo de celular, detecta quando perfis são fraudulentos e uma série de outras formas de otimizar a experiência dos inscritos no site. A IA, sob a forma de algoritmos de aprendizado de máquina, desempenhou algum papel em cada um dos inúmeros empregos que o LinkedIn ajudou seus membros a conseguir e a tecnologia utilizada por outros sites de empregos e pelos motores de busca, ajuda milhões de pessoas a encontrarem empregos em áreas sem IA.

A história da IA é tão fascinante hoje em dia por conta da escala e do que essa escala já permite que os algoritmos de aprendizado de máquina façam. Nunca tivemos tantos dados e poder computacional quanto hoje, o que vem possibilitando revoluções na IA e no aprendizado de máquina que os pesquisadores esperavam havia décadas. Esses conjuntos gigantescos de dados são efeitos colaterais da onipresença do serviço de internet e dos aparelhos móveis. E o enorme aumento do poder computacional vem sendo impulsionado pela computação na nuvem e por um tipo específico de aprendizado de máquina, por CPUs especializadas, primeiro com o objetivo de melhorar os vídeo games, as chamadas GPUs — unidades de processamento gráfico. Graças ao volume cada vez maior de dados, às GPUs e à computação na nuvem em grande escala, nossos sistemas de IA hoje em dia podem realizar uma série de tarefas — jogos, tradução de idiomas, conversão de fala em texto, rotulagem de objetos em imagens e vídeos, respostas a perguntas, planejamento, diagnóstico de condições de saúde etc. — em níveis que se aproximam ou ultrapassam a capacidade humana.

A missão empresarial do LinkedIn e suas centenas de milhões de usuários também adicionaram um enorme valor ao mercado. Na primavera de 2016, sua rede profissional atraíra alguns dos seguidores mais bem financiados do planeta. Como integrante da equipe sênior de liderança do LinkedIn, fiz parte das tratativas de uma possível fusão. Tínhamos a responsabilidade, perante os acionistas, de obter o maior lance, mas também precisávamos encontrar a maior adequação a nossos clientes, dentre os quais havia muitos cuja vida tinha sido construída na plataforma desde que Reid Hoffman fundara a empresa, em 2003. Nosso CEO, Jeff Weiner, estava na empresa havia quase dez anos, e eu estava chegando a seis anos. Demos nossa alma e nosso coração à empresa, e por isso o processo de fusão e aquisição nos despertava receio e emoção. Era o nosso bebê. Examinamos cuidadosamente todas as propostas, mas uma empresa surgiu como a mais adequada — a Microsoft. Nossas declarações de missão, "Conectar os profissionais do mundo para torná-los mais produtivos e bem-sucedidos" e "Empoderar cada pessoa e organização do planeta a conquistar mais", eram inteiramente compatíveis, e o CEO da Microsoft, Satya Nadella, nos impressionou muito. No fim das contas, nosso conselho decidiu ir adiante com a oferta da Microsoft. Em seguida veio a difícil tarefa de comunicar o acordo aos funcionários, que de nada suspeitavam e seriam inevitavelmente pegos de surpresa. Nossa tarefa, como líderes, tornou-se reduzir a ansiedade em relação à nova trajetória da empresa e manter o foco na criação de novas funcionalidades para os clientes. Àquela altura, todos estávamos exaustos, e junto veio uma nova rodada de estresse: a espera da aprovação do acordo pelos órgãos regulatórios.

Em junho de 2016, depois que assinamos o acordo definitivo para sermos adquiridos pela Microsoft, mas antes do fechamento do negócio, resolvi tirar um tempo para recarregar as baterias e olhar para o futuro. Infelizmente, descobri que nunca saberei tirar férias ou me aposentar. Em vez de ficar de pernas para o ar, resolvi criar uma nova organização, chamada Behind the Tech [Por trás da tecnologia, em tradução livre], um recurso online para contar as histórias das pessoas que projetam e engendram o hardware e o software do mundo contemporâneo. Na época, como chefe de engenharia e operações do LinkedIn, eu tinha mais de três mil pessoas que se reportavam a mim. Eu podia ver todo o incrível trabalho realizado por heróis relativamente anônimos e estava ansioso para começar a contar suas histórias, ajudando a inspirar uma nova geração de engenheiros e cientistas da computação. Meu projeto também era um canal criativo para minhas narrativas — textos e fotografias. O propósito específico é dar reconhecimento aos criadores de tecnologias e àquilo que fazem. Minha esperança era tirar um pouco do mistério que envolve a criação tecnológica, garantindo que a História não esqueça detalhes cruciais sobre quem estava fazendo o quê em momentos de transformações rápidas e decisivas em nosso setor e em nossa sociedade. Em 2018, ampliei o Behind the Tech para incluir podcasts, uma maneira maravilhosa de conversar com pessoas que admiro e compartilhar com os outros suas histórias e pontos de vista.

Uma das coisas interessantes em fazer o Behind the Tech, tanto o site quanto o podcast, é que pelo simples fato de conversar com as pessoas atuando nos bastidores da tecnologia você descobre que a jornada e a história de cada um são um pouquinho diferentes. Minhas colegas Diane Tang e Carrie Grimes Bostock, com quem trabalhei no Google, desempenharam papéis fundamentais para ajudar o Google a montar seu notável aprendizado de máquina em busca de anúncios. Diane foi criada na Carolina do Norte, filha de um bioquímico e uma engenheira da computação. Apesar de ter contato com computadores desde a infância, os pais não a pressionaram a optar por uma carreira na área. Durante a faculdade em Harvard, ela estava inicialmente interessada em uma diplomação em matemática, mas foi se afeiçoando cada vez mais por computadores e, no penúltimo ano, mudou para o curso de ciência da computação, progredindo até um doutorado em Stanford. Depois de se formar em arqueologia em Harvard, Carrie foi para Stanford fazer um doutorado em estatística. As duas acabaram indo parar no Google e, por terem feito seus doutorados sobre modelos matemáticos e análise de dados, ainda que em áreas diferentes, ambas acabaram participando do trabalho nos primeiros sistemas de aprendizado de máquina de larga escala do Google.

Meu breve sabático de junho de 2016 foi a primeira vez que parei de trabalhar, teoricamente sem nenhum plano, desde que eu entrara para o Google, em novembro de 2003. Passei doze anos e meio focado no trabalho de forma quase obsessiva e não tirei mais do que um fim de semana para respirar nas transições do Google para a AdMob, da AdMob para o Google e do Google para o LinkedIn. Agora, eu era vice-presidente sênior de engenharia e operações de uma empresa de médio porte, com centenas de milhões de usuários, que acabara de ser adquirida por 26 bilhões de dólares por uma empresa gigantesca na qual um dia eu fora estagiário. Refletindo sobre isso, eu tinha vivido o sonho americano. Por quê?

Eu tive muita sorte, claro. Porém, independentemente das chances, eu sou homem. Sou branco. Nasci nos EUA e cheguei à adolescência em um período no qual o mundo inteiro estava empolgado com os computadores e a tecnologia. Mesmo tendo nascido na zona rural do Sul, em uma época de declínio de grande parte da economia agroindustrial da região, muito, mas muito longe dos centros urbanos de inovação onde os setores econômicos do futuro estavam surgindo e prosperando, eu pertencia a uma comunidade de laços fortes onde as pessoas se importam com o bem-estar umas das outras e onde eu sempre me senti bem-vindo e valorizado. Eu tinha uma família estável e carinhosa. Meus pais não eram técnicos nem compreendiam direito do que se tratava meu fascínio por computadores. Mas me deram apoio e fizeram alguns sacrifícios para me ajudar a ir atrás do meu interesse. Além disso, sempre me apoiaram no limite de suas capacidades, qualquer que fosse a direção maluca para onde se voltasse minha curiosidade. Nunca chegamos a ser pobres a ponto de a escassez de comida ou a insegurança habitacional nos distraírem. Não tive seguro-saúde na maior parte de minha infância, e não tive seguro-saúde constante na idade adulta até 2003, quando entrei pro Google, mas tive a sorte de nunca ter sofrido uma doença grave.

Frequentei escolas públicas rurais pequenas, mal equipadas, que muitas vezes não sabiam como lidar com crianças precoces como eu na mesma classe de alunos em dificuldade. Mas tive a incrível sorte de ter alguns apoiadores nessas escolas, que se importaram comigo e fizeram o melhor possível para cuidar de um garoto que sofria para encontrar desafios acadêmicos. E, em meu último ano de ensino médio, fui felizardo por entrar em um colégio de ciência e tecnologia que me mostrou de verdade que seria possível seguir carreira na área. Sem essas experiências, minha carreira e minha vida poderiam ter tomado um rumo inteiramente diferente, e eu não estaria sentado aqui em Redmond, Washington, escrevendo este livro.

Meu pai morreu cedo, mas eu já era adulto quando ele faleceu; já era capaz de cuidar de mim mesmo e, até certo ponto, de minha mãe e do meu irmão. Meu pai fez muitas tentativas fracassadas de abrir negócios, e quando essas empresas faliam era muito difícil. Porém, por pior que fosse a queda, ele sempre se levantava e trabalhava mais que qualquer pessoa que já conheci para sustentar a família. Tive a incrível sorte de ter aprendido com sua resiliência, sua determinação e seu amor pela família.

Embora boa parte do êxito que eu tive se deva à sorte que outros não tiveram e não têm, é possível produzir mais dessa sorte, para mais gente, caso decidamos investir enquanto sociedade. A fundação sem fins lucrativos que minha esposa administra investe em programas que tratam de forma holística dos problemas que tendem a prender as pessoas em ciclos de pobreza. Entre as condições, totalmente solucionáveis, que às vezes impedem crianças e adultos de realizar plenamente seu potencial, estão a escassez alimentar, a insegurança habitacional, a falta de seguro-saúde e de acesso a assistência médica de alta qualidade e a falta de mentores e modelos que os ajudem a tomar decisões melhores e a superar dificuldades. Em muitas dessas coisas, talvez até todas, a IA pode ajudar um dia. No campo das políticas públicas, seria útil um investimento direto maior do governo na eliminação dessas barreiras ao sucesso, e novos investimentos do governo e incentivos regulatórios a tecnologias de IA poderiam reduzir o custo da eliminação desses obstáculos para todos. Dinheiro investido nessas coisas poderia fazer muito pela criação de muito mais "sorte" para muita gente, de mais condições necessárias para que mais pessoas gerem prosperidade econômica para si mesmas, suas famílias e comunidades.

Dito isso, muitos tiveram a mesma sorte que eu e mesmo assim suas jornadas foram diferentes. Sempre olhei para a história do meu pai e pensei como alguém mais inteligente que eu, mais dedicado que eu, sofreu tão mais que eu para encontrar segurança financeira. Toda vez que alguém dá a entender que de certa forma eu mereço o que eu tenho, imediatamente penso no meu pai e me pergunto como alguém pode me achar merecedor de riqueza quando meu pai literalmente se matou de trabalhar, vivendo de emprego em emprego, de contracheque em contracheque. Sempre me orgulhei de dar o máximo de mim para sustentar a família e fazer coisas que satisfazem minha curiosidade e que fazem diferença no mundo. Mas sempre sofri com o fato de que o valor atribuído pela sociedade a meu trabalho árduo é, de certa forma, diferente do atribuído ao do meu pai.

Embora parte dessa diferença no valor atribuído a nossos respectivos trabalhos seja característica da nossa economia, e a discussão sobre o quão justo e o quão defensíveis são seja assunto para outro livro, parte da diferença, de um ponto de vista prático, recai sobre as decisões distintas que cada um de nós tomou.

Meu pai, como muitos jovens, inclusive eu, entediava-se na escola e ansiava para começar a própria vida assim que terminasse o Ensino Médio. Candidatou-se e foi aceito no Lynchburg College, onde também vim a estudar. Optou, porém, por não fazer faculdade, e pouco tempo depois foi convocado para a Guerra do Vietnã. Meu pai ficou totalmente determinado a me mandar para a faculdade, o que quer que acontecesse. Quando trabalhei para ele na adolescência, em empresas de construção, ele me dava as tarefas mais penosas que encontrava — operar uma britadeira em um porão decrépito para trocar um piso ou carregar telhas escada acima o dia inteiro no verão quente e úmido da Virgínia. Embora eu me orgulhasse do meu pai e do trabalho dele e enxergasse enorme dignidade em construir coisas para os outros, ele queria que eu entendesse o quanto esse caminho pode ser sofrido.

Ainda que o Ensino Superior esteja se tornando cada vez mais caro, com o aumento do endividamento estudantil, e existam evidências claras de que o diploma universitário por si só não é garantia de prosperidade econômica, sobretudo para quem vem de famílias de baixa renda,[7] pesquisas mostram que em média há uma diferença de 1 milhão de dólares na renda da vida inteira entre pessoas com ensino médio e pessoas com Ensino Superior.[8] Bem que eu queria que meu pai tivesse feito faculdade. Sou grato por ele ter me incentivado tanto e por, apesar do meu medo do endividamento, eu ter encontrado uma combinação de bolsas, cotas, empréstimos estudantis e empregos em meio expediente que me permitiu obter um diploma universitário.

Não surpreende que pesquisas também mostrem que a escolha do diploma tem um impacto econômico mais relevante que a decisão de entrar na universidade. Existe uma diferença de 3,4 milhões de dólares na renda da vida inteira entre os diplomas que pagam mais e os que pagam menos. Às vezes, as pessoas se surpreendem quando digo que nem sempre tive certeza de que queria trabalhar com computação. Na adolescência, eu gostava muito de histórias em quadrinhos e queria ser ilustrador. Tinha mais material de faculdades de design do que de engenharia. Era apaixonado tanto por programação quanto por desenho, mas acabei escolhendo a programação porque, para mim, como jovem, era mais fácil visualizar uma carreira previsível com um diploma de computação. Quando estava na faculdade, me apaixonei pela literatura inglesa e fiz o máximo de aulas opcionais que pude sobre escrita e literatura durante o curso. Quando chegou a hora de pensar na especialização, houve um momento em que cogitei fazer doutorado em literatura inglesa. Eu amava tanto a literatura quanto a computação, e teria sido feliz em qualquer dos dois caminhos. Acabei optando pela computação porque tinha mais facilidade para imaginar uma trajetória profissional com esse diploma.

A moral da história não é "sempre prefira as matérias STEM (ciência, tecnologia, engenharia, matemática) às ciências humanas". Concordo com aqueles que argumentam que as humanidades se tornarão cada vez mais importantes na era da IA — serão exigidas para criar IA e serão preciosas fora dessa área, porque há habilidades humanas que não podem ser substituídas por máquinas. A moral também não é "sempre tome decisões sobre sua vida com base apenas no máximo retorno financeiro". Na verdade, seria triste, bem triste, para a humanidade se todos tomássemos decisões dessa forma. Dito isso, acredito piamente que todos devem levar em conta a questão econômica nas decisões que tomam. Existem vários conselhos contraditórios por aí, que vão de "opte por sua paixão e tudo vai dar certo no final" até "você tem que escolher um diploma legal e seguro, como enfermagem, medicina, direito, ciência, engenharia ou administração; o resto é muito arriscado". Escolhas reais, para pessoas reais, tendem a ser bem mais complicadas e cheias de nuances. Todos devem tentar obter o máximo de informações e bons conselhos e passar um bom tempo refletindo antes de tomar decisões vitais e caras que terão enormes consequências.

Quando meu pai voltou do Vietnã, o impulso para ganhar a vida talvez tenha sido ainda maior do que quando ele optou por não fazer faculdade. Conseguiu um emprego na construção, a profissão do pai dele, casou-se, pegou dinheiro emprestado para construir uma casa e comprar um carro, e pouco tempo depois ele e minha mãe tiveram o primeiro filho, eu. Ele ainda não tinha certeza de que carreira queria seguir nem sabia qual seria seu destino financeiro, mas como emprego, casa, carro, esposa e filho eram o que constituía a definição de uma vida boa, foi o que ele buscou o mais depressa possível. Por um lado, todas essas coisas são incríveis, e sou muito grato por meu pai ter encontrado minha mãe e se casado com ela, e tido a mim e meu irmão. Por outro lado, em pouquíssimo tempo ele assumiu uma enorme quantidade de responsabilidades permanentes, que ocupavam toda a sua atenção, sem ter tido tempo de compreender seu próprio caminho rumo à felicidade ou como iria sustentar financeiramente todas as responsabilidades que tinha assumido. Se tivesse esperado para descobrir não apenas a vida que queria ter, mas como conseguiria manter essa vida de uma maneira sustentável, que o tornasse feliz e realizado, talvez sua experiência tivesse sido bem diferente.

No início da idade adulta, passei por um momento de conflito pelo mesmo motivo. Quando estava prestes a me formar no Lynchburg College, não aguentava mais a dificuldade de pagar por tudo. Mesmo tendo bolsas, auxílios e empréstimos estudantis, ainda passava a maior parte do tempo fora da escola trabalhando em meio expediente para pagar as contas, bancar alimentação, carro, vestuário e livros, mesmo morando no porão da casa dos meus pais e sem pagar aluguel. Desse ponto de vista, fazer especialização parecia um suplício. Eu queria um carro melhor, um computador melhor e liberdade para fazer mais das coisas que me interessavam. Por isso, em vez de entrar diretamente na especialização, arrumei um emprego de engenheiro em uma empresa de Lynchburg assim que me formei em ciência da computação.

Serei eternamente grato por aquele emprego na EDM. Lá aprendi a ser um engenheiro de verdade e como uma empresa pequena realmente funciona. Mais importante que isso, talvez, aprendi que as coisas que o trabalho me permitia fazer, como comprar uma gracinha de Volkswagen GTI VR6 95, não bastavam para me fazer esquecer meu sonho de entrar na faculdade e fazer ciência da computação *pra valer*. Por isso, depois de quatro anos trabalhando na EDM em meio período e dois anos em tempo integral, pedi demissão para entrar na faculdade, com alguns milhares de dólares no banco, um carro novo para pagar e oitocentos dólares por mês como bolsista universitário. Passei os cinco anos seguintes sem fazer quase mais nada, vivendo em apartamentos caindo aos pedaços, evitando aderir a seguros-saúde que eu não conseguiria pagar e me estressando com despesas imprevisíveis porque eu não tinha uma rede de segurança.

Mas eu estava feliz. Mesmo que para muita gente à minha volta parecesse que eu não tinha as coisas que trazem felicidade — um emprego fixo, uma casa, uma esposa, filhos —, eu tinha a sensação de estar trabalhando para me capacitar naquilo que eu queria fazer e me tornando mais viável para o tipo de lugar onde eu queria trabalhar. Para mim, parecia um compromisso perfeitamente aceitável.

Uma das minhas frases favoritas de Warren Buffett, dentre várias, é: "Só existe um investimento que supera qualquer outro do mercado: investir em você". As decisões diferentes que eu e meu pai tomamos, se serviram para me ensinar algo, foi até que ponto estávamos investindo tempo e dinheiro em nós mesmos (ou seja, o custo da oportunidade). Sem nunca ter escutado o conselho de Buffett, meu pai acreditava não ter investido o bastante em si próprio e fez questão de que eu investisse. Sem investir em si, sem o tempo gasto na capacitação, na formação, na busca de experiências de aprendizado, várias das oportunidades para as quais eu tive a sorte de estar presente estariam além do meu alcance.

Minha esposa recebeu conselhos semelhantes de investimento em si de seu orientador na universidade. Ela estava se formando em história por uma pequena faculdade de ciências humanas e tentando descobrir como ser aceita em um programa de doutorado em Harvard. Seu orientador lhe disse: "Vá fazer algo que torne você interessante". Depois disso, ela foi morar cinco anos e meio na Alemanha, aprendeu o idioma, trabalhou como tradutora de livros e de documentos de museus (entre vários outros empregos) e fez mestrado em história na Universidade de Münster. Depois de formada, voltou para os EUA, onde conseguiu enfim ser aceita no programa de doutorado em história de Harvard, embora, para minha egoísta felicidade, ela tenha optado pela Universidade da Virgínia, onde nos conhecemos.

Isso me leva à última escolha diferente que fiz em relação a meu pai. Ele nasceu, foi criado e viveu em Campbell County, na Virgínia. Chegou uma hora em que eu soube que, se quisesse ter a carreira que desejava, teria que ir para onde os empregos estavam. Foi uma decisão complicada para mim, e levei muito tempo para tomá-la. Amo minha casa na Virgínia e sinto falta dos meus parentes e velhos amigos. Por conta do trabalho, moramos em Gladys, na Virgínia; Champaign--Urbana, em Illinois; Winston-Salem, na Carolina do Norte; Eagan, em Minnesota; Charlottesville, na Virgínia; Redmond, em Washington; Göttingen, na Alemanha; Nova York; e no Vale do Silício. A oportunidade de conhecer todos esses lugares, conhecer pessoas novas e aprender coisas novas sobre diferentes partes dos EUA e do mundo, bem como a capacidade de aprender com os empregos que tive em cada um desses lugares, foi incrivelmente gratificante. Ironicamente, porém, eu não gosto muito de mudanças. Se eu tivesse a oportunidade de continuar em qualquer um desses lugares e ainda assim ter a carreira que tive, nunca teria saído.

Uma das coisas que me dão mais esperança em relação ao futuro da IA e da automação é que a tecnologia criará mais oportunidades em mais lugares, como na empresa de meu amigo Hugh E. em Brookneal, na Virgínia, que não existiam quando eu estava no começo da minha carreira, tentando decidir o que fazer em seguida.

Voltando ao meu trabalho, no final de 2016, terminada a revisão dos órgãos regulatórios, de repente o LinkedIn era parte da Microsoft. Foi uma aquisição gigantesca, por 26,2 bilhões de dólares, ou 196 dólares por ação. Uma nova era começava para as duas empresas. Naturalmente, comecei a pensar no que aconteceria em seguida. Como gosta de dizer o lendário treinador de basquete Mike Krzyzewski, o Coach K: "Próxima jogada". Qual seria minha próxima jogada? Qi Lu, figura lendária da Microsoft, tinha acabado de anunciar que ia trocar a empresa pelo Baidu, gigante chinês de IA, e Satya Nadella estava à procura de alguém que o ajudasse a supervisionar os inúmeros produtos e serviços da Microsoft para refletir sobre a visão tecnológica geral da empresa. O cargo que ele tinha em mente para mim era o de *chief technology officer* (CTO), função de sonoridade interessante, mas, na prática, pouquíssima responsabilidade operacional. Ao contrário dos meus cargos anteriores, considero que o papel do CTO é ajudar meus colegas a promover a agenda *tech* da empresa. Tenho uma perspectiva diferente, porque supervisiono a empresa inteira, e não apenas um produto ou serviço. Onde precisamos preencher lacunas ou criar algo que não existe? Como tirar proveito de todos os nossos ativos na moldagem de um futuro que seja bom para os negócios e para a sociedade?

Responder a essas perguntas exigiria que eu passasse algum tempo tanto dentro quanto fora da Microsoft. Exigiria ouvir as histórias que as pessoas contam.

CAPÍTULO 3

Histórias de superação

———

Todo mês de maio, a Microsoft realiza sua conferência anual Build, um encontro de milhares e milhares de desenvolvedores de software. O Google, a Apple e todos os outros fazem a mesma coisa com suas comunidades de desenvolvedores, mais ou menos na mesma época do ano. O objetivo é estimular alguns de nossos mais importantes parceiros comerciais, fazendo demonstrações de nossos melhores e mais recentes dispositivos e plataformas, para os quais queremos que comecem a criar aplicativos que atraiam cada vez mais usuários para nosso ecossistema.

Até onde minha memória alcança, a conferência Build da Microsoft era, antes de tudo, uma questão de criar produtos para uso no Windows. Não em 2018, porém. A IA estava se tornando parte cada vez mais importante dos serviços que oferecíamos e de como os clientes estavam fazendo negócios. Trabalhamos em conjunto, em uma equipe de liderança sênior, com o CEO Satya Nadella, para transformar a conferência daquele ano em uma espécie de *funfest* "IA total, o tempo todo". "O que não falta são novidades relacionadas a IA e dados", escreveu o site ZDNet. "Se você precisa de uma prova de que ambos são cruciais para o sucesso da Microsoft, ofuscando até o Windows em importância, essa prova é o evento deste ano."

Como seria de esperar, exibimos algumas novas e pioneiras ferramentas de aprendizado de máquina Azure, baseadas na nuvem, que aceleravam significativamente os algoritmos utilizados nos modelos de IA. Fizemos demonstrações de um estonteante leque de tecnologias de IA revolucionárias que, quando plenamente dominadas, nos levarão mais rápido, mais longe e mais fundo ao futuro de IA tão sonhado por alguns ou tão temido por outros.

Um anúncio que se destacou naquela semana foi o AI for Accessibility [IA pela Acessibilidade, em tradução livre], um programa de cinco anos e 25 milhões de dólares para colocar ferramentas de IA nas mãos de desenvolvedores para acelerar o desenvolvimento de soluções de IA acessíveis e inteligentes, que beneficiem mais de 1 bilhão de pessoas com deficiência no mundo inteiro. A IA pode representar a virada para pessoas com deficiência, com a expansão de seu uso em computadores para ouvir, enxergar e raciocinar com precisão impressionante. No ano anterior, havíamos anunciado o AI for Earth [IA pela Terra, em tradução livre], um programa abrangente de aplicação de inteligência artificial na busca de soluções para o clima, a escassez de água, a agricultura e as questões de biodiversidade vividas por nosso planeta.

Naquela mesma semana, pesquisadores da Microsoft se encontraram no Prédio 99, a discreta sede no campus de Redmond onde trabalham milhares de especialistas em IA e Pesquisa, para assistir a uma palestra de Tess Posner. Tess é responsável pela AI4ALL, uma ONG focada no desenvolvimento de talentos com diversidade na área de IA. Com a expectativa de que o investimento em IA de empresas como Microsoft, Google, IBM e outras atinja 3 trilhões de dólares na próxima década, a ONG de Tess tenta convencer estudantes a tentar diplomas em IA.

"Isso vai estar embutido em nossa vida cotidiana", disse ela, pregando para convertidos. Ela observou que 85% dos americanos já utilizam IA sob alguma forma.

O objetivo dela, naquele dia, era elevar o debate sobre IA para além das aplicações comerciais e colocar em discussão o propósito e as considerações éticas relativas ao desenvolvimento de IA. Ela falou da necessidade de "missões lunares" para resolver um amplo leque de problemas prementes, da água à agricultura, passando pelas mudanças climáticas e a biodiversidade. Também descreveu a necessidade de abordar riscos crescentes, entre eles o viés nos algoritmos, a falta de diversidade entre as pessoas que criam IA e o acesso e a compreensão da IA. Falou dos números constrangedoramente baixos de mulheres, afro-americanos e latinos em IA e aprendizado de máquina. Em razão dessa sub-representação, a IA não se sai bem no reconhecimento facial e em outros algoritmos.

A ProPublica, organização de jornalismo investigativo, relatou em 2016 que softwares usados por todos os EUA para antever criminosos em potencial têm, na verdade, um viés contra afro-americanos. "Ao prever quem pode reincidir, o algoritmo comete erros com réus negros e brancos mais ou menos na mesma proporção, mas de formas muito diferentes. A fórmula mostrou-se particularmente propensa a falsamente apontar réus negros como futuros criminosos, rotulando-os erroneamente dessa forma a uma taxa duas vezes maior que os réus brancos. Estes foram erroneamente rotulados como sendo de baixo risco com maior frequência que os réus negros."

Para ajudar a remediar isso, a AI4ALL propõe uma série de programas de instrução e treinamento criados para recrutar mulheres e minorias para a área de IA. Um exemplo é Stephanie Tena-Meza, filha de um agricultor mexicano-americano. Quando estava no décimo ano, ela fundou um clube de IA na escola onde estudava e frequentou um programa educativo de IA oferecido por Stanford. O programa de Tess Posner vem fazendo um trabalho útil e importante, mas, considerando a enorme disseminação da IA em todos os setores da sociedade, receio que não seja o bastante para atingir todas as comunidades que precisam estar representadas no desenvolvimento da IA. Para que a representatividade seja autêntica, será necessário um forte envolvimento do setor público. Tess e a AI4ALL estão ajudando a mostrar o caminho.

★ ★ ★

Cheguei a Memphis, Tennessee, bem tarde da noite em uma segunda-feira. Ao descer do avião, senti o cheiro de grama recém-aparada. Na secura do norte da Califórnia, onde moro atualmente, grandes gramados são raridade. Nem tanto no Sul, onde o calor e as chuvas de primavera e de verão trazem consigo o estorvo de transformar a festa rebelde em gramados bonitos e arrumados. Aquele cheiro de grama recém-aparada, para mim, era a essência do verão e, por mais estranho que possa parecer, desperta em mim todo tipo de nostalgia.

Embora aquela fosse uma semana particularmente cheia — na manhã daquela mesma segunda, eu estivera nos bastidores ajudando a organizar a conferência Build da Microsoft —, eu tinha sido convidado por J. D. Vance para ir a Memphis participar de um evento batizado Rise of the Rest [A ascensão do resto, em tradução livre]. J. D., autor do livro *Era uma vez um sonho*, também é sócio-gerente do fundo Rise of the Rest, que ele criou junto com Steve Case, da AOL. A missão do Rise of the Rest é apoiar empreendedores de toda parte a montarem suas empresas, não apenas nos grandes centros inovadores urbanos, como o Vale do Silício e Nova York. Agarrei a chance de participar.

Por quê? As startups são o motor da criação de empregos da economia americana. Nas últimas três décadas, elas geraram 40 milhões de empregos. Além disso, esses foram os únicos empregos líquidos novos da economia americana.[9] Outros segmentos da economia empregam um enorme número de pessoas, mas o *turnover* nas empresas desses setores é constante. Metade das empresas na lista da *Fortune 500* muda a cada 25 anos, e, para cada restaurante novo que é aberto, outro fecha as portas. As startups desempenham um papel importante em nossa economia, não apenas pelas inovações que trazem para o mercado, mas pelos empregos que criam. Fazer todo o possível para apoiar os empreendedores é uma meta que vale a pena.

Porém, não basta apoiar as startups apenas em regiões onde a economia da inovação já vai muito bem, obrigado, como o Vale do Silício. Se quisermos que a economia seja uniformemente robusta em todos os EUA e que as oportunidades estejam disponíveis em todo o país, precisamos fazer um trabalho melhor dando apoio a empreendedores país afora, especialmente em regiões que ainda não estão equipadas para o empreendedorismo *high-tech*, por meio de um acesso em abundância aos recursos que ajudam as startups a prosperar. Em 2016, 75% do capital de risco foi para o Vale do Silício, Nova York e Boston, sendo que 50% foram só para o Vale do Silício. O capital de risco no Tennessee, no mesmo ano, representou menos de 1% do investimento total. E o êxito das startups espelha aproximadamente essa distribuição do financiamento, se medirmos pelo número de empresas abertas, ofertas públicas na bolsa, adquiridas por empresas maiores etc.

Essa concentração de startups em um punhado de regiões é problemática por uma série de razões. Em seu excelente livro *The New Geography of Jobs* [A nova geografia do emprego, em tradução livre], Enrico Moretti observou que a economia americana está se dividindo. Uma dessas economias são os centros de inovação urbanos, exemplificados por lugares como o Vale do Silício (tecnologia), Nova York (mídia e finanças) e San Diego (biotecnologia). Esses centros urbanos de inovação têm economias em expansão, forte criação de empregos tanto para trabalhadores qualificados quanto para não qualificados e um "efeito de rede" que reforça o que já está dando certo, gerando assim crescimento contínuo no futuro próximo. A outra economia é todo o resto, exemplificado por cidades cujas economias e mercados de trabalho estão estagnados ou em declínio e com seu próprio conjunto de efeitos de rede, entre os quais escolas decadentes, setores obsoletos ou à beira da obsolescência e infraestrutura decrépita, tornando cada vez mais difícil, ao longo do tempo, sustentar o tipo de atividade que pode gerar crescimento.

O livro *Blitzscaling*, de meu amigo Reid Hoffman, vai ainda mais longe ao descrever os efeitos de rede do Vale do Silício (e de Pequim e Shenzhen, na China) sobre as empresas e os trabalhadores do setor de tecnologia, que são tão fortes que é um dos poucos lugares do mundo que pode sustentar o crescimento em escala muito rápido, ou *blitzscaling*, o tipo de crescimento que algumas empresas buscam, passando de startups com impacto diminuto a empresas com impacto global.

Tendo experiência tanto no Vale do Silício quanto no Sul rural, quero descobrir uma forma de impedir que esses efeitos de rede dividam nosso país em dois. Quero descobrir como criar uma economia que sustente um ritmo rápido de inovação *e* acesso a oportunidades para todos. Adoraria um ambiente vibrante de tecnologia perto do lugar da minha infância, na região central da Virgínia. Tentei o quanto pude não ir embora. Mas em 2003 eu já tinha passado cinco anos ajudando minha mãe com minha remuneração de universitário, tinha pedido minha namorada em casamento, e estávamos planejando constituir família. Àquela altura, ter a esperança de que uma das limitadas oportunidades disponíveis na Virgínia fosse dar certo parecia uma estratégia errada, considerando minhas crescentes responsabilidades. Por isso, quando surgiu a oportunidade de trabalhar no Google, nós nos mudamos para Nova York, e dali, alguns anos depois, para o Vale do Silício. Trocar a proximidade da família, dos amigos e do jeito de viver que eu conhecia por um emprego dos sonhos e a esperança de uma carreira gratificante foi uma das decisões mais difíceis que eu já tomei.

Assim, eu me vi morto de cansaço, de manhã cedinho em Memphis, entrando em um ônibus de turismo com Steve Case, organizador do Rise of the Rest através de sua firma de investimentos, a Revolution, J. D. e um grupo animado de pessoas da região para um dia de encontros com empreendedores locais para saber mais sobre suas trajetórias e suas empresas, tentando descobrir como eu poderia ajudar.

Nossa primeira parada foi um café da manhã com políticos, líderes empresariais e comunitários e integrantes da comunidade startup em um restaurante de Shelby Farms Park. Sentado à mesa ao lado da minha estava Fred Smith, fundador, presidente e CEO da FedEx, um dos maiores êxitos empresariais do século XX e produto 100% de Memphis. A FedEx é mais um grande exemplo de como seria vantajoso se as condições viabilizadoras do empreendedorismo existissem de forma mais uniforme por todo o país.

Memphis tem uma longa história como central de logística e transporte. À margem do Mississipi, acima da zona alagável do rio, no entroncamento de várias linhas de trem e rodovias interestaduais e sede de um grande aeroporto internacional, a cidade é um centro importante para o transporte nacional e internacional de mercadorias desde o começo do século XIX. Atualmente, Memphis possui o segundo porto mais movimentado do rio Mississipi; fica no cruzamento das rodovias I-40 e I-55 e de diversas ferrovias norte-sul e leste-oeste; e tem o aeroporto de carga mais movimentado do mundo. Esse histórico no transporte e na logística, a infraestrutura e a especialização, além da localização geográfica, são fatores que fizeram de Memphis um ótimo local para criar a FedEx. São fatores que também levaram a uma série de efeitos de rede de pequena escala, que permitiram à FedEx prosperar, assim como o talento e a infraestrutura necessárias para que a cidade continue a ser um importante centro de logística.

O restaurante The Kitchen, onde tomamos o café da manhã, é de propriedade de Kimbal Musk, irmão caçula de Elon Musk, que pertence a um número cada vez maior de pessoas com carreira em tecnologia que fizeram uma migração reversa. Kimbal nasceu na África do Sul e teve uma bem-sucedida carreira como empreendedor e investidor, morando no Vale do Silício e em Nova York. Mudou-se para Boulder, no Colorado, onde fundou uma empresa de tecnologia (a LiveWire) e abriu seu primeiro The Kitchen. Além dos restaurantes, Kimbal criou a Kitchen Community, que construiu mais de quinhentos "jardins de aprendizagem" país afora, para ajudar as crianças a compreender os alimentos e para lhes dar acesso a produtos frescos e nutritivos.

De certa forma, a mudança de Kimbal para Memphis é uma escala natural em sua trajetória como empreendedor e filantropo. Memphis está no coração de 60 mil quilômetros de solo fértil, com um agronegócio que vem sendo transformado pela tecnologia e pelos empreendedores. Quando chegou a Memphis, Kimbal descobriu que apenas uma pequena fração desse território era de plantações que rendiam "comida de verdade". A maior parte da terra, até então, era usada para soja, grãos e algodão; em outras palavras, produtos que necessitam de processamento antes do uso. Para um dono de restaurante, principalmente um fortemente comprometido com alimentos locais e orgânicos, não era lá muito bom. Como ele iria obter os produtos frescos e orgânicos que são a base do cardápio do The Kitchen? Essas grandes plantações também não são necessariamente boas para os agricultores, considerando que a soja, os grãos e o algodão têm uma margem diminuta e precisam competir pelos clientes em um difícil mercado global de commodities. Mas plantar produtos diferentes é arriscado: produzir uma safra mais diversificada é um desafio gerencial, e colher e comercializar essa safra antes que estrague também é difícil.

É aí que entram a tecnologia e a agricultura moderna de precisão. Depois do café da manhã, nossa parada seguinte foi a Agricenter International,[10] uma organização sem fins lucrativos dedicada à pesquisa agrícola, educação e preservação ambiental. Ali encontramos um casal de empreendedores que estava trabalhando em ideias de agricultura de precisão. Essas ideias eram o exemplo de um padrão muito maior, que tenho visto país e mundo afora, em que a tecnologia, sobretudo aquela que incorpora a IA moderna, vem avançando a passos largos rumo à transformação da maneira como nossos alimentos são produzidos e consumidos. Um dos empreendedores na demonstração do Agricenter estava construindo um robô autônomo para a irrigação. Em vez de passar canos por todo o campo, bombeando água da fonte até seu destino, e aspergindo de forma mecânica e imprecisa as plantações — sem ter um feedback imediato para saber se elas foram devidamente hidratadas —, esses empreendedores estão criando uma máquina agrícola verdadeiramente do século XXI. É uma máquina compacta, que leva a água exatamente aonde ela é necessária, pode avaliar se é preciso mais e entregar a quantidade exata, fazendo tudo isso com uma combinação de robótica sofisticada, inteligência artificial e supervisão humana. Os benefícios podem ser imensos: maior produtividade da safra; menor consumo de água em um momento em que ela se torna uma commodity preciosa devido ao aquecimento global; capacidade de atender a diferentes tipos de plantação com diferentes necessidades de hidratação na mesma terra; e menos escoamento, o que é melhor para o meio ambiente.

O próximo empreendedor que encontramos estava elaborando uma tecnologia de drones distribuidores de fertilizantes, pesticidas e outras substâncias químicas da agricultura nas plantações como alternativa à aspersão indiscriminada. A necessidade de inovação é significativa nessa área. Os produtos químicos agrícolas são uma parte importante da Revolução Verde,[11] que nas últimas décadas nos permitiu sustentar uma população mundial crescente, evitando as grandes fomes e crises nutricionais previstas no final dos anos 1960. Dito isso, essas substâncias químicas, às vezes tóxicas na forma não diluída, costumam ser fortemente diluídas em água e aspergidas mecanicamente nas plantações. Isso resulta em muitos dos mesmos problemas da irrigação clássica: desperdício de água, escoamento nocivo, perda de substâncias químicas superutilizadas e queda na produtividade quando subutilizadas. Aspergir as plantações com drones é uma ideia inviável para substâncias que precisam ser diluídas. Diluí-las com água tornaria a carga pesada demais para os drones. A solução inovadora do empreendedor para esse problema foi uma forma nova de atomizar as substâncias químicas em esferas minúsculas, eletrostaticamente carregadas ao saírem do bico do spray. Por conta dessa fina atomização e da carga elétrica, as substâncias químicas não diluídas aderem às plantas em quantidades minúsculas, porém em concentração suficiente para dar conta da tarefa. Combinada ao monitoramento visual por computador e outras técnicas de inteligência artificial para identificar plantações, saber o quanto deve ser aplicado e como navegar o drone, essa tecnologia pode propiciar ao agricultor uma capacidade sem precedentes de emprego dessas substâncias químicas, de forma amigável para o meio ambiente.

Ao final das demonstrações eu estava absolutamente impressionado. O trabalho dessas pessoas é tão inovador tecnicamente quanto os melhores que vi como veterano do Vale do Silício, investidor e diretor de tecnologia da Microsoft. Perguntamos a eles: "Por que Memphis?".

As respostas me deram esperança. Talvez o fator mais importante seja que os problemas que estão tentando resolver têm mais chance de solução em uma região agrícola, como Memphis. Ali existe uma massa crítica de expertise em agricultura. As terras aráveis e as empresas do agronegócio que podem adotar essas tecnologias estão em Memphis. Um dos empreendedores, de Chicago, afirmou que o clima mais quente de Memphis se traduzia em estações de produção mais longas e mais meses do ano em que sua equipe poderia testar no campo novas versões de sua tecnologia. Assim, a parte rural do país pode proporcionar algumas vantagens regionais de pesquisa e desenvolvimento em áreas como a agricultura e a indústria, bem como no design e no desenvolvimento de computadores.

Mas talvez a resposta mais interessante a "Por que Memphis?" é que a tecnologia usada por eles tornou-se fortemente mais acessível nos últimos dez a quinze anos. Sejam software de código aberto ou caixas de ferramentas de IA, infraestrutura computacional na nuvem, plataformas de desenvolvimento de drones ou componentes robóticos acessíveis e amplamente comercializados, esse pessoal tem acesso às ferramentas de que necessita para montar suas empresas de alta tecnologia sem necessidade de se situar em um centro urbano tecnológico.

Diante de tão poucos obstáculos óbvios à inovação em um lugar como Memphis, a impressão é que cabe a nós descobrir como definir um conjunto de benefícios que incentive mais investimento na região e em outros lugares parecidos. O fundo-semente The Rise of the Rest é um passo concreto nessa direção. Steve Case, J. D. Vance e seus sócios investiram dezenas de milhões de dólares em diversos empreendedores promissores e nas empresas que fundaram em lugares como Memphis. Eles não estão investindo nesses empreendedores por caridade, mas por acreditarem que esses investimentos são um bom negócio. É hora de outros investidores acompanharem. Em um portfólio ideal de investimentos de risco, há uma ou duas empresas que compõem o fundo, cujo êxito é significativo o bastante para produzirem um bom retorno para o investidor, mesmo que a maioria dos investimentos individuais produza resultados medíocres ou negativos. Quando uma empresa tem um êxito destacado fora de nossos centros urbanos de inovação, pode transformar uma região.

Empresas que se destacam podem ter um forte impacto positivo sobre uma região em termos de criação de empregos diretos e indiretos, como catalisadoras de investimentos em infraestrutura de alto retorno, como escolas, e por meio de investimentos secundários na região a partir da riqueza criada pelo sucesso da empresa. Adotar políticas públicas que ajudem a identificar, financiar e nutrir empresas com potencial para se destacar é uma boa aposta. Por exemplo, os benefícios fiscais para investimentos em zonas de oportunidade, sancionados como parte da Lei de Empregos e Redução de Impostos de 2017, são um passo na direção certa. É preciso executar cuidadosamente as isenções de impostos para incentivar investimentos fora dos centros urbanos de inovação para garantir que a equação seja positiva para o público. Como regra geral, devem-se condicioná-las à criação de empregos e de valor econômico para a região no longo prazo, com metas e métricas claras para avaliar o desempenho e desencadear a atribuição dos incentivos.

Outra política de incentivo com potencial útil para incentivar um desenvolvimento com maior diversidade geográfica é elevar a taxa de ganhos de capital — algo que o governo deve fazer em qualquer situação —, mantendo, porém, uma taxa de ganhos de capital baixa para investimentos feitos por empresas de pequeno e médio porte inteiramente localizadas em zonas de oportunidade ou para investimentos feitos em grandes empresas que possuam um percentual relevante de seus empregos de maior valor e maior remuneração localizados nessas zonas. A pressão resultante sobre os investidores, combinada com o elevado custo de vida e a elevada taxação sobre a renda nos grandes centros urbanos de inovação, pode acabar resultando em um esforço mais sincero das empresas para tornar suas forças de trabalho mais geograficamente diversificadas.

Podem existir ideias melhores para usar a política fiscal no incentivo ao tipo de investimento que beneficiaria os americanos de forma mais igualitária. Quaisquer que sejam essas ideias, precisamos pensar em alterações da legislação fiscal como forma de fazer empresas e indivíduos atuarem em benefício da sociedade, e não apenas como novas formas de receita para o governo. Aumentar essa receita e usá-la no apoio a programas em favor do bem comum traria... bem, *o bem comum*. Mas provocar mudanças de comportamento é, em termos de escala, a melhor forma de obter transformações duradouras.

Incentivos fiscais, por si só, provavelmente não bastam. Investimento estatal direto na criação de empregos de tecnologia em comunidades empobrecidas provavelmente também será necessário. Não podemos fazer os gestores públicos se transformarem da noite para o dia em bons investidores de risco, e a decisão sobre onde e quanto investir não é, evidentemente, fácil nem isenta de riscos. Meu amigo Reid Hoffman, empreendedor, investidor e grande estrategista, acredita existirem oportunidades para capitalistas de risco e governo colaborarem. É preciso considerar o investimento estatal como uma espécie de sócio comanditário, assim como as fundações universitárias e os fundos de pensão já aplicam em capital de risco, investindo em empreendedores que criam excelentes negócios nas zonas rural e central dos EUA. Esses parceiros de investimento receberiam um percentual do retorno total do fundo, o que no setor é conhecido como *carry*. Esses parceiros teriam um incentivo para pesquisar boas empresas e empreendedores, financiá-los e ajudá-los a ter êxito a fim de embolsar o *carry*. O governo, como sócio com responsabilidade limitada, também receberia um retorno dos dólares que investiu, diretamente do fundo e sob a forma de estímulo econômico nas comunidades que abrigarem essas novas empresas. Assim, o governo sai ganhando duas vezes. E os empreendedores, seus funcionários e suas comunidades são os maiores vencedores a partir do momento em que a roda do sucesso empresarial começa a girar.

Também podemos imaginar um plano semelhante para melhorar a alavancagem dos dólares filantrópicos de instituições sem fins lucrativos. Embora nos EUA os dólares investidos e distribuídos por meio de instituições filantrópicas sejam isentos de impostos, o governo poderia fazer mais para incentivar o fluxo desses investimentos filantrópicos para causas específicas. Por exemplo, poderia casar a filantropia privada com instituições de caridade autorizadas em zonas de oportunidade, permitindo até que fundações filantrópicas privadas e doadores individuais ampliassem suas doações beneficentes, o que representaria mais uma indicação de direcionamento ao governo para garantir que esses dólares se destinem a bons investimentos de caridade. Seria possível até cogitar permitir às instituições filantrópicas que investissem em empresas com fins lucrativos em zonas de oportunidade que viessem apresentando bons resultados em termos de criação de empregos e outras metas de estímulo à economia.

Uma das iniciativas mais inspiradas (e inspiradoras) da história americana, que despertou o apoio da população à ciência e à tecnologia, foi o programa espacial da NASA, que começou um pouco ao sul de Memphis, na cidade de Huntsville, no Alabama, no Centro Aerospacial de Marshall. Quem já assistiu aos filmes *Os eleitos* ou *O primeiro homem* sabe que esse programa nasceu da corrida armamentista contra a União Soviética, durante a Guerra Fria, que levou o presidente John Kennedy a anunciar a "missão lunar". No verão de 2019, a revista *Foreign Affairs* publicou uma reportagem, "Killer Apps", sobre uma nova corrida armamentista de IA. Em valores atualizados, o programa Apollo custou um pouco mais de 200 bilhões de dólares. No que diz respeito à defesa militar, um programa Apollo para a IA, ao longo de mais de uma década, traria gigantescos benefícios para os EUA e consumiria menos de 0,1% do Produto Interno Bruto. Qualquer programa do gênero precisaria garantir a distribuição geográfica do trabalho por todo o país, obrigando um percentual fixo da atividade a ocorrer fora dos estados da Califórnia, Washington, Nova York e Massachusetts. Também precisaria ter como meta primordial que o trabalho realizado — tecnologias de IA benéficas — melhorasse a vida de todos os americanos.

★ ★ ★

Encerramos o dia em Memphis no Templo de Clayborn.[12] Esse templo presbiteriano é uma estrutura impressionante, sede de muitos acontecimentos importantes durante o movimento pelos direitos civis dos anos 1960. É mais conhecido por ter sido o ponto de encontro dos grevistas do saneamento, lutando por dignidade e igualdade, e o ponto de partida de uma marcha pacífica liderada por Martin Luther King Jr. na semana em que foi assassinado. O Templo de Clayborn ficou décadas abandonado e em mau estado até que um grupo de moradores de Memphis iniciou um processo de restauração em 2015.

Naquela noite de terça-feira, o templo abrigava oito startups, cujos fundadores submetiam seus projetos de empresas a um painel de jurados. Dessas startups, a melhor ganharia um investimento de 100 mil dólares do fundo Rise of the Rest. Eu era um dos jurados.

As empresas que faziam suas apresentações eram diversificadas em vários aspectos. Seus negócios e suas inovações eram nos setores de mercado imobiliário, segurança automobilística, cuidado com idosos, membranas de uso médico, cibersegurança e prevenção de fraudes, logística, gravação de áudio, e serviços domésticos. As três melhores arrecadariam investimentos-semente com grande facilidade se tivessem acesso às redes de investimento do Vale do Silício. Acredito que a melhor de todas, no dia da competição, teria obtido nota máxima de vários investidores importantes se ficasse sediada no Vale do Silício e não em Memphis. Essa empresa, a Soundways,[13] cria software que ajuda engenheiros de som a lidar com seus fluxos de trabalho, o que auxilia artistas e gravadoras a gerir metadados e direitos autorais em um mundo onde a distribuição e o consumo de música vêm se tornando cada vez mais complexos. Em sua apresentação, eles demonstraram um produto e uma tecnologia diferenciados, com um mercado-alvo considerável; uma equipe especializada e que transmitia credibilidade; 1,5 milhão de dólares como receita anual recorrente, crescendo em um ritmo bastante saudável para uma empresa tão recente; e vantagens adicionais, como mídia positiva por meio de entrevistas com seu jovem e carismático fundador em publicações do setor, como a revista *Billboard*.

O outro elemento de diversidade, além dos tipos de empresas e tecnologias apresentados, eram os fundadores. Metade eram mulheres. Metade eram afro-americanos ou de outras minorias sub-representadas. Alguns eram nascidos em Memphis. E alguns estavam em Memphis para ficar mais perto dos clientes, dos mercados ou da mão de obra especializada de que, acreditavam, suas empresas necessitavam, mais do que para ficar perto de quem toma as decisões de investir capital. Em vários aspectos, é exatamente o que se deseja para o avanço da tecnologia, do empreendedorismo e do acesso igualitário a oportunidades.

Saí dessa experiência mais convencido do que nunca de que precisamos sair da caixa de ressonância que domina o atual debate público sobre o futuro da tecnologia. As reportagens usadas para maximizar os cliques e comentários, cheias de provocação, são na grande maioria banais, sem sentido e irrelevantes. Eu me comprometi a ajudar a focar em como reforçar aquilo que vem ocorrendo bem diante de nossos olhos de modo a criar um futuro melhor para todos. A história pouco conhecida do setor de tecnologia nos últimos quinze anos é o quanto já colocamos tecnologias incrivelmente poderosas — sob a forma de código aberto e internet aberta, plataformas na nuvem e estruturas de IA — nas mãos de um grupo mais amplo de desenvolvedores, criadores e empreendedores, mais do que em qualquer outro momento da história humana. São pessoas que usam esse empoderamento para criar negócios maiores, mais ambiciosos e mais inovadores do que eu jamais poderia imaginar, e fazem isso não apenas no Vale do Silício, em Seattle, em Nova York e em Boston — capitais de várias gerações anteriores de inovadores em tecnologia —, mas também em locais tão variados quanto Brookneal e Memphis.

A viagem de carro hoje de manhã, bem distante de minha terra natal no interior da Virgínia, vai de Seattle até a pontinha setentrional do Oregon, ao longo do rio Columbia. A cidade vai sumindo lentamente, e subitamente as folhas da primavera e os primeiros gramados esverdeados do interior da região Noroeste do Pacífico vão surgindo diante dos meus olhos. Na letra de uma música, os compositores country Blake Shelton e Trace Adkins contam ter descoberto que todo americano é "caipira" quando um amigo deles, que "nunca saiu do Queens", visita o interior e se apaixona por ele.

Meu destino é uma conferência sobre desenvolvimento econômico rural, espertamente batizada de "A respeito do rural", que começa às 9h30 de um sábado. Cheguei bem na hora de uma sessão sobre capacitação, assistida por cerca de quarenta criadores de gado, empreendedores rurais e líderes locais de desenvolvimento rural.

Patti Norris, consultora empresarial do Centro de Desenvolvimento de Pequenas Empresas em Prineville, Oregon, está sentada à minha mesa. Ela dirigiu quase quatro horas para estar lá. Está ciente do motivo da minha visita. Ela me fala da estrada do interior que leva à sua cidade — cuja principal atividade é a comercialização de madeira. De um lado da rodovia, há um centro de dados da Apple; do outro, um centro de dados do Facebook. O da Apple é cheio de sigilo, ela diz; já sobre o do Facebook ela conta até o número de funcionários — aproximadamente trezentas pessoas, que vão do pessoal de tecnologia ao de apoio, às equipes de obras e de alimentação.

Alguns dias antes, ela havia se encontrado com um grupo de empresários locais, donos de uma empresa de produtos de madeira. A indústria madeireira, que no passado valeu a Prineville o apelido de Capital do Pinho, é considerada morta, vítima da globalização e da regulamentação federal. Mas ela mencionou que a nova geração vem explorando árvores menores e produtos inovadores, como laminados e moldes comerciais de madeira, e está faltando mão de obra. Anos atrás, os turnos cobriam as 24 horas do dia, mas agora há apenas um, das seis da manhã às duas da tarde. Mesmo assim, havia necessidade de contratar pessoal qualificado, e eles queriam saber se ela tinha ideias para recrutar jovens, estagiários e aprendizes.

Assim que ela disse isso, Heather Stafford, diretora de educação para adultos em Siskiyou County, na Califórnia, subiu ao púlpito e foi direto ao assunto. Em muitos estados de grande população rural, a classe média é composta por caminhoneiros e caminhões dirigidos por IA vão deixá-los sem emprego. Ela fez uma relação dos obstáculos à ascensão de classe, entre eles problemas com drogas e álcool, problemas de saúde mental, falta de capacitação e de especialização, banda larga limitada e desertos alimentares.

A conferência era dividida em quatro temas — revitalização da economia rural, redes de liderança rurais, recursos para comunidades rurais e promoção de lideranças rurais. Sem poder estar em todos, decidi focar nos dois primeiros, fazendo um mergulho profundo em desenvolvimento de mão de obra, a revitalização de setores rurais tradicionais, como agricultura, produção de madeira e pesca comercial. Termino o dia com conversas bastante proveitosas, com o objetivo de reduzir o fosso entre o rural e o urbano.

Assim que a sessão de abertura começa a transparecer um tom sombrio, Heather leva a discussão para um novo rumo.

"Acredito que os empreendedores vão salvar o mundo."

A empresa de "agricultura de precisão" de Melissa Brandão, a HerdDogg, elabora soluções de Internet das Coisas — aparelhos conectados à internet que rodam software complexo — para a saúde e o bem-estar dos rebanhos. Ela diz, em tom maroto: "Trabalhamos com romance bovino". Anteriormente, a sede de sua empresa era em Denver, mas ela decidiu mudar-se para o interior do Oregon com o objetivo de desenvolver mão de obra rural.

"Nossa missão é ajudar a plantar a semente para a população rural progredir em tecnologia", diz ela à plateia. "Malcom Gladwell escreveu que não podemos separar quem somos do lugar de onde viemos. Não se pode contratar para trabalhar com rebanhos gente que não cresceu em meio a eles. Precisamos desenvolver nossos próprios desenvolvedores. Quero que um garoto criado em fazenda venha trabalhar conosco em vez de se mudar para a cidade. Em todas as regiões há startups como a minha."

Wally Corwin, gerente corporativa de integridade de produtos da Jeld-Wen, também participa do painel. Sua empresa, com sede na Carolina do Norte, produz portas e janelas para o setor da construção. Ele faz objeções a uma parte do jargão usado nas economias digitais quando aplicado à população rural.

"A definição de *gig economy* não está certa", argumenta. "No setor industrial, chamamos de terceirização. Temos um monte de terceirizados. Quando eu era mais jovem e morava na zona rural, enfardávamos feno. Um sujeito ficava com a enfardadeira e o outro com o ancinho. Isso sim é um trabalho temporário. O interior do Oregon não vai demandar muitos motoristas de Uber. Precisamos que as empresas privadas participem ajudando a providenciar a infraestrutura e o capital que auxiliem as empresas, por exemplo, ensinando os alunos do ensino médio a pilotar drones."

Nas reservas indígenas de Warm Springs, por exemplo, há demanda de pilotos de drone para combate a incêndio, monitoramento de cardumes e gestão florestal.

Tyler Freres administra uma madeireira no Noroeste Pacífico e conta ao público que vem pesquisando intensamente a robótica.

"É necessário. Precisamos de 480 pessoas, mas temos 430. A Amazon está levando um depósito para perto de nós e está contratando 1.200 pessoas e pagando mais. Não dá para competir com eles. A robótica vai ajudar a prolongar a carreira do nosso pessoal, porque parte do serviço deles é pesado e penoso."

Tyler cresceu trabalhando no setor de madeira, foi para a faculdade e voltou para o interior do Oregon com um MBA. Agora ele trabalha na empresa da família, fundada em 1922, como gerente, e não como trabalhador braçal, e consegue enxergar o negócio de cima a baixo. Depois da crise das madeireiras nos anos 1990, ele se converteu a laminados e compensados, assim como resíduos, como substrato e serragem. Hoje em dia, seu produto é usado em um dos maiores prédios de madeira de Pearl District, um bairro descolado de Portland. Recentemente, ele investiu em uma nova fábrica de robótica, de 35 milhões de dólares, em Lions, no interior do Oregon. Mas ele reclama das legislações estadual e federal, que tolhem seu crescimento: uma nova lei do salário-mínimo, que pode funcionar nas áreas urbanas, mas não nas rurais; licença paga por motivo de saúde; cronogramas de trabalho previsíveis; maconha recreativa — segundo ele, essas novas obrigações legais estaduais prejudicaram as empresas rurais.

"O Oregon é um péssimo estado para gerir uma indústria. Se pudéssemos voltar atrás, não teríamos instalado nossa fábrica no Oregon."

Sentindo aumentar a tensão política, a moderadora intervém.

"Às vezes é difícil ouvir as vozes do empresariado", diz ela. "Precisamos ouvir esses pontos de vista."

A sessão seguinte investiga as oportunidades de investir em zonas rurais.

"Vamos acabar com alguns mitos", promete a moderadora.

Cory Carman é uma dessas destruidoras de mitos. Formada em Stanford, ela voltou para a terra natal para tocar a fazenda da família, fundada pelos bisavós.

"Minha família disse: 'Boa sorte, a gente acha que você vai fracassar'."

Ela estudou e chegou a uma estratégia para dominar o mercado regional de carnes premium, com um produto superior e uma ótima narrativa. O foco dela tornou-se o boi criado no pasto, sem confinamento nem antibióticos. Ela buscava uma rede local de fornecedores, tirando proveito da energia e da garra que ela sabia existirem, tendo sido criada na região.

"Não estamos focados em IA, mas precisamos analisar números", refletiu ela. "Acreditamos no instinto das pessoas."

Angelina Skowronski é uma vistosa empreendedora rural na Fishpeople, empresa que está revitalizando o setor da pesca na costa setentrional do Oregon. Nas palavras dela, a empresa compete com o trabalho análogo à escravidão de alguns países e com os subsídios governamentais de outros. Ela afirma que o processamento dos peixes envolve muita tecnologia, assim como a descoberta de cardumes, propriamente dita — a localização submarina —, em alto-mar. A Fishpeople ainda não investe em tecnologia, mas está de olho na tecnologia *blockchain*, os "livros caixa" compartilhados que são a base de criptomoedas como o Bitcoin. Com ela, é possível localizar, com precisão, para o cliente onde o peixe foi pescado e até o nome do pescador que o apanhou.

Bruce Nissen é o fundador da LDB [*Let's Dream Big*, "vamos sonhar grande", em tradução livre] Beverage, no estado de Washington. O foco dele é converter uma ampla variedade de maçãs em cidras sofisticadas, de alto valor. Ele montou na Califórnia uma fábrica de cidra, depois comprada pela Coors. Incansável, acabou raciocinando: Washington produz 70% das maçãs e tem a eletricidade mais barata dos EUA. Então abriu um novo empreendimento, dessa vez em uma região remotíssima do centro do estado, na Garganta do Rio Columbia.

"Temos gente que ganha 60 mil dólares por ano, mas não consegue achar uma casa para morar. Alguns moram dentro do carro. Não trabalharíamos com economia rural se não gostássemos de desafios. Desafio é o nosso alimento. Mas não é fácil. Não encontro gente capaz de gerar uma planilha. Tudo tem que vir de longe. Nosso conjunto de habilidades, na Garganta, está longe demais da IA e da robótica. Quanto mais eu investir em tecnologia, mais vou precisar de capacitação. Então é complicado. Na verdade, há uma aversão a colocar mais eletrônica."

Todas essas histórias expressam necessidades comuns: acesso à banda larga de alta velocidade e moradia acessível em regiões remotas; lidar com o fracasso do esforço no combate ao abuso de drogas; e demanda por políticas públicas adaptadas ao meio rural, capacitação e mão de obra não apenas disposta a trabalhar no interior, mas com experiência de fato em setores tradicionalmente rurais, como a agricultura. Mas o que essas histórias ainda não veem é como a IA pode ajudá-las, com ideias geradas por dados, capacidade de previsão, excelência operacional e criação de empregos.

O dia termina com uma sessão sobre os esforços para reduzir os fossos, tanto o real quanto o imaginário, entre os interesses rurais e urbanos de desenvolvimento. Essa meta me fez lembrar uma conversa por celular que tive dias antes com Sam Ford, um homem brilhante do Kentucky que vem dedicando tempo e talento exatamente a essa causa. O foco dele se concentra em "como as organizações vêm ouvindo, criando relacionamentos, contando histórias e colocando--se no lugar dos públicos que buscam alcançar". Ex-jornalista, Sam criou uma iniciativa chamada Futuro do Trabalho em seu estado natal, junto a laboratórios do Massachusetts Institute of Technology, da Universidade do Sul da Califórnia e de outras instituições. Ele vem ajudando empreendedores rurais de seu estado natal com "agitos paralelos" — trabalhos em meio período que aumentam a renda. Ele ajuda esses empreendedores a imaginarem estratégias que desenvolvam suas ideias, como agricultura artesanal para chefs de estilo "do campo para a mesa" e criação cooperativa de marketing de turismo regional. Sendo jornalista, sabe escutar, comunicar ideais, interligar recursos e apresentar as empresas a um mercado mais amplo.

Queria que Sam estivesse conosco para essa oficina no Oregon. A ação dele é extremamente positiva diante do pessimismo ocasional que contamina até os mais entusiasmados. Na minha mesa de discussão, pedem para descrevermos as diferenças entre o urbano e o rural. Que premissas e falsos conceitos, positivos ou negativos, impactam a forma como essas diferenças se apresentam?

Uma mulher de seus cinquenta anos, uma ruiva usando um vistoso vestido de verão, não concordou com a premissa da pergunta. Fez uma careta e resolveu que não gostava da palavra *fossos*.

"Por que não falamos mais das pontes em vez de falar dos fossos?"

Outra mulher resolve que é hora de fazer uma piada. "O que é *rural*?", perguntou. "É aquilo que a gente tem que atravessar de carro para chegar à cidade." Ninguém riu.

Um participante da mesa se manifesta, repetindo uma antiga queixa das comunidades rurais de todo o estado: Salem, a capital do Oregon, e Portland, a capital econômica, recebem todos os benefícios do governo estadual. É injusto.

Um millennial que também participa da mesa, cheio de confiança, aparentemente servidor público estadual, interrompe para dizer que vai nos contar um segredinho. Ele analisou os números: na verdade, a população rural recebe a fatia justa de financiamento do governo. Essa afirmação cala a boca das senhoras à mesa, que não tiveram acesso a esse dado. É apenas a percepção que elas têm. O que me faz pensar: será que a população urbana percebe o quanto depende da rural? E a população rural, percebe o quanto depende da urbana? Eu me indago se a população urbana compreende o valor que recebe da rural e vice-versa.

Para encerrar, os moderadores fazem um giro, pedindo a cada mesa que relate o resultado de suas conversas. Uma das mesas afirma que a população rural não foi ouvida nas eleições anteriores, e por isso as consequências do que aconteceu no ano em que Donald Trump foi eleito. Porém, acrescentam, há uma insatisfação renovada, e as pessoas estão mais focadas agora nas eleições locais. Outra mesa se queixa de estereótipos mal-informados de ambos os lados. Outra mesa propõe a ideia de que as cidades elejam cidades-irmãs não em outros países, mas na zona rural. A última mesa faz uma afirmação incisiva: "Parte-se da premissa de que gente do campo é menos inteligente e de que gente da cidade é babaca".

Com o olhar de alguém cuja vida cruzou o fosso entre o rural e o urbano, não há novidade nessa percepção de desconexão. Os estereótipos que o povo da cidade e o do campo têm um do outro existem há décadas, talvez até séculos. Já vi amigos sulistas tentando esconder os traços da sua "sulidade" — o sotaque, os casos de infância, até as comidas preferidas — para se misturar melhor nos grupos acadêmicos, profissionais ou sociais que escolheram. Eu mesmo, na adolescência, comecei a esconder meu jeito sulista. Eu não me reconhecia nem um pouco nos estereótipos do sulista retratados pela mídia, e sofri para reconciliar o passado do meu estado natal com o futuro para onde gostaria que todos fôssemos. À medida que a computação e a programação foram se tornando uma parte cada vez maior da minha identidade e das minhas aspirações, tive dificuldade para encontrar modelos sulistas a seguir. Isso me levou a rejeitar, durante muito tempo, uma boa parte da minha identidade.

Histórias de superação

Uma tragédia da vida moderna é que a tecnologia criada para nos conectar de forma radical e para disponibilizar informação abundante e livre nos permite entrar em bolhas ideológicas que reforçam nossas próprias crenças e preferências, nos isolando dos que não seguem a nossa ideologia. O isolamento resultante dessa fragmentação de ideias, informações, valores e conexão real a nossos irmãos humanos não apenas reforça nossas diferenças, mas nos priva concretamente das oportunidades de encontrar um terreno em comum. O ativista Eli Pariser cunhou um termo para esse fenômeno: o "filtro-bolha".[14]

Como podemos constatar diante do noticiário recente, a IA pode ser usada como ferramenta para aprofundar esse efeito de filtro-bolha. Um algoritmo de aprendizado de máquina projetado para lhe dar a informação que você quer de acordo com a força do seu engajamento — se você leu, se curtiu, se comentou, se compartilhou, se reagiu de forma semelhante a conteúdos semelhantes de fontes semelhantes — vai mantê-lo dentro da sua bolha de forma hipereficaz. Se a única medida do sucesso do algoritmo de aprendizado de máquina for seu nível de engajamento, ele não fará nada que o ajude a se expor a pontos de vistas diversos, nada para filtrar informações falsas e contrafactuais e nada para prevenir sua exposição a propaganda e manipulação descaradas. Nos piores casos, ocorre um ciclo de autoalimentação nesses sistemas, em que você começa vendo algo sensacional, que desperta uma reação de medo, raiva ou ansiedade, ensinando o sistema a lhe mostrar mais coisas que lhe provoquem medo, raiva ou ansiedade. Como um de meus ex-chefes gostava de dizer: *No bueno*.

Ironicamente, a IA pode ser exatamente aquilo de que necessitamos para ajudar a atenuar esse ciclo pernicioso de autoalimentação. No outono de 2016, eu estava prestes a assumir uma nova função, que aumentaria a pressão sobre meu tempo, e já tinha atingido meu limite de consumo de mídia; passava o tempo todo lendo migalhas de conteúdo que não tinham valor de longo prazo. Decidi fazer uma experiência aumentando drasticamente o consumo de informação de alta qualidade. Implementei uma regra 70/25/5, em que 70% do meu consumo de mídia tinha que ser gasto com conteúdo de alto padrão, editorial ou com revisão por pares, de formato longo, relacionado a meu trabalho e meus interesses pessoais. Ou seja, muita coisa, considerando meu trabalho. Vinte e cinco por cento do meu tempo de consumo de mídia seria para aprender algo novo e diferente, não necessariamente relacionado ao meu emprego e não necessariamente de uma das fontes de informação que tendo a privilegiar. E 5% seria para todo o resto, o suficiente para correr os olhos pelas manchetes dos blogs duas ou três vezes por dia e talvez passar alguns minutos por semana conferindo o que os amigos e parentes porventura postassem no Instagram.

Isso fez com que eu, novamente, começasse a ler mais artigos e livros científicos sobre ciência da computação. Assinei a *Nature* e a *Science*, duas revistas semanais de ciências naturais, de alta qualidade, ambas contendo artigos e conteúdos rigorosamente revisados por pares, com alto padrão editorial. Assinei as revistas *Economist*, *New Yorker* e *Atlantic* e o jornal *Financial Times*. Selecionei um conjunto de podcasts de alta qualidade para ouvir no caminho de casa e do trabalho e cerquei-me de conteúdo genuinamente informativo. Na minha caixinha dos 25% eu poderia assistir a um vídeo do YouTube do *This Old Tony* ou de Jimmy DiResta para aprender a fazer alguma coisa ou me forçar a ler algo reflexivo que estivesse fora da minha zona de conforto.

Iniciei essa rotina mais de dois anos atrás, achando que duraria um mês ou dois. Nos anos anteriores, eu tinha tirado breves férias das redes sociais, porque estava me deixando desgastar demais com material que, pensando depois, nem de longe valia o esforço emocional. O surpreendente é que me alimentar com informação saudável foi quase como entrar em uma dieta. Passei a me sentir menos ansioso, menos irritado e muito, muito mais bem informado. Eu tinha um leve medo, no fundo, de que minha dieta de informação me fizesse deixar passar algum conhecimento de alta qualidade em meio a todo o ruído que estava sendo filtrado. Mas esse leve medo nem de longe era relevante o suficiente para me fazer voltar aos velhos hábitos.

A IA pode ajudar todos nós a tomar decisões melhores de consumo de informação. Se os sistemas de aprendizado de máquina explorando montanhas de informações para mim conhecessem as regras da minha dieta informativa e se otimizassem para isso em vez de para engajamento emocionalmente provocado, o benefício para mim seria enorme. Nem todos precisam fazer a mesma dieta de informação que eu. Mas meu palpite é que centenas de milhões, senão bilhões de pessoas, estão viciados em informação nociva atualmente e deveriam poder elaborar sua própria dieta de convalescença, que a IA poderia ajudar a manter. Quem sabe, se tivéssemos mais gente exigindo dietas de informação saudável, o mundo teria menos filtros-bolhas, menos ódio e mais oportunidades para que as tecnologias que criamos fossem usadas para seu devido fim. Assim nos uniríamos e encontraríamos o terreno comum onde precisamos estar a fim de termos uma sociedade sadia e funcional.

A última sessão da manhã de encerramento do simpósio rural em Portland, Oregon, acabou se tornando emotiva ao tratar do futuro das fazendas e dos ranchos do interior. Eu viera para aprender com aqueles que trabalham diretamente com o desenvolvimento econômico do campo. Queria saber se e como eles enxergavam as tecnologias da próxima geração. Porém, "próxima geração" adquire um sentido muito diferente aqui.

Nellie McAdams, da ONG Rogue Farm Corps, em Yamhill County, no Oregon, abriu a sessão com estatísticas preocupantes. Dois números que ela citou se destacam. Primeiro, 64% das terras agrícolas de seu estado mudarão de propriedade nos próximos trinta anos, reflexo principalmente de uma tendência nacional. Segundo, a idade média dos agricultores é de sessenta anos, o que na maioria das profissões é próximo da idade da aposentadoria. Como quem comprova essa afirmação, Mark Bennett, de 65 anos, fazendeiro e dono de rancho em Unity, no Oregon ("Não somos nem do interior; somos da fronteira"), conta a história de como sua cidade está morrendo; de um grave acidente que sofreu recentemente; e da conversa que esse acidente o obrigou a ter com a mulher e os filhos sobre o futuro de seu extenso rancho.

"O que é que nós vamos fazer com esse troço a que a gente dedicou tanto amor?", perguntou, com uma ponta de emoção em seu simpático jeito de falar do Oeste. "Que opções nós temos?"

Uma opção é vender para investidores estrangeiros. Ele comenta que o rancho vizinho já pertence a esses investidores, que ele descreve como interessados no lucro e não em cuidar das terras. Outra opção é o que ele chama de Método Rockefeller, uma espécie de modelo de "fazendeiro chique", em que um proprietário milionário constrói uma enorme casa de veraneio, mas não usa a terra para produzir.

"Nós decidimos provar que dá para proteger a terra, proteger a vida selvagem e ganhar dinheiro criando animais. Eu poderia ter ganhado muito dinheiro vendendo terras para uma empresa de energia solar, mas preservei essas terras para o galo silvestre cauda-de-faisão. Será que os galos silvestres precisam de tanta terra assim? Deus fez de nós os guardiões dessa terra."

O planejamento sucessório é algo que levamos muito a sério na Microsoft e nas empresas em que sou investidor. Por que eu nunca tinha pensado nisso nesse contexto?

Diana Tourney, nossa palestrante seguinte, nunca para de pensar nisso. Ela é consultora e instrutora do Centro de Desenvolvimento de Pequenas Empresas de Clackamas. Não sabe pilotar um trator, mas, acrescenta, sabe pilotar um computador.

"Sou apaixonada por números e adoro trabalhar com fazendeiros e criadores de gado para ajudar a terra a continuar agrícola. Tenho, sim, um preconceito: fazendas precisam continuar a ser um negócio viável."

Diana viu o mau planejamento e os problemas na Justiça levarem à perda de muitas terras, mas o problema que ela encontra com maior frequência são as disputas familiares. Pais idosos fazem planos sucessórios, mas depois os filhos não estão de acordo com o plano, ou porque se sentem excluídos ou porque têm outras ideias. Ela recomenda envolver os filhos desde cedo, recorrendo a suas habilidades, muitas vezes complementares, e lidando com suas preocupações e seus questionamentos. É muito atenta à questão da inteligência emocional, insistindo que as famílias realizem o primeiro encontro sobre planejamento sucessório fora de casa, em "campo neutro". Sentar-se na velha cozinha, onde o irmão dava pontapés na irmã debaixo da mesa, prolonga as divisões, ao passo que um espaço neutro eleva o nível da conversa.

Na manhã seguinte, o *New York Times* publica uma reportagem de quase uma página inteira sobre a Austrália: "Uma economia em expansão a um preço trágico" para os agricultores. A taxa de suicídio na zona rural é duas vezes maior que a das cidades. As pesquisas mostram que os agricultores estão entre aqueles com maior risco de suicídio.

Alguns meses depois, líderes do desenvolvimento econômico rural se encontraram novamente em Washington, D.C. para o encontro America's Rural Opportunity, no Instituto Aspen. Dessa vez, o foco era aquilo que foi descrito como "estratégias 2Gen", mirando em duas gerações de famílias rurais — pais e filhos. Quando jovens e adultos são o foco juntos, aumenta muito a probabilidade de que os pais consigam produzir, e os filhos consigam contribuir ao longo do tempo. Faz sentido. O 2Gen é uma abordagem holística para a melhoria das condições no interior dos EUA: desenvolvimento infantil precoce, cuidado infantil de qualidade, saúde e bem-estar, habitação, capital social, criação de ativos econômicos e de vias para o ensino superior.

A importância desse método foi ressaltada na inspiradora reportagem "A idade dos agricultores robôs", de John Seabrook, publicada em 2019 na revista *New Yorker*. "Se o futuro da produção de frutas e vegetais é a automação", escreveu ele, "os agricultores não apenas terão necessidade de máquinas e do financiamento para poder pagá-las, mas também de um novo tipo de trabalhador rural qualificado, capaz de reparar as colheitadeiras quando algo der errado." Programas extracurriculares tradicionais, como o 4-H e o Future Farmers of America, têm focado cada vez mais em matemática e engenharia. É que, quer você seja pai ou mãe nos EUA rurais, urbanos ou suburbanos, todos querem o mesmo para os filhos: oportunidades.

Essas diferenças entre rural e urbano que tenho visto e ouvido são universais, e as consequências vão muito além do cultural e do político: isolamento, abuso de drogas, recursos inadequados para manutenção de uma infraestrutura decrépita, uma crise habitacional cada vez maior, uma força de trabalho declinante e envelhecida, empregos menos bem pagos e falta de creches para os pais que trabalham. São problemas que causam sobrecarga e desânimo. Nas últimas décadas, o centro das cidades vem merecidamente atraindo atenção nacional e internacional. As populações urbanas continuam crescendo, e as rurais diminuindo. Ambas merecem nossa atenção.

CAPÍTULO 4

O agricultor inteligente

―

No verão de 2018, incêndios nas florestas da Colúmbia Britânica, província do Canadá, combinados com ventos do norte, levaram uma forte névoa aos céus normalmente azuis cristalinos do estado americano de Washington. Mais de um terço dos EUA passaram por uma seca de moderada a excepcional. Apesar disso, safras como as do trigo, do milho e da soja começavam a chegar aos mercados em quantidades abundantes, o que derrubou os preços para os produtores. Entre esses produtores estava o agricultor que eu ia visitar. Enquanto isso, na outra Washington, a capital dos EUA, uma triste aglomeração de nacionalistas brancos e um grupo muito mais numeroso de antifascistas passava o fim de semana trocando insultos inflamados nas ruas. A Lei de Agricultura — principal instrumento de política agrícola do governo federal — se arrastava em uma comissão do Congresso enquanto eclodia uma guerra comercial, levando o governo a propor um subsídio de 12 bilhões de dólares aos agricultores como medida paliativa até as negociações internacionais terminarem.

Foi nesse contexto que visitei uma pequena fazenda uns 25 quilômetros a leste do imenso campus da Microsoft em Redmond. Desenvolvedores do grupo de IA e Pesquisa da empresa me convidaram para ver como eles estão usando sensores de baixo custo e mapeamento digital para recolher dados de produção, como a temperatura do solo e a umidade, para melhorar a safra. Um pequeno produtor próximo a Carnation — comunidade batizada com o nome de uma famosa marca local de leite evaporado — havia autorizado os pesquisadores a usar sua propriedade em troca dessas valiosas informações.

Os engarrafamentos de fim de tarde de Seattle espraiavam-se pelas estradas rurais próximas à fazenda. Estacionamos ao lado de um grande galpão vermelho e tivemos que atravessar a estrada correndo, para não sermos atropelados pelos motoristas voltando a toda velocidade do trabalho. Nem todo fazendeiro mora no final de uma estrada de terra em uma região erma. Em seu provocador livro *Hinterland: America's New Landscape of Class and Conflict* [Hinterland: A nova paisagem americana de classes e conflitos, em tradução livre], Phil A. Neel divide sua atenção entre duas regiões do interior — uma distante, profundamente rural, e outra próxima, quase urbana. Enquanto a obra do teórico Richard Florida sobre a "classe criativa" investiga por que o desenvolvimento econômico se concentra nas cidades e regiões metropolitanas, Neel explica o que ocorre bem perto delas. "Porém, além das cidades, onde pouco se discute a inclusão, fica claro que essas populações também são unificadas por outra coisa: o senso de comunhão que deriva de uma condição cada vez maior de excluídos da economia, mas, ao mesmo tempo, paradoxalmente, indissociáveis dela." As regiões rurais, ele conclui de forma pessimista, estão se transformando em terra inútil para a produção global.

Não se o dr. Ranveer Chandra, pesquisador da Microsoft, puder dizer algo a respeito. Ranveer é um animado produto do famoso Instituto Indiano de Tecnologia e do departamento de ciência da computação da Universidade Cornell. Ele nos ciceroneou por intermináveis fileiras de plantações amadurecendo ao sol — naquele dia, filtrado pela fumaça — da região do Noroeste Pacífico. Ranveer foi criado no estado indiano de Bihar, na fronteira com o Nepal. Trabalhou com os avós em uma pequena fazenda de quatro hectares, produzindo cana-de-açúcar, trigo, arroz e manga. Sua paixão é criar tecnologias que ajudem tanto a gente do campo, como seus avós, quanto os amigos que ele deixou para trás, e que ajudem a aumentar em até 70% a produção de alimentos para abastecer uma população mundial cada vez maior. Embora acredite na força da tecnologia, acredita ainda mais no elemento humano necessário para cultivar a terra e produzir alimentos.

"Queremos ser um complemento ao conhecimento do agricultor", ele explica, enquanto tira um pequeno drone branco de uma caixinha. "Em vez de usar apenas a intuição, podemos usar os números. Em vez de jogar água e pesticidas em toda parte, podemos ser mais precisos, de modo a usá-los apenas onde for necessário."

Ao dizer isso, ele abre um notebook Surface e tira o celular do bolso. Vai precisar de ambos para monitorar as imagens e os dados à medida que chegam. O drone sobe uns trinta metros. No notebook dá para ver de cima as fileiras de plantas. Acompanhamos a trajetória do drone, que ziguezagueia por toda a propriedade, coletando do solo os níveis de acidez, umidade e temperatura. Com esses dados é possível montar um "mapa de calor" que ajuda o agricultor a localizar áreas problemáticas. Os dados coletados, que representam até quinhentos megabytes por hectare, são transmitidos para um *edge* na nuvem na sede da fazenda, onde outro computador armazena e analisa as informações em tempo real.

Nos últimos anos tem se falado muito de computação em nuvem, merecidamente, mas o *edge computing*, ou "periferia de rede", ou "computação na borda", também é fundamental para o futuro da IA na agricultura de precisão, na medicina e em outras aplicações.

No *edge computing*, os dados são rodados e analisados em um aparelho próximo ao local onde são gerados, sem necessidade de transmissão a um *data center* distante. Dessa forma, é possível fazer a análise em tempo real, sem ficar refém da baixa conectividade à nuvem e da baixa latência de uma zona rural. Diante da estimativa de 25,1 bilhões de aparelhos conectados à internet em 2021, o *edge computing* vai empoderar e transformar a Internet das Coisas (IoT, na sigla em inglês), como é o caso dessa fazenda, ao longo de muitos anos.

Dê uma olhada pela sua casa, escritório, ou até mesmo a próxima loja que visitar e vai começar a perceber que os aparelhos conectados à internet estão nos aproximando, mais do que nunca, de um mundo onde a computação e a inteligência de ambiente são onipresentes. À medida que esses aparelhos da Internet das Coisas se tornarem cada vez mais comuns, começaremos a ter a expectativa de que a computação esteja mais integrada em nossas vidas, antecipando, compreendendo e atendendo de forma fluida as nossas necessidades. A expectativa será que o software responda à nossa fala, nossos gestos, nossa linguagem corporal e nossas emoções naturais e que entenda o mundo físico e o contexto complexo ao redor de cada usuário enquanto este cuida da vida pessoal e profissional no mundo à sua volta.

É uma tendência mais promissora que o simples aumento da conveniência, da produtividade e da conexão em nossa vida cotidiana. Sensores e aparelhos inteligentes estão dando um novo sopro de vida a equipamentos industriais em fábricas e fazendas, ajudando-nos a nos orientar e planejar cidades mais sustentáveis e levando o poder da nuvem a alguns dos destinos mais remotos do planeta. Graças ao poder da IA, que permite a esses aparelhos reagir de forma inteligente ao mundo que analisam, veremos revoluções em setores cruciais para o bem da humanidade, como assistência à saúde, preservação ambiental, sustentabilidade, acessibilidade, recuperação de desastres naturais e outros.

Damos a essa nova onda da computação os nomes de *borda inteligente* e *nuvem inteligente*. E essas novas tecnologias podem ser tão transformadoras para os problemas do mundo físico quanto a IA foi para a internet de consumo. A matéria-prima para a criação de coisas com IA moderna são os dados. Os dados disponíveis ditam aquilo que a IA é capaz de utilizar. Quando esses dados são cliques em resultados de busca, anúncios, curtidas e compartilhamentos, é possível criar sistemas de IA capazes de otimizar a qualidade dos resultados de busca, apresentando anúncios melhores, e capazes de aprender quais informações lhe apresentar em um feed de notícias com base em suas aparentes preferências. Quando esses dados são a umidade do solo, a acidez, a temperatura, a umidade do ar, a previsão do tempo e imagens das plantações, é possível criar sistemas de IA que ajudem os agricultores a tomar decisões melhores em relação ao que plantar e quanto, como irrigar com mais eficiência, como usar fertilizantes e suplementos e quando fazer a colheita. O efeito final dessa melhoria na tomada de decisões é a manutenção de safras mais produtivas com menor impacto ambiental.

Essa extensão do poder da IA moderna ao mundo físico é verdadeiramente empolgante. Eu me arrisco a dizer que a IA acabará tendo um impacto bem mais positivo em nossas vidas, na era do *edge* e da nuvem inteligentes, do que teve por si só na criação da internet do consumidor. Sensores inteligentes, capazes de coletar dados e atuar diante de eventos físicos em tempo real, vão nos permitir a criação de modelos capazes de entender e interagir com uma infinidade de coisas no mundo físico. E esses modelos serão capazes de auxiliar o ser humano na tomada de decisões melhores, mais rápidas e de melhor qualidade ou serão usados em sistemas que tomarão atitudes autônomas para complementar o ser humano onde a escala e as condições ambientais o exigirem.

No mundo da preservação ambiental, o *edge* e a nuvem inteligentes são particularmente promissores. O esforço de preservação muitas vezes é tolhido pelo custo e pela dimensão (por exemplo, a observação de animais em seus habitats de milhões de hectares). Mesmo quando é possível bancar o custo, não se pode contratar pessoal suficiente para realizar todo o trabalho de preservação de espécies e habitats necessário no mundo atual. O Animal Kingdom, um parque da Disney na Flórida, já está alavancando o *edge* inteligente para estudar a andorinha-azul. Eles trabalharam com a Microsoft para desenvolver centenas de "casinhas inteligentes" no parque para aprender mais sobre as espécies, ajudando a inspirar uma nova geração de conservacionistas. Agora, os cientistas têm um conhecimento sem precedentes sobre o comportamento de nidificação das andorinhas-azuis.

Em uma escala mais ampla, vem sendo feito um trabalho para utilizar sensores — câmeras, microfones, detectores de movimento e outros — em escala maciça para uma série de missões de preservação. A Smart Packs, uma ONG preservacionista que tenta impedir a caça ilegal de espécies ameaçadas, distribui uma rede de tecnologias sensoriais em Ruanda, na Tanzânia e na Índia para monitorar e alertar contra a atividade ilegal de caça em milhares de quilômetros quadrados de habitat. Outra organização ambientalista, a Rainforest Connection, vem transformando celulares reciclados em sensores inteligentes para detectar o desmatamento ilegal em florestas tropicais e alertar as autoridades, agindo antes que esses preciosos ecossistemas sejam destruídos. Nesses dois casos de esforço de preservação, a distribuição dos sensores e a obtenção dos dados é o primeiro passo de um processo em que a IA será capaz de proporcionar com alta precisão a detecção de atividade nociva e melhor automação da resposta, dentro do escopo verdadeiramente gigantesco da missão preservacionista. Nossos recursos humanos são escassos demais para resolver esses problemas sem a ajuda da IA.

Outra área digna de nota em que o paradigma do *edge* e da nuvem inteligente pode ter um enorme impacto positivo é a das mudanças climáticas e da preservação de nossos recursos naturais. Como fazer a transição para fontes renováveis de energia o mais rapidamente possível, mitigando de imediato, ao mesmo tempo, os efeitos deletérios do consumo de combustíveis à base de carbono (petróleo, gás, carvão, madeira)? Um dos desafios nessa transição é econômico: será extremamente dispendioso, custando dezenas ou centenas de trilhões de dólares para completar totalmente; e adotar a abstinência como estratégia de gestão do custo dessa transição embute enormes riscos políticos, sobretudo nas regiões do planeta com a economia em rápida expansão, nas quais o consumo crescente de energia é indissociável da melhoria do padrão de vida. O custo de não fazer a transição é catastroficamente elevado, o que significa que esse problema não vai simplesmente desaparecer. Nem melhorar com o tempo.

À medida que coletamos mais dados sobre fenômenos físicos, o uso da IA para otimizar a produção, a transmissão e o consumo de energia pode permitir uma alteração fundamental da economia e da velocidade da transição para a energia limpa. A Schneider Electric já utiliza o *edge* inteligente em campos de petróleo para monitorar e configurar remotamente as bombas de extração e as operações, enviando equipes presenciais apenas quando necessário para reparos e manutenção — por exemplo, quando o monitoramento inteligente das bombas indica que algo vai dar errado. Isso contribui de forma geral para a segurança dos trabalhadores e aprimora a gestão de recursos. Mas também existe potencial para aumentar a eficiência dos geradores de energia elétrica para que transmitam energia aos pontos de consumo quando necessário e para tornar mais eficientes os próprios consumidores. O "Santo Graal" nesse aspecto, em minha opinião, é o uso do *edge* e da nuvem inteligentes, além de uma IA sofisticada, para coordenar globalmente a produção e o consumo de energia, de modo a obter máxima eficiência. Hoje, isso é feito por meio de mecanismos grosseiros, como aumento de preços onde a demanda é elevada e, na pior das hipóteses, racionamentos temporários quando há sobrecarga da rede. Talvez já disponhamos da capacidade tecnológica de tornar inteligentes a geração e o consumo de energia e das redes e da infraestrutura de rede para realizar essa coordenação global.

Talvez você já tenha detectado um padrão que pode ser extraído dos exemplos da agricultura, da preservação ambiental e da energia. Os EUA, como país, assim como o ser humano, como espécie, estão diante de desafios que, à primeira vista, parecem um jogo de soma zero. Em outras palavras, é um problema de dimensão tão superior aos recursos disponíveis para resolvê-lo que não apenas somos forçados a resolver pequenas partes desse problema, mas às vezes nos defrontamos com debates públicos extremamente acalorados até mesmo sobre como alocar nossos recursos finitos na solução de versões reduzidas do problema. Um dos temas deste livro é que a IA e a automação de ponta podem ser ferramentas para transformar esses problemas restritos, de soma zero, em problemas que não são de soma zero. Em outras palavras, a IA pode ser usada para criar um novo tipo de abundância, que, por sua vez, pode ser usado para romper o impasse da soma zero, seja para alimentar uma população em crescimento, seja para preservar nossos preciosos recursos naturais, seja para resolver o problema do clima. A IA não produz milagres e, sozinha, não tem como resolver de todo esses problemas gigantescos, mas pode ser uma ferramenta extremamente eficaz para nos ajudar a fazer progressos que, de outra forma, seriam impossíveis.

Precisamos proporcionar a todas as organizações e desenvolvedores as ferramentas para criar esse tipo de solução, cada vez mais ambiciosa, abarcando tanto o *edge* inteligente quanto a nuvem inteligente. Além disso, essas ferramentas devem representar para os desenvolvedores uma base forte e segura, ajudando-os a colocar a segurança no cerne de suas soluções. Os aparelhos no *edge* lidam com dados pessoais e profissionais dentre os mais sensíveis em nossas casas, nossos locais de trabalho e, às vezes, em locais remotos.

E por falar em um mundo cada vez mais conectado, com sensores inteligentes e *edge computing*, não podemos deixar de pensar em segurança e no investimento nela. A fim de proteger nossos dados e nossa privacidade, a segurança precisa estar embutida, desde o chip até a nuvem. Esse tem sido um dos princípios fundamentais de projeto dos produtos e serviços de *edge* inteligente da Microsoft. Muitos provedores na nuvem vêm se esforçando bastante nesse sentido. O Azure Sphere é uma solução de *edge* inteligente de fornecimento de energia e proteção conectada a aparelhos controlados por unidades microcontroladoras (MCUs, na sigla em inglês). Nove bilhões de aparelhos controlados por MCUs são distribuídos a cada ano no mundo, fazendo operar de tudo, de fornos e refrigeradores domésticos a equipamentos industriais. Com poder de processamento superior ao das MCUs tradicionais e uma abordagem holística da segurança, acreditamos que o Azure Sphere tornará mais seguro nosso mundo cada vez mais conectado. Além disso, o Azure IoT Edge permite rodar a inteligência de nuvem diretamente em aparelhos de Internet das Coisas, incluindo segurança — do suprimento e da gestão de aparelhos aos serviços de hardware e nuvem — a mais para esses aparelhos. O Azure Stack, apenas uma de nossas várias ferramentas para viabilizar cenários híbridos, oferece a flexibilidade de uma operação segura na nuvem, presencial ou no *edge* inteligente.

Todo provedor na nuvem deveria dispor de todos esses tijolinhos, e todo desenvolvedor e arquiteto de soluções deveria ter no arsenal opções de ferramentas para projetar uma segurança mais forte em um mundo de *edge computing* repleto de sensores.

★ ★ ★

Existem várias inovações em que Ranveer e sua equipe estão trabalhando para fazer progredir a agricultura de precisão em seu trabalho experimental na fazenda de Carnation. A primeira dessas inovações é solucionar a falta de conectividade à internet no interior dos EUA. Em um curral rústico no meio da propriedade, uma antena de TV movida a energia solar explora o chamado "espaço branco" da banda de TV — porções não utilizadas das ondas de rádio UHF e VHF que podem ser utilizadas para disseminar a internet e o Wi-Fi a um custo baixíssimo. Esse arranjo transformou a plantação em volta em uma rede agrícola de Internet das Coisas. A segunda inovação é o mapeamento aéreo para alimentar o modelo de dados. Usando técnicas de aprendizado de máquina, como a similaridade visual e o alisamento espacial, as imagens aéreas estudam a plantação como estudariam um gene ou uma célula. Com isso, o agricultor tem uma análise da fazenda. Por fim, a equipe trabalha na redução de custos e em uma maior facilidade de uso para o agricultor, sobretudo em relação aos sensores do ar, das plantas e do solo.

Pergunto a Ranveer se essas ferramentas de IA vão criar um "agricultor aumentado" ou suprimi-lo. Ele sorri e conta que já ouviu muito essa pergunta, inclusive do presidente de uma comissão do Congresso, que fez uma visita na semana anterior.

"Temos o cuidado de não automatizar. O objetivo é aumentar."

Ele observa que tudo aquilo exige a presença humana. É necessário fazer a configuração e a montagem. A análise e o julgamento humanos são exigidos. Ele conta que os técnicos de extensão rural ficaram bastante entusiasmados, porque sabem que serão capazes de oferecer aos agricultores conselhos e orientação ainda melhores. E o grupo de Ranveer vem trabalhando com a associação Future Farmers of America e a Universidade Estadual da Dakota do Norte para capacitar estudantes.

Não muito longe da Dakota do Norte, no estado fortemente agrícola do Nebraska, Jeff Raikes, ex-executivo da Microsoft administra hoje a enorme fazenda da família em uma comunidade entre Omaha e Lincoln. Não cheguei a trabalhar com Jeff, o lendário criador do pacote

Office. Há muitos anos ele usa a informática para ajudá-lo a tocar a propriedade familiar. Não causa surpresa que a fazenda Raikes continue a ser pioneira no cruzamento de tecnologia e agricultura. Ele conta que nos anos 1940 eram necessárias trezentas pessoas para administrar a fazenda da família. Hoje é preciso bem menos. Confinamentos com conexão Wi-Fi, por exemplo, liberam para o gado apenas a quantidade exata de ração e de água.

Mas não é tão simples assim. A agropecuária se tornou mais técnica. Ele comenta que aprendeu a conduzir um trator aos sete anos de idade, mas que hoje não estaria capacitado a dirigir nenhum dos tratores da fazenda.

"É preciso ser tecnicamente alfabetizado para trabalhar nesta fazenda", explicou.

Raikes tem uma teoria de que a propriedade do pequeno agricultor de hoje está abaixo da "unidade econômica mínima viável". Em sua estimativa, no século passado a UMV era de aproximadamente dezesseis hectares. Nos anos 1970, era de 160 hectares, e hoje é de quatrocentos a seiscentos hectares — dependendo do solo e das condições climáticas do local da fazenda. Além de aumentar a produtividade agrícola e reduzir o impacto ambiental, as tecnologias de IA para a agricultura já estão se tornando acessíveis para o pequeno produtor rural e podem provocar uma forte alteração na UMV, permitindo a pequenas propriedades em praticamente qualquer lugar prosperarem e criarem empregos em suas comunidades. Ao facilitar a criação de pequenas propriedades, de operação mais barata, mais produtivas e mais competitivas no mercado, poderemos ter mais fazendas em mais comunidades, junto com os empregos que as acompanham.

Certo, isso significa que o futuro da agropecuária pode ser um pouco diferente. Os agricultores do futuro precisarão ter certo nível mínimo de formação técnica. Mas não considero isso um grande obstáculo. O treinamento para essa capacitação técnica deve vir das escolas, talvez em uma versão do século XXI dos "cursos técnicos" que fiz no Ensino Médio. A agropecuária nunca foi uma atividade fácil, e o bom produtor sempre foi um excelente técnico, entendido em solos, sementes e equipamentos técnicos que vêm aumentando a produtividade em um ritmo constante há séculos. A IA será apenas mais uma ferramenta no arsenal do agricultor. Além disso, se todos nós fizermos nosso dever direitinho, criando uma plataforma de IA útil para a agricultura — e para a preservação ambiental, a produção de energia, a medicina etc. —, talvez ela seja uma das mais fáceis de aprender. Mais adiante, falaremos sobre como as plataformas na nuvem incluem uma série de incentivos econômicos para tornar a IA mais acessível, como o código aberto está democratizando a influência sobre as ferramentas de IA e como novidades como o aprendizado de máquina podem reduzir ainda mais as barreiras de entrada para a IA.

Além do estímulo econômico imediato que a IA e a automação avançada podem trazer às economias rurais, tornando as pequenas empresas mais fáceis de criar e mais competitivas, tanto as plataformas de IA quanto as empresas de IA que se baseiam nelas sem dúvida trarão consigo empregos novinhos em folha, que não existem hoje e que são difíceis de conceber até para os futuristas dentre nós. Segundo o Relatório de Empregos Emergentes nos EUA, elaborado em 2017 pelo LinkedIn, 65% das crianças que entram no Ensino Fundamental hoje terão empregos que ainda não existem. Quando entrei no Google, em 2003, não existia ainda o cargo de cientista de dados. Hoje, a ciência de dados é uma das profissões que crescem mais rapidamente no mundo, e há uma *escassez* de mais de 150 mil pessoas para preencher as vagas abertas, segundo o Relatório da Força de Trabalho do LinkedIn de 2018.[15] É difícil prever quais empregos novos a IA pode vir a criar em breve, mas não é difícil acreditar que esses empregos virão, com base na história das revoluções tecnológicas tanto recentes quanto mais antigas.

Dois novos tipos de empregos de IA já começam a se tornar importantes. É cada vez maior o número de vendedores independentes de software (VIS) especializados em ajudar os clientes a elaborar seus produtos e gerenciar seus negócios com IA. Esses VIS têm brotado onde quer que haja empresas necessitando de ajuda em sua jornada rumo à IA, clientes que são cada vez mais de fora do Vale do Silício. Há, ainda, os professores de máquina.

"Professor de máquina" é exatamente como o nome diz. Se você quer treinar, por exemplo, um modelo de procura de afídeos — insetos que podem ser nocivos a plantações e florestas —, é preciso que pessoal experiente analise milhares de imagens para rotular quantos afídeos se encontram em uma planta e qual o seu ciclo de vida. Neste exato instante há milhares de "professores" empregados, rotulando dados e produzindo, de outras maneiras, o tipo específico de conhecimento que os sistemas de aprendizado de máquina necessitam digerir para elaborar modelos precisos voltados às tarefas nas quais são utilizados. Se pensarmos em todos os usos futuros da IA e em todas as pequenas tarefas que desejaremos que ela execute, vamos necessitar de muitos professores de máquina para ajudar a treinar as IAs. São empregos de verdade para o futuro, e empregos em que a concentração geográfica não é nem necessária nem particularmente vantajosa. Mais adiante, neste livro, discutiremos de forma mais ampla o ensino de máquina, que é muito mais poderoso que a simples rotulagem de dados e que tem o potencial de criação de muitos empregos geograficamente diversificados para os milhões e milhões de modelos de IA nos quais nossa economia vai se basear.

Essa pergunta sobre como serão os empregos na era da IA e da automação avançada, principalmente aqueles que em tese podem ser completamente automatizados, é motivo de enorme preocupação dos economistas. Em artigo para a revista *Science*, Erik Brynjolfsson e Tom Mitchell analisam as consequências do aprendizado de máquina sobre a força de trabalho e concluem que, para que sejam automatizadas, as tarefas humanas precisam atender aos oito critérios a seguir:

1. Entrada (*input*) e saída (*output*) bem definidas
2. Grande quantidade de dados disponíveis para treinamento
3. Metas e métricas claras
4. Dispensa do uso de lógica, planejamento ou bom senso
5. Dispensa de explicação do processo de tomada de decisão

6. Tolerância a erros
7. Ritmo de mudança lento
8. Dispensa de destreza e habilidade física especializadas ou mobilidade

Dito assim, faz lembrar o trabalho agrícola, mas a mim não parece o trabalho de um agricultor.

A PricewaterhouseCoopers (PwC), empresa global de auditoria, publicou em julho de 2018 um relatório sobre essa questão no Reino Unido. Ela estima que os efeitos opostos de demissão e renda no trabalho tenderiam a balancear, de maneira geral, um ao outro nos próximos vinte anos, com a porção de vagas destruídas pela IA tendendo a se aproximar da quantidade de novas vagas criadas. A PwC também identificou diversas áreas em que mudanças poderiam ajudar a maximizar os benefícios da IA, incluindo estratégias de mitigação, como o retreinamento dos trabalhadores que perderam seus empregos.

No caminho de volta ao estacionamento, digo a Ranveer que precisamos descobrir um jeito de tornar escalável o trabalho de sua equipe. Agrada-me que tenham começado com pequenas propriedades rurais, porque as lições aprendidas podem ser aplicadas a milhões de pequenos agricultores do mundo inteiro, que dependem da atividade para sobreviver. Estima-se que metade da população do planeta trabalhe na agricultura, e grande parte como produtores autônomos. O trabalho feito por Ranveer pode ajudá-los a aumentar a produtividade e a manter um baixo custo, visando à redução da pobreza.

Curioso em relação ao noticiário que vinha de Washington, D.C., liguei naquela mesma semana para Burton Eller, diretor nacional de relações legislativas da National Grange, uma ONG que define seu trabalho como "levar aos agricultores, pecuaristas e outros habitantes do campo os recursos necessários para se manterem atualizados e competitivos na economia global e local em permanente transformação dos dias de hoje". Além de lutar para influenciar a política agrícola desde 1975, o próprio Burton é agricultor em uma região da Virgínia não muito longe de Gladys, a cidade onde cresci. Ele cuida de uma criação de gado de 69 hectares na divisa entre a Virgínia e o Tennessee.

De sua sala com vista para a Lafayette Square e, ao longe, a Casa Branca, Burton já viu vários governos passarem. Ele explica que, com raras exceções, a Lei Agrícola é elaborada pelo Congresso, e não pelo presidente. Os anos 1970 foram uma empolgante época de união dos partidos, quando os senadores George McGovern, democrata da Dakota do Sul, e Robert Dole, republicano do Kansas, trabalharam em conjunto, alegando que a Lei Agrícola servia tanto para alimentar as pessoas quanto para criar propriedades rurais viáveis. Eles lutaram para um maior alinhamento das políticas, a fim de equilibrar os interesses alimentar e empresarial. Cerca de 80% da lei trata de programas alimentares para os mais necessitados, como o SNAP, sigla em inglês para o Programa de Assistência Nutricional Suplementar. Os 20% restantes tratam de subsídios agrícolas. Um dos programas é o Programa de Assistência ao Microempreendedor Rural, que oferece empréstimos e benefícios a juros baixos, apoiando a criação de empresas em cidades pequenas e zonas rurais. Esses programas, porém, não têm execução impositiva. No verão de 2018, o Instituto Aspen, que há muitos anos mantém um grupo de estudos de questões rurais, observou que, embora a rubrica de Desenvolvimento Rural (o capítulo sexto da Lei de Alimentos, Preservação e Energia de 2008) represente menos de 1% do orçamento proposto na Lei Agrícola, "sabemos na prática que os EUA rurais dependem desse financiamento".

Ao longo das últimas décadas, a política agrícola passou a se basear cada vez mais no mercado. Burton se recorda do tempo em que a Lei Agrícola era mais uma questão de pagar aos agricultores para não produzirem, de modo a gerir a oferta, a demanda e, no fim das contas, os preços no país.

"Agora a base é o mercado", afirma. "Está na mão do agricultor e, se não der certo, na mão de Deus. Hoje, existe seguro contra desastres naturais. Mudamos drasticamente."

Mas ninguém poderia prever a mudança radical de tom, desde 2016, em relação a essas questões. Segundo ele, nas semanas imediatamente posteriores à eleição, associados ligavam para perguntar o que ele vinha ouvindo e observando. "Olhando pela janela que dá para a Lafayette Square", disse ele, brincando, "parecia um concurso de soletração."

"Estão aprendendo a soletrar r-u-r-a-l", riu. "Nunca vi se importarem tanto com o rural."

Jonathan Rodden, professor de Stanford, citado na revista *Economist*, relata que quase metade da variância nos percentuais de votos por cidade na eleição presidencial de 2016 podia ser explicada unicamente pelo número de votantes por quilômetro quadrado.

Com frequência cada vez maior, as iniciativas do governo federal incluem alguma dose de "veja o que isto pode fazer pela população rural". Um exemplo são as diretrizes da Comissão Federal de Comunicações (FCC, na sigla em inglês), que priorizam a disseminação da banda larga em comunidades rurais. Ajuda, explica Burton, o fato de o presidente da comissão, Ajit Pai, ter sido criado na extremidade sudoeste do Kansas, uma região rural. Um memorando de compromisso foi assinado por vários departamentos federais que tratam da questão fundiária, derrubando barreiras que poderiam tolher a expansão da banda larga no meio rural. Até mesmo iniciativas na área da saúde passaram a incluir o nobre propósito de levar a telemedicina às populações rurais.

"O governo federal não vai gastar dinheiro levando o 5G [a rede de telefonia de quinta geração] a cada canto dos EUA. Mas está dando muita atenção às regiões rurais."

Escrevi anteriormente que, na cidade onde nasci, as igrejas desempenhavam um importante papel no auxílio a famílias em tempos de necessidade. A tragédia da fome é grande demais, porém, para uma única igreja ou uma única ONG. Fiquei animado ao ver igrejas se unirem para acabar com a fome através de um grupo de pressão em Washington chamado Bread for the World [Pão para o mundo, em tradução livre]. Durante o debate sobre a Lei Agrícola de 2018 no Congresso, o Bread divulgou um relatório revelador, intitulado "O desafio dos empregos". O relatório topou de frente com uma disputa entre republicanos e democratas sobre até que ponto o incentivo ao trabalho deveria estar incluído nos programas de combate à fome. No relatório, os pastores mencionavam a "dignidade do trabalho" e propugnaram políticas de criação de mais oportunidades de emprego. Um comentário que chamou minha atenção foi esse: "Nas regiões rurais, invistam em internet de alta velocidade para superar os obstáculos à criação de empregos, à educação e aos serviços sociais".

John Grisham, autor de best-sellers, é conhecido mundialmente por *O dossiê pelicano*, *A firma* e outros livros de suspense jurídico, muitos deles ambientados no Sul dos EUA. Mas seu parente Vaughn Grisham talvez seja até mais conhecido do que ele no mundo do desenvolvimento econômico rural. Seu livro *Tupelo: The Evolution of a Community* [Tupelo: a evolução de uma comunidade, em tradução livre] é uma espécie de clássico de sua área. Segundo o prefácio, "a história de Tupelo não representa um modelo aplicável ao desenvolvimento de qualquer comunidade [...] porém, para muitos de seus ouvintes, vivam eles no Maine ou em Montana, a narrativa de Grisham serve de fato como uma espécie de catalisador, inspirando-os a imaginar a melhor forma de tirar proveito do trunfo que toda pequena comunidade tem em comum, quaisquer que sejam as circunstâncias do entorno — sua gente".[16] Um dos princípios de base do modelo de Tupelo é que a própria população local deve cuidar dos problemas locais. Cada pessoa deve ser tratada como um ativo. Por isso, o processo de desenvolvimento comunitário começa pelo desenvolvimento das pessoas. O objetivo do desenvolvimento comunitário é ajudar as pessoas a se ajudarem. Deve ser feito tanto no âmbito local quanto no regional, para que traga benefícios plenamente. Não se deve delegar o processo de desenvolvimento comunitário a agências do governo sem a participação da população da comunidade. O gasto com o desenvolvimento comunitário é um investimento, não um subsídio, que dará retorno ao investidor. Portanto, quem dispõe de capital tem tanto a responsabilidade quanto o interesse de investir no desenvolvimento da própria comunidade.

A sobreposição de IA, agricultura e desenvolvimento rural rende um bom estudo de caso, de forma mais ampla, para o conjunto de ideias e questões recorrentes ao pensarmos nos custos e benefícios da IA para outros setores da mão de obra. Não tenho a pretensão de ter todas as respostas, mas há algumas coisas evidentes a serem feitas se quisermos criar uma versão democratizada da IA e da automação avançada, cujos benefícios sejam distribuídos de forma igualitária e em que o desenvolvimento rural seja um objetivo de primeira grandeza, e não algo secundário.

A primeira e mais importante dessas coisas é garantir efetivamente que as plataformas de IA sejam criadas para servir tanto às necessidades das grandes empresas de tecnologia quanto à extensa lista de aplicações que o público vai querer e precisar desenvolver visando atender a suas empresas, pequenas ou grandes, locais ou globais. Como já comentei, as empresas com plataforma na nuvem têm um incentivo econômico claríssimo para tornar mais acessível a IA: armazenamento de dados para IA, treinamento de modelos de IA e uso de IA nos resultados de aplicações durante o consumo de serviços na nuvem. Também comentei que muitas ferramentas de IA vêm sendo criadas em forma de software de código aberto, o que significa que as comunidades de desenvolvedores podem se congregar facilmente em torno dessas ferramentas e participar de sua criação. Ter mais gente desenvolvendo essas ferramentas aumenta a probabilidade de que elas sirvam a propósitos mais amplos do que se fossem elaboradas por empresas isoladas. Mais importante que isso, talvez, a parte *aberta* do código aberto significa que as ferramentas ficam disponíveis para o uso de qualquer um que possa superar obstáculos que são, para um desenvolvedor profissional, moderados.

Tudo isso deveria ser incentivado por todos nós, certificando-nos de não estragar sem querer nada que já esteja dando certo no sentido de democratizar o acesso à IA.

Em segundo lugar, precisamos assegurar que o mercado de desenvolvimento de IA cresça de modo a estar a serviço de um conjunto diversificado de empresas e empreendedores. Há muito a ser dito sobre isso, e trataremos mais detalhadamente desse tema no Capítulo 8. Mas, para resumir, precisamos que as empresas de plataformas de IA tornem mais fácil para os vendedores independentes de software que atendem a empresas geograficamente diversificadas iniciar o desenvolvimento e a montagem da infraestrutura de IA. Precisamos que as empresas de plataformas de IA ajudem na capacitação e na inclusão dessas empresas, inclusive focando em soluções e ferramentas específicas para cada setor ou mercado que ajudem essas empresas a darem início a suas trajetórias de IA. Precisamos que faculdades locais, universidades e incubadoras implementem programas que ajudem as pessoas a aprenderem e praticarem as habilidades de que essas empresas locais necessitarão. E precisamos de comunidades que apoiem com entusiasmo esse tipo de desenvolvimento e transformação.

Em terceiro lugar, precisamos tornar muito, mas muito mais fácil treinar modelos. Falaremos mais adiante de aprendizado de máquina e aprendizado por transferência, mas, resumindo, precisamos de novas técnicas e de transformações que reduzam o esforço necessário para ensinar uma nova tarefa a um sistema de IA. Atualmente, a tarefa de treinar é dispendiosa, exigindo enormes quantidades de dados rotulados de treinamento, o que torna a IA de ponta acessível praticamente apenas a grandes empresas, com grande disponibilidade tanto de expertise quanto de recursos. Há muitos motivos para se ter esperança, já que tanto os provedores de plataformas de IA quanto uma série de startups hospedeiras de rotulagem de dados estão na corrida para resolver esse problema. E vêm surgindo várias inovações tecnológicas nessa área no momento em que escrevo este livro.

Há, com certeza, espaço para fazer mais: para os governos incentivarem a criação de empresas de ensino de máquina e financiarem pesquisas sobre o tema, aprendizado por transferência e outras técnicas que reduzam o custo do treinamento de IA. Em fevereiro de 2019, o presidente dos EUA assinou a "Ordem Executiva para Manutenção da Liderança Americana em Inteligência Artificial",[17] que em sua seção 5(a) orienta todos os diretores de agências governamentais a identificar fontes de dados, dentro de suas agências, que possam ter utilidade para a IA e trabalhar para que esses dados sejam disponibilizados ao uso não federal. Isso e outros investimentos e incentivos do governo para disponibilizar mais dados para o treinamento de modelos de IA são movimentos altamente positivos.

Também há uma oportunidade muito concreta para o surgimento de mercados comerciais de código aberto para modelos pré-treinados, à medida que o aprendizado por transferência se torna mais eficaz. O aprendizado por transferência, que já mencionamos brevemente, é aquele em que um modelo treinado para uma tarefa pode ser usado para facilitar a construção de modelos para a realização de outras tarefas. Atualmente, os modelos pré-treinados estão disponíveis para tipos muito genéricos de tarefas, como reconhecer objetos em uma imagem. Na maioria, esses modelos pré-treinados são genéricos demais para serem úteis no tipo de tarefas extremamente específicas que as empresas vão querer realizar. É por isso que, atualmente, a melhor prática, na maioria das aplicações, é treinar os modelos a partir do zero. Com o aprendizado por transferência, isso pode mudar, possibilitando o uso de um grande número de modelos pré-treinados em um grande número de tarefas, que o treinador do modelo original jamais poderia ter previsto. Esse mercado de modelos pré-treinados poderia reduzir drasticamente o custo para uma pequena empresa rural criar um modelo de IA que resolva um problema.

Em quarto lugar, precisamos selecionar alguns problemas bem específicos na interseção entre a IA e o mundo rural e reunir os interessados dos provedores de plataformas de IA, do empresariado e das comunidades rurais e do governo para tentar resolver esses problemas. Podem ser questões de agricultura, de saúde, de transporte ou de energia. Basicamente, aquilo que for de interesse da comunidade, em que se demonstre como a IA pode ser utilizada para lidar com aquele problema e outros semelhantes, e como a IA pode criar empregos e estímulo econômico regional ao empoderar as empresas locais. Uma vez demonstrado que esses projetos são um bom negócio e uma boa política, isso passará a ocorrer mais, de forma orgânica. Esse seria outro grande propósito para uma grandiosa iniciativa de IA, da escala do programa lunar Apollo.

Em quinto lugar, por fim, precisamos mesmo investir em infraestrutura rural. O *edge* e a nuvem inteligentes não possibilitarão qualquer transformação pela IA se nossas comunidades rurais não tiverem acesso a redes de alta velocidade. A Microsoft vem desenvolvendo e instalando infraestrutura sem fio de alta velocidade em comunidades rurais com sua iniciativa Airband.[18] O Airband usa frequências abandonadas de televisão para tentar resolver o problema da rede "de última milha" nas comunidades rurais, onde a baixa densidade populacional torna a infraestrutura de cabeamento cara demais para instalar. Seja Airband, fibra óptica, 5G ou algo inteiramente diferente, é absolutamente crucial conectar essas comunidades rurais. Além de ser requisito básico para o *edge* e a nuvem inteligentes, bem como a base para que o agronegócio se beneficie da IA, a internet de alta velocidade também é uma necessidade para a mão de obra digital do futuro querer morar nessas áreas.

Os outros itens cruciais de infraestrutura em que precisamos investir são ensino técnico de alta qualidade e treinamento geográfica e economicamente acessível a quem vive em comunidades rurais. É loucura supor que seremos capazes de treinar e recapacitar toda a mão de obra necessária para fazer andar o agronegócio do futuro se o custo desse treinamento ultrapassar as dezenas de milhares de dólares ou mais, ou se for preciso abandonar as raízes e mudar-se para outra região para realizar esse treinamento. Há quem, como eu e minha esposa, faça isso. Outros não podem ou não querem. Não é culpa deles querer viver onde nasceram e foram criados, perto da família, dos amigos e das instituições locais que tanto amam. Na verdade, é ótimo que seja assim. E cabe a nós, coletivamente, encontrar maneiras melhores de permitir que eles vivam a vida que querem viver e obtenham o treinamento de que necessitam para adquirir segurança econômica para si e para suas famílias.

Essas são ideias que eu vejo em prática na minha região natal da Virgínia central, e ideias que espero que venham a orientar as políticas públicas para o meio rural em Washington, D.C..

PARTE 2

Para onde vamos e como chegar lá

CAPÍTULO 5

IA: por que ela é necessária

———

A antiga capital da Nação Cherokee, na Carolina do Norte, hoje reconhecida como a capital da Banda Oriental dos Índios Cherokee, não fica muito distante da casa da minha infância na Virgínia. Em 1815, um Cherokee chamado Sequoyah criou um silabário que permitiu a quase toda a tribo se alfabetizar. A partir de 1830, porém, o governo americano reuniu os Cherokees e fez sua remoção forçada, pela chamada "Trilha das Lágrimas", para uma reserva indígena no que hoje é o nordeste de Oklahoma. Acredita-se que nada menos que 4 mil Cherokees morreram no caminho, e a assimilação forçada resultante praticamente acabou com o idioma Cherokee.

Estima-se que cerca de 2,4 milhões de documentos Cherokee produzidos antes, durante e depois da Trilha das Lágrimas contenham histórias e lições valiosas, mas hoje não estão acessíveis, tão poucos são aqueles capazes de ler no antigo idioma. Durante um *hackathon* recente na Microsoft, nativos americanos que trabalham na empresa decidiram agir em relação ao problema. Usando um scanner de reconhecimento óptico de caracteres (OCR, na sigla em inglês) para digitalizar e transferir os documentos escritos para montar um conjunto de dados da gramática, ortografia e taxonomia do idioma Cherokee, a equipe começou a ensinar a nuvem da Microsoft a traduzir do Cherokee para o inglês. A história foi ressuscitada para os pesquisadores, resultando em um poderoso motor de tradução por IA.

Como essa história ilustra, a IA pode ser uma força do bem tanto quanto é uma força de transformação. Os especialistas em tecnologia serão cada vez mais obrigados a lidar com os resultados criados por novos desdobramentos, não apenas porque dependerão de comunidades, mercados de trabalho e governo para ajudá-los a criar e regulamentar esses avanços, mas porque vem ficando cada vez mais claro que essas novas tecnologias exigem de fato maior reflexão e compreensão de suas consequências, tanto para o bem quanto para o mal. Alguns especialistas promovem a ideia de que a tecnologia não é nem do bem nem do mal, e sim neutra e amoral. Pode até ser verdade, mas isso não significa que as consequências dos novos desdobramentos sejam desprovidas de dilemas éticos ou morais e que a mudança em si seja sempre boa, empolgante e feliz.

Existem várias razões básicas, a meu ver, que explicam *por que* precisamos da IA. Para começo de conversa, desejado ou não, o gênio da IA já saiu da garrafa. E não há jeito realista e global de colocá-lo de volta nela, por assim dizer. Precisamos continuar a desenvolver tecnologias de IA que ajudem a nos proteger dos inevitáveis usos indevidos que as pessoas farão dela (por exemplo, os *deep fakes*, as fake news e a automação da pirataria).

Também há um forte argumento de que, se o país X proibir ou restringir o desenvolvimento de IA e o país Y investir pesado nela, o país X pode acabar vendo sua competitividade global e a qualidade de vida de seus cidadãos caírem em relação ao país Y. No princípio da Revolução Industrial, no final do século XVIII, os países que aderiram às novas tecnologias de inovação obtiveram vantagens econômicas para seus cidadãos de modo tão profundo e duradouro que até hoje falamos em "mundo desenvolvido" e "mundo em desenvolvimento", "nações industrializadas" e "nações não industrializadas". Se você acredita — como eu — que a IA é a tecnologia de automação mais poderosa que a humanidade já criou, então você também precisa pensar nas consequências econômicas de longo prazo das decisões sobre ela que são tomadas hoje.

IA: por que ela é necessária

Mais importante que isso, desde o alvorecer da nossa espécie, a tecnologia representou nosso caminho para uma vida melhor. A tecnologia é o combustível do crescimento econômico e da prosperidade. Há quem argumente que as últimas grandes inovações tecnológicas que propiciaram incrementos reais da prosperidade individual ocorreram na primeira metade do século XX. Verdade ou não, pelos métodos de mensuração econômica mais tradicionais (isto é, o PIB), o crescimento do Ocidente vem desacelerando. As tecnologias baseadas em IA são uma das maiores apostas que temos hoje na fila com o potencial de estimular o crescimento em escala revolucionário, como as máquinas a vapor foram no passado. Essas máquinas foram a tecnologia específica que deu de verdade o pontapé inicial da Revolução Industrial. Ao contrário das inovações na produção têxtil, que marcaram tecnicamente o início daquela revolução, a máquina a vapor substituiu o trabalho humano em uma escala que, literalmente, turbinou a explosão da industrialização. Acredito ser altamente provável que a IA tenha um impacto semelhante e, assim como os diversos estágios da Revolução Industrial, esses impactos beneficiem toda a humanidade.

A tecnologia é o caminho para transformar jogos de soma zero em jogos de soma não zero, para transformar situações de escassez e disputa, com vencedores e perdedores, em situações em que há abundância e oportunidades para todos. A IA vai se tornar a tecnologia mais poderosa criada até hoje para essa transformação de jogos de soma zero em jogos de soma não zero. Esse é um dos conceitos mais importantes a compreender em relação à IA, porque quase todo o bem que ela pode fazer e quase todo o mal que ela pode causar se devem à sua capacidade de pôr fim às restrições geradas pela escassez. Enquanto sociedade, podemos aplicar de três formas essa propriedade para tornar a vida melhor para todos:

1. Criar abundância para dar apoio às necessidades humanas básicas
2. Acelerar a criatividade e o empreendedorismo humanos
3. Ajudar-nos a compreender melhor a nós mesmos e o mundo a nossa volta

Muitos dos problemas mais desafiadores que encaramos hoje são aqueles em que há escassez nos recursos de que necessitamos para existir e para ter uma qualidade de vida decente no mundo moderno. Basta pensar nas duas camadas inferiores da "hierarquia das necessidades" de Maslow, que vamos analisar adiante: comida, roupa, abrigo, educação, saúde e segurança. Onde há escassez, custo elevado e restrições em relação à alocação de recursos, precisamos pensar em como a IA pode ser usada para resolver esses problemas. Seu primeiro impulso ao ouvir que "agora a IA pode fazer X" não pode ser achar que todo o pessoal que faz X vai perder o emprego, e sim pensar em como o mundo pode ser melhor caso X se torne barato e abundante.

Algumas das perguntas de soma zero que temos feito têm embutido, cada vez mais, um senso existencial de urgência. Por exemplo, como alimentar uma população cada vez maior diante das mudanças climáticas? Um estudo recente das Nações Unidas estima que precisaremos produzir 70% mais alimentos até 2050 para alimentar uma população provável de 9 bilhões de pessoas. As mudanças climáticas já estão transformando a paisagem agrícola e desafiando a produtividade das safras. E, com a maior parte do crescimento populacional do mundo ocorrendo na África, uma região do mundo que com grande probabilidade sofrerá alguns dos mais fortes impactos das mudanças climáticas, a produção de alimentos suficientes se tornará um desafio ainda maior. O uso da IA para ajudar a otimizar o momento da semeadura, o ciclo do nitrogênio e a irrigação, automatizando em seguida alguns aspectos da produção agrícola, pode vir a ser um componente importante de nossa forma futura de produzir alimentos.

É preciso fazer perguntas parecidas sobre vários outros desafios à subsistência que já enfrentamos ou em breve enfrentaremos. Como gerir o custo crescente dos imóveis em zonas urbanas onde já vem ocorrendo um aumento do número de empregos? Como proporcionar assistência à saúde melhor e mais presente em um mundo onde o custo da medicina aumenta? Quem fará todo esse trabalho e quem cuidará dos mais velhos em lugares como a Europa Ocidental, a China, o

Japão, a Coreia do Sul e partes dos EUA onde, nas próximas décadas, o número de idosos e aposentados superará o de jovens em idade de trabalhar? Como atender às necessidades de todos os cidadãos, jovens e idosos, de aprender habilidades novas e relevantes, tendo diante de si uma rápida transformação do trabalho e um aumento do custo do ensino? A IA pode ser uma parte importante das respostas a essas perguntas. Trataremos mais detidamente, adiante, sobre como a IA, com os devidos incentivos, salvaguardas e políticas inteligentes, pode realizar exatamente isso.

Além das questões de subsistência, a IA e a automação avançada já estão ajudando a acelerar a criatividade humana e ajudando os empreendedores a abrir negócios e criar empregos que seriam inconcebíveis apenas uma década atrás. Meu amigo Hugh E. e seu empregador, a American Plastic Fabricators, de Brookneal, na Virgínia, são um exemplo ideal dessa tendência. Pequenas empresas do setor manufatureiro, como a APF, só conseguem competir em uma economia global por conta da automação. Comprar e usar uma máquina de CNC (controle numérico computadorizado) custa o mesmo em Brookneal e em Shenzhen, na China. À medida que a automação dessas pequenas empresas melhora — das ferramentas que usam para se conectar e se comunicar com os clientes às ferramentas de CAD/CAM (design e manufatura auxiliados por computador) que usam para projetar aquilo de que o cliente necessita, passando pelas máquinas de CNC e pelas impressoras 3D que fazem a manufatura propriamente dita —, o custo unitário da produção cai e a complexidade dos produtos aumenta. Isso permite que façam ofertas competitivas por um número maior de serviços, que do contrário seriam exportados; nesse processo, ainda repatriam empregos.

Isso também significa que há seres humanos executando trabalhos de baixo valor agregado e repetitivos, que são os mais vulneráveis às pressões da industrialização. Ao mesmo tempo, temos gastado cada vez mais tempo fazendo coisas que as máquinas ainda não conseguem e que talvez nunca consigam fazer de forma tão eficaz ou barata quanto um ser humano. Como dito anteriormente, um dos meus primeiros empregos depois que me formei no ensino médio foi na EDM, uma pequena empresa de Lynchburg, na Virgínia, que ajudava outras empresas a projetar sistemas de controle eletrônico para seus produtos e que realizava pequenos serviços de montagem de placas de circuito impresso. No meu primeiro ano por lá, tínhamos um contrato para produzir circuitos que controlariam os tipos de secadoras de roupa vendidas para lavanderias. Para obter energia e sinais de controle das placas e para as placas, cada secadora tinha um conjunto de conexões elétricas, chamadas de *tabs*, que precisavam ser rebitadas em cada placa. Se não me falha a memória, havia cerca de mil placas de circuito e seis *tabs* por placa. Meu serviço, o dia inteiro, dias e dias a fio, era pegar uma placa, colocar os seis *tabs* nela, os seis rebites nos *tabs* e nas placas, e puxar seis vezes uma alavanca em uma prensa de rebites manual para firmá-los no lugar. Dia após dia. Até que minhas mãos se encheram de bolhas e meus braços começaram a doer. Por um lado, como recém--formado do ensino médio preocupado em pagar a faculdade que começaria dali a alguns meses, eu estava feliz de ter um emprego. Por outro lado, seria uma enorme falta de imaginação acreditar que, caso esse processo fosse automatizado, eu não teria mais nada de valor para fazer. Na verdade, eu passava boa parte do meu tempo, enquanto fazia essa tarefa enlouquecedora, tentando imaginar um jeito de acelerá-la. A menos que você acredite que a inventividade, a engenhosidade e a criatividade humanas têm alguma espécie de teto-limite, sempre haverá algo melhor para as pessoas fazerem quando uma tarefa comezinha como essa é assumida pela automação. Eu, pelo menos, tenho fé em todos nós.

Uma das coisas que mais me surpreenderam nos últimos anos foi como a IA vem sendo usada para nos ajudar a compreender melhor tanto a nós mesmos quanto ao mundo a nossa volta. Uma das características mais marcantes da moderna ciência experimental é que as experiências geram muitos dados, e em muitos casos peneirar esses dados impõe um limite superior à escala de experimentação, em relação tanto ao tamanho das experiências individuais quanto ao número de experiências que podem ser feitas em determinado período. A IA é muito boa nessa peneiragem de enormes volumes de dados, descobrindo padrões que são difíceis para o ser humano enxergar. Nos últimos anos, os cientistas vêm aplicando cada vez mais a IA — e as técnicas de aprendizado profundo talvez estejam entre as aplicações mais úteis — a uma série de problemas. Os astrônomos vêm usando esse aprendizado para localizar estrelas binárias com órbitas estáveis e potencial para possuir planetas habitáveis em órbita em volta delas. Físicos de partículas vêm utilizando o aprendizado profundo para descobrir novas partículas exóticas. Biólogos vêm tentando usar o aprendizado de máquina para mapear a relação entre perfis de sistema imunológico e certas doenças, o que pode levar a enormes descobertas na elaboração de drogas e terapias para doenças humanas. E os preservacionistas vêm usando o aprendizado de máquina para filtrar enormes volumes de dados e rastrear e proteger espécies selvagens. À medida que a IA se torna mais eficaz, e o acesso a suas ferramentas mais onipresente, espero que essas tendências continuem.

Há quem acredite que o estudo da inteligência artificial pode ser uma forma de compreender melhor a inteligência humana. Em seu livro *Genes, Brains, and Human Potential* [Genes, cérebros e potencial humano, em tradução livre], Ken Richardson apresenta estudos acadêmicos que desafiam nossas definições de inteligência e as relações entre essas medidas, herdabilidade e potencial. O próprio cérebro, com cerca de 100 bilhões de neurônios e trilhões de conexões entre eles, é uma das estruturas mais complexas que o ser humano já tentou decifrar. Tamanha complexidade revela surpreendentemente pouco sobre a natureza da inteligência propriamente dita. Comecei a pensar na IA como o equivalente moral da física para a inteligência humana. Assim como a física representa um enquadramento, com modelos matemáticos, para a compreensão do mundo natural, a IA pode proporcionar enquadramento e modelos similares para compreender melhor a inteligência humana. Diante da evolução da IA ao longo das seis últimas décadas, foi preciso repensar muitos de nossos pressupostos em relação à inteligência humana, com a constatação frequente de que coisas às quais atribuíamos elevado status como grandes feitos intelectuais são relativamente banais para a IA e de que muitas coisas que considerávamos triviais são, na verdade, qualidades fundamentais singulares da inteligência humana. Em vez de mimetizar nosso comportamento e assumir nosso lugar no mundo, a IA pode se mostrar a ferramenta que vai nos ajudar a compreender melhor a própria natureza da nossa inteligência e, assim, nos enobrecer.

Outra maneira de enxergar o *porquê* é do ponto de vista da hierarquia de necessidades de Abraham Maslow, a pirâmide que representa as prioridades das necessidades humanas, do fisiológico, na base; passando por segurança, amor, pertencimento e estima; até a evolução pessoal na ponta de cima. Maslow publicou sua teoria em 1943, mais ou menos na mesma época em que o pintor americano Norman Rockwell deu início a seus retratos clássicos das *quatro liberdades* definidas pelo presidente dos EUA Franklin Roosevelt — liberdade de expressão, liberdade de culto, liberdade de penúria e liberdade de medo. Assim como nos EUA do pós-guerra, mais uma vez estamos revisitando essas necessidades e liberdades na era da IA.

A inteligência avançada de máquina, com o foco certo, pode elevar a humanidade, de modo a passarmos nosso tempo em busca dos três níveis superiores da hierarquia de Maslow em vez de lutar pela subsistência e pelo atendimento das nossas necessidades básicas. Tenho otimismo de que a IA vai ajudar a sociedade a "vergar a curva de custo" — isto é, reduzir o custo — de nossas necessidades mais prementes e dispendiosas, como saúde e moradia. Embora a inteligência avançada de máquina possa nos propiciar a capacidade de atingir essas metas ambiciosas, a única forma de torná-las realidade é decidir investir nosso capital em esforços que possam levar a esse resultado. Direcionar capital para inteligência de máquina, automação, ciência e engenharia para atender a todos com as duas camadas inferiores de Maslow pode ser a única forma de evitar as previsões cataclísmicas — e controvertidas — de desigualdade extrema expostas por Thomas Piketty em seu revolucionário livro *O capital no século XXI*. Sua tese central é que a taxa de rendimento sobre o capital (r) é mais elevada que a taxa de crescimento econômico (g) no longo prazo. Disso resultariam concentração de riqueza e instabilidade socioeconômica.

A inteligência artificial que vem sendo desenvolvida hoje e que será desenvolvida no futuro imediato baseia-se em um conceito simples: o aprendizado a partir de enormes quantidades de dados, gerados pelo ser humano a partir de ações repetitivas. Quando você faz uma busca na web, clica ou digita em um dispositivo ou usa um aplicativo e o GPS do celular para navegar pelo tráfego até chegar em casa, vai deixando para trás um rastro de dados, usados pela IA para melhorar os serviços que você está utilizando. Em geral, os sistemas de aprendizado de máquina no cerne da IA moderna vão se aprimorando com mais dados, tornando os produtos e serviços que eles atendem cada vez melhores com o passar do tempo. Quando você tem uma pequena quantidade de dados, gerada a partir de atividade irregular ou esporádica, é difícil atingir resultados de IA de alta qualidade. Basta imaginar todas as pequenas tarefas inconstantes e não repetitivas que todos nós executamos diariamente para realizar nosso trabalho e torna-se difícil imaginar sistemas de IA capazes de colher dados suficientes sobre todas essas tarefas em quantidade suficiente para aprender a fazer tudo. É o que já verificamos com a IA existente: ela é capaz de automatizar tarefas individuais, mas raramente trabalhos complexos. É improvável que isso mude no futuro próximo. Se seu emprego exige realizar poucas tarefas, altamente repetitivas; se essas tarefas podem ser realizadas de forma menos cara com a automação; e se seu empregador for incapaz de descobrir como tirar proveito da sua engenhosidade e dedicação para o bem do negócio... nesse caso, sim, fique de olho na IA. Mas são muitos "se". O caminho muito mais provável no futuro próximo é a IA reforçar a produtividade humana, realizando as mais ordinárias das tarefas ordinárias, liberando o ser humano para fazer coisas para as quais ele está muito mais adaptado. A IA não vai substituir tão cedo a inteligência, o discernimento e a criatividade humanas.

Outra coisa que a IA terá muita dificuldade em substituir tão cedo — e talvez nunca consiga — é a empatia humana, o desejo de todo ser humano de que sua criatividade, seu trabalho e sua identidade sejam valorizados por outros seres humanos. A diferença entre a boa e a má IA, no fim das contas, talvez venha a ser se os sistemas de IA serão usados para amplificar esses desejos e qualidades do ser humano ou para ignorá-los ou suprimi-los.

Um bom exemplo de como essa encruzilhada pode se manifestar é no uso da IA para atendimento ao cliente. Muitas empresas estão em busca do uso de "agentes conversacionais", movidos a IA, na operação do serviço ao consumidor. Um uso potencial dessa tecnologia visa apenas otimizar o custo de prestação do atendimento ao cliente, usando agentes conversacionais como substitutos dos dispendiosos agentes humanos. Isso pode render algum benefício econômico de curto prazo, e em certas situações em que seja essa a melhor opção da empresa em razão de um conjunto complexo de restrições operacionais específicas. No longo prazo, porém, não é uma estratégia vencedora.

Um modo melhor e mais complementar de utilizar a IA na prestação de atendimento ao cliente é olhar para além do custo. Como uma combinação de IA e habilidades humanas poderia entregar uma experiência melhor ao cliente que necessita de suporte? Em um evento setorial a que compareci no início de 2019, almocei com o diretor operacional de uma das marcas de consumo mais notórias da internet, com uma operação importante de atendimento ao cliente. Sem que eu perguntasse, esse executivo começou a me contar como sua empresa vinha usando agentes conversacionais para melhorar o serviço ao cliente.

Em vez de usar agentes de IA para substituir seres humanos, eles começaram a usar agentes de IA para realizar o nível 1 do suporte ao cliente. O papel dos agentes de IA era responder as perguntas mais simples e encaminhar as menos simples a seres humanos que fossem capazes não apenas de resolver os problemas do cliente, mas de ter empatia por eles e expressar uma compreensão genuína da frustração do consumidor, mostrando que alguém se importa. O ser humano é muito, mas muito melhor que os robôs, atualmente, na solução de problemas de clientes. E não está claro se um dia a IA será capaz de conectar-se com o cliente da mesma forma que um ser humano.

O mais incrível nessa combinação entre IA e ser humano é que aparentemente todos os envolvidos saíram ganhando. Os agentes humanos ficaram felizes de não ter que fazer suporte de nível 1, que é banal e repetitivo, e ficaram ainda mais felizes por fazer coisas que lhes permitiam usar o cérebro e a emoção. Os clientes ficaram perceptivelmente mais felizes, porque passaram a ter um melhor serviço geral. E a empresa resolveu um problema enorme que tinha diante de si. Toda empresa que oferece suporte ao cliente precisa descobrir qual o percentual de sua receita que pode gastar nessa área. Nesse caso específico, a empresa tinha batido no teto. Considerando as restrições orçamentárias e os níveis de produtividade já elevadíssimos na operação do atendimento ao cliente, eles não conseguiam dar um jeito de elevar ainda mais a satisfação dos clientes. Colocando a IA na roda, puderam entregar níveis recorde de suporte ao cliente por dólar, até conseguindo investir na contratação de mais agentes humanos.

Esse é apenas mais um exemplo de um padrão que vemos o tempo todo, no qual a IA pode ser usada para transformar uma situação de soma zero em uma de soma não zero. Começamos com restrições que parecem impossíveis de superar e, então, o desalento que vem da necessidade de partilhar recursos limitados para encontrar algum tipo de equilíbrio semissatisfatório. Mas, com a IA como ferramenta de criação de novos tipos de abundância, um equilíbrio superior pode ser encontrado.

A capacidade de utilizar a IA para se livrar de restrições e criar abundância na busca de soluções para nossos problemas mais importantes e a oportunidade de realizar isso de uma forma que combine os pontos fortes da IA com os pontos fortes do ser humano é a verdadeira resposta à pergunta: "Por que IA?".

CAPÍTULO 6

IA: o que é (e o que não é)

Pobre radiologista. Por algum motivo, esse profissional da área médica altamente treinado se tornou o exemplo favorito no debate sobre a substituição de empregos humanos pela IA. Se uma máquina é capaz de tirar um raio-X, logo também será capaz de ler os resultados do raio-X e realizar diagnósticos médicos altamente precisos, substituindo, assim, os radiologistas — pelo menos em tese. A lógica conduz ao medo de que, se um médico pode ser substituído, certamente qualquer pessoa pode.

Mas vamos analisar esse argumento com um pouco mais de cuidado, só que usando um cardiologista em vez de um radiologista. Recentemente, a Universidade Stanford publicou um artigo segundo o qual tinha sido criada uma IA capaz de ultrapassar o desempenho de um cardiologista médio na detecção e previsão de arritmias humanas, ou batimentos cardíacos irregulares. Os autores conseguiram coletar e avaliar um conjunto de dados de cerca de 30 mil pacientes cardíacos individualmente. Usando informações de eletrocardiogramas desses pacientes, os autores treinaram o modelo de dados, uma rede neural profunda, mais ou menos como treinamos um cérebro humano, para detectar padrões e transferir conhecimento.

Usando software "de prateleira" e de código aberto em computadores especializados, eles conseguiram treinar e testar o modelo, ciclo após ciclo, até a taxa de erro ficar tão baixa que o sistema era capaz de prever a arritmia de forma tão boa quanto ou até melhor que um cardiologista humano.

Resultados assim fora dos limites das publicações acadêmicas poderiam gerar manchetes prevendo o desaparecimento das carreiras em cardiologia e um declínio maior da empregabilidade humana. Porém, como ocorre com muitas aplicações da IA, existem várias formas de analisar esse desdobramento.

Caso você acredite que a cardiologia é perfeita do jeito que é e incapaz de evoluir, e que o mundo já tem toda a cardiologia necessária, nesse caso uma IA capaz de realizar de forma barata diagnósticos cardiológicos equivalentes aos de especialistas humanos criará deslocamento disruptivo. As máquinas vão assumir essa tarefa, mão de obra humana cara vai perder o emprego e o pessoal que faz a IA vai lucrar. Isso é, talvez, aquilo que as pessoas mais temem em relação a um futuro com IA.

Caso, porém, você acredite que a cardiologia é um campo em evolução, que é benéfico ter diagnósticos mais precoces, mais precisos, mais baratos e mais onipresentes, e que as terapias para doenças cardíacas têm espaço para aprimoramento, então esse sistema de diagnóstico de arritmia por IA torna-se apenas mais uma ferramenta à disposição da área e dos profissionais que treinaram para tratar dos pacientes. É uma ferramenta que pode resultar em pacientes mais saudáveis, detectando mais precocemente a doença, talvez acumulando dados cardíacos em relógios de pulso inteligentes, analisando-os com um software que roda no smartphone ou na nuvem e enviando-os a um cardiologista para tratamento antes mesmo que apresentem os sintomas tradicionais, quando o tratamento pode ser dispendioso, incômodo e potencialmente tardio.

Essa é, na verdade, a missão de uma pequena empresa do Vale do Silício chamada Cardiogram (da qual eu sou investidor). Simplesmente não existem cardiologistas o bastante no mundo para ler o tempo todo os dados cardíacos provenientes de centenas de milhões ou bilhões de aparelhos inteligentes em busca de sinais de doença. E mesmo que existissem, seria uma tarefa sofrida. Imagine passar todas as horas de todos os dias bombardeado por sinais, notificações e alertas. Nesse caso, a IA nos permite criar uma abundância que não existia ou não podia existir sem ela. E é uma abundância relevante: diagnósticos precoces e onipresentes com potencial para prevenir derrames, ataques cardíacos e outras doenças fatais ou que causam forte comprometimento. Em vez de roubar o emprego de um cardiologista, essa IA o fortalece, potencialmente permitindo que ele passe mais tempo tratando e curando os pacientes que jurou ajudar. Considerando a quantidade de gente com problemas cardíacos não diagnosticados, essa IA pode até aumentar a demanda por cardiologistas e empregos na cardiologia. E em locais com alto déficit de médicos, principalmente no mundo em desenvolvimento, tecnologias como essa podem ser a única forma razoável de algumas pessoas obterem algum atendimento médico.

Fora esses empregos na cardiologia, algoritmos de IA como o criado pelos pesquisadores de Stanford ou pela Cardiogram têm potencial para criar muitos outros empregos. A começar pelos próprios pesquisadores que elaboram o algoritmo. À medida que a IA se torna mais acessível, vê-se não apenas gente com ph.D. em aprendizado de máquina desenvolvendo-as. Os criadores desses algoritmos de IA para a cardiologia provêm de uma série de setores — especialistas em IA, em informática em geral e engenheiros de software, estatísticos e cardiologistas — já que os obstáculos à participação e à inovação vêm diminuindo. Muitos dos algoritmos de IA de maior impacto se baseiam em um método chamado "aprendizado de máquina supervisionado" e exigem não apenas grande quantidade de dados, mas dados cujos padrões relevantes tenham sido identificados por seres humanos, com aquilo que os envolvidos com IA chamam de "rótulos". Nos últimos anos, surgiram muitas e muitas empresas de rotulagem de dados para aprendizado de máquina supervisionado, desde *startups* como a Scale, especializada em rotulagem de dados para direção autônoma de carros, até um setor inteiro de rotulagem na China.[19] A preparação de dados, a seleção do algoritmo correto de aprendizado de máquina e a preparação do processo experimental necessário para treinar e refinar um sistema de aprendizado de máquina são semelhantes, em muitos aspectos, à ciência praticada em laboratórios. É uma parte extremamente importante da criação da IA moderna e uma fonte de empregos bem pagos em rápido crescimento. Toda a infraestrutura usada de modo geral para criar esses sistemas de IA, das ferramentas e estruturas de IA de código aberto até as "nuvens hiperescalares", exige uma grande quantidade de gente, de engenheiros especializados em infraestrutura ao pessoal operacional que mantém todos os data centers rodando.

O atual estado da IA e nosso esforço, como público, para entender o que está acontecendo me fazem lembrar muito a empresa de conserto de eletrodomésticos do meu pai. Os clientes dele dependiam da tecnologia — dos aparelhos — para o funcionamento normal da vida. Eles encaravam aqueles pedacinhos de tecnologia como caixas pretas: não pensavam muito nas engrenagens internas enquanto tudo funcionava como esperado, e ficavam sem saber o que fazer, a não ser ligar para o Shorty, quando quebravam. Shorty saberia o que fazer.

Embora para algumas pessoas a engrenagem interna de um eletrodoméstico possa parecer tão incrivelmente incompreensível quanto a engrenagem interna de um algoritmo de IA, a IA é um pouquinho mais complicada. A definição de inteligência artificial na Wikipédia soa enganosamente simples: "inteligência demonstrada por máquinas". IA é o nome de uma ampla categoria de tecnologias cujo objetivo é automatizar trabalhos que, até meados dos anos 1950, eram domínio exclusivo da mente humana. Embora a ideia de que máquinas que mimetizam o comportamento humano tenha origem na Antiguidade, e embora na verdade estejamos, a rigor, criando máquinas mimetizadoras do homem desde o princípio da Revolução Industrial, a inteligência artificial, enquanto disciplina formal, recebeu seu nome e veio a existir no verão de 1956, em uma oficina realizada em Dartmouth, organizada por John McCarthy e assistida por outros pioneiros, entre eles Marvin Minsky, Claude Shannon e Herb Simon. Na proposta da oficina, eles declararam:

> *Propomos que seja realizado um estudo de dois meses, com dez pessoas, da inteligência artificial [...]. O estudo deve ser conduzido com base na conjectura de que todo aspecto do aprendizado ou qualquer outra característica da inteligência artificial pode, em princípio, ser descrito de maneira tão precisa que se pode fazer uma máquina simulá-lo. Faremos uma tentativa de descobrir como fazer máquinas usarem a linguagem, formarem abstrações e conceitos, resolverem os tipos de problemas atualmente reservados aos seres humanos e aprimorarem a si próprias. Acreditamos que se pode fazer progresso significativo em um ou mais desses problemas caso um grupo de cientistas cuidadosamente selecionados trabalhe em conjunto neles durante um verão.*[20]

Apesar do nome já vago e mal definido, o uso da palavra *inteligência* para essa coletânea de tecnologias se presta a ainda mais confusão, principalmente por não dispormos ainda de uma definição aguçada e universalmente aceita para a inteligência humana que a IA busca imitar. Além disso, as tecnologias subjacentes da IA moderna estão se transformando a um ritmo inacreditável.

Por conseguinte, a maioria de nós não entende direito o que se pode esperar da IA, muito menos sabe se ela está funcionando como deveria. Embora tenhamos atingido o ponto em que quase todo mundo interage diariamente com tecnologias que incorporam graus variados de IA e estejamos nos encaminhando a um futuro em que a IA terá um papel cada vez maior a desempenhar em nossas vidas, não há um Shorty Tibbs para nos ajudar a entender as coisas.

A boa notícia é que entendemos suficientemente de IA e das forças por trás de seu progresso recente e rápido para articular um punhado de conceitos de IA de alto nível, fáceis o bastante para todos entenderem. Esses conceitos podem ajudar a raciocinar melhor sobre o que é IA e o que não é, o que ela é mais suscetível de fazer no futuro, e a ter opiniões racionais sobre aquilo que a IA deve ou não deve fazer por você, sua empresa, sua comunidade, seu país e o mundo em geral.

Há um perigo em refletir sobre a IA com um grau elevado de abstração. Não compreender plenamente o que está acontecendo nas caixas pretas da IA torna mais fácil pender a um território altamente especulativo. Além disso, a própria natureza da IA — a ideia de que as máquinas estão emulando aspectos da inteligência humana — pode em alguns casos tornar essa especulação bastante convincente, mesmo quando sua conexão com a realidade técnica é extremamente tênue. Portanto, além de conceitos para refletir sobre a IA, também apresentaremos algumas dicas e técnicas para detectar bobagens sobre IA. Obter alguns conceitos intuitivos, racionalmente informados, sobre IA será muito útil, seja para decidir em qual opinião acreditar, dentre opiniões conflitantes sobre IA, seja para mitigar seu próprio otimismo ou pessimismo delirante sobre o futuro da IA.

A inteligência artificial pode vir a ser a ferramenta mais poderosa que o ser humano já criou. Apesar disso, continua a ser uma ferramenta. Criar e usar ferramentas são fundamentos de nossa condição humana. A maior parte das evidências empíricas da modernidade comportamental — o momento histórico em que o *Homo sapiens* se diferenciou dos outros hominídeos e primatas[21] — baseia-se na construção e no uso de ferramentas. Durante dezenas de milhares de anos criamos e usamos ferramentas para nos adaptarmos às condições de nosso entorno; para elaborar meios mais seguros e previsíveis de subsistência; para realizar nossas ambições criativas; para nos comunicarmos e coordenar melhor nossos esforços mútuos; para compreender melhor o mundo à nossa volta; para expandir nosso tempo de vida; e de muitas, muitas maneiras subjetivas, para tornar nossa vida melhor.

Seja você cientista, engenheiro, político ou pessoa pública, jornalista, empreendedor, professor, estudante ou trabalhador, você tem um papel a desempenhar na determinação de como será o futuro da IA. Você pode optar por usar essa ferramenta para tornar sua vida e a vida das pessoas à sua volta melhor ou deixar a ferramenta usar você para realizar as metas de outras pessoas.

A VIDA E A OBRA DAS REVOLUÇÕES TECNOLÓGICAS

Porém, antes de mergulharmos de cabeça em uma explicação da inteligência artificial, existem algumas questões conceituais relacionadas à tecnologia que vale a pena ter em mente ao começar a compreender melhor a IA.

Das pontas de flecha de pedra e do fogo até as espaçonaves e a computação quântica, mudanças tecnológicas, ao longo dos milênios, ocorreram aos trancos e barrancos, e não como um processo suave, contínuo, previsível e bem planejado. Houve longos períodos com relativamente pouco progresso, pontuados por momentos de revoluções tecnológicas que desafiam nossa capacidade de lidar com elas.

É muito difícil prever quando inovações relevantes vão ocorrer e que forma vão assumir. Basta dar uma olhada na ciência popular e na ficção científica do início e de meados do século XX para se dar conta de quantas previsões jamais se concretizaram e de quantas se concretizaram, mas com impacto muito diferente do que imaginávamos. Ainda estou esperando os carros voadores! Dá até para ter uma ideia da nossa incompetência, como seres humanos, em prever inovações simplesmente voltando dez ou quinze anos na nossa própria experiência e analisando com sinceridade quanto do que hoje existe você imaginou que seria possível naquela época.

Certos tipos de revoluções tecnológicas, uma vez realizadas, podem se desdobrar de formas relativamente previsíveis quando você sabe para quais padrões deve atentar. Em especial, tecnologias que servem como base ou plataforma sobre a qual outras tecnologias podem ser criadas, muitas vezes trazendo consigo mudanças profundas. Há dois tipos dessas plataformas tecnológicas: aquelas que são simples tijolinhos que propiciam ou aceleram o desenvolvimento de outras tecnologias; e aquelas que geram ciclos de feedback, diretos ou indiretos, que se automelhoram. Ambas podem desencadear mudanças de grandes proporções. Estas últimas, porém, podem resultar em transformações tão rápidas e significativas que é como se o mundo se refizesse diante dos seus olhos.

Minha bisavó chegou aos 99 anos. Nasceu no final do século XIX, em 1898, e faleceu alguns anos antes do novo milênio, em 1997. Ela atravessou várias transformações radicais no mundo, provocadas por revoluções tecnológicas com ciclos de feedback. Quando Vovó Ischer nasceu, não havia produção de carros em série, nem aviões, nem eletricidade na zona rural dos Estados Unidos. Os antibióticos ainda não tinham sido inventados. Alimentos perecíveis eram conservados em caixotes de gelo, resfriados com gelo mesmo. Não havia computador, televisão, nem mesmo rádio. O mundo estava quase irreconhecivelmente diferente noventa anos depois. Sempre me causou espanto que alguém pudesse ter vivenciado e se adaptado a tanta coisa em uma vida só.

Peguemos três das maiores mudanças tecnológicas que Vovó Ischer vivenciou em seu tempo de vida: eletricidade onipresente, refrigeração onipresente e televisão. A primeira delas é uma plataforma tecnológica com ciclos de feedback que se automelhoram: resumindo, é usada para tornar possível outra tecnologia e pode ser usada para se tornar ainda melhor. A segunda é uma plataforma tecnológica que alimenta uma infinidade de outras tecnologias, mas carece de ciclos de feedback. E a terceira simplesmente não é uma plataforma tecnológica.

Das três mudanças, a eletricidade onipresente foi a mais transformadora. É, inquestionavelmente, uma plataforma tecnológica. Uma parcela enorme daquilo que pensamos como tecnologia no mundo contemporâneo é, literalmente, alimentada pela eletricidade. Mas a eletricidade também é indiretamente usada para melhorar seus próprios meios de produção. Por exemplo: a eletricidade alimenta as máquinas usadas para construir instalações de energia elétrica melhores, em que "melhores" pode significar mais eficientes, de maior escala, ou meios completamente diferentes de gerar e fornecer energia. Mais recentemente, a eletricidade tem sido usada para alimentar computadores que aperfeiçoaram ainda mais a forma de produzir, fornecer, armazenar e consumir energia. Os computadores são usados para tudo, do projeto dos geradores à gestão da rede de energia, passando pela criação de formas inteiramente novas de geração e armazenamento de energia, como pilhas e fontes de energia renováveis. Esse ciclo de feedback vem funcionando há quase 150 anos e continua a resultar em uma plataforma de energia mais barata e mais onipresente para o restante dessa tecnologia. Curiosamente, embora estejam em seu estágio inicial, a IA e o aprendizado de máquina já estão sendo usados para aprimorar ainda mais a produção, a transmissão e o consumo de energia elétrica. Quando penso nos desafios de escala planetária que vamos encarar nos próximos anos, como controlar as alterações climáticas sem tirar do mundo em desenvolvimento a oportunidade de melhorar o padrão de vida, a otimização de nossos sistemas energéticos pela IA desempenhará um papel de enorme importância.

A refrigeração onipresente, embora menos impactante que a eletricidade, é ainda assim uma das plataformas tecnológicas mais importantes dos últimos 175 anos. O ciclo de refrigeração por compressão de vapor, que alimenta a maioria dos refrigeradores modernos, foi descoberto no século XIX. Os primeiros sistemas de refrigeração comercialmente viáveis começaram a surgir na década de 1850. A primeira aplicação popular e comercialmente viável dessa tecnologia foi o fornecimento de gelo a cervejarias e caixas de gelo domésticas. Durante boa parte desse período inicial de vida, o gelo feito na cidade por esses refrigeradores comerciais gigantes permitia à família de Vovó Ischer guardar alimentos perecíveis.

No início do século XX, a tecnologia de refrigeração chegou aos lares, tendo o primeiro refrigerador elétrico chegado ao mercado em 1914. Os refrigerantes usados nessas geladeiras domésticas iniciais, antes da invenção do gás freon, eram bastante perigosos, não apenas para a camada de ozônio! Desde então, a tecnologia de refrigeração por compressão de vapor se tornou crucial para a sociedade moderna. Não apenas ela nos permite conservar alimentos e remédios em casa com menos risco de decomposição e contaminação, mas também moldou a paisagem, permitindo que o ser humano vivesse em lugares que antes seriam inabitáveis e transportasse alimentos de maneira segura do local de produção ao local de consumo. A refrigeração é uma plataforma tecnológica crucial não apenas para os aparelhos refrigeradores comerciais e domésticos, ares-condicionados e caminhões frigoríficos, mas também é usada para liquefação de gases industriais como hélio, nitrogênio e oxigênio na metalurgia e em dezenas de outras aplicações industriais e científicas. Não tem o mesmo ciclo de feedback da eletricidade: a refrigeração por compressão de vapor não ajuda a melhorar a refrigeração por compressão de vapor. Mas mesmo assim é difícil imaginar como o mundo era antes da onipresença da tecnologia de refrigeração.

A televisão é outra das grandes transformações tecnológicas que Vovó Ischer testemunhou durante sua longa existência. Todos os anos, a família inteira se reunia na pequena casa dela, em Bedford County, na Virgínia, para o Dia de Ação de Graças. As quatro filhas e suas respectivas famílias traziam seus pratos favoritos e faziam a refeição mais importante do ano na companhia dos entes queridos que haviam esperado o ano inteiro para ver, enquanto um pequeno aparelho de TV em cores ficava no canto, com volume baixo, transmitindo a Parada do Dia de Ação de Graças da loja de departamentos Macy's. Apesar do papel da televisão como âncora cultural na vida de muitos de nós, ela não é uma plataforma tecnológica. Ela nos informa, nos entretém e nos conecta de maneiras bem diferentes dos jornais, dos livros e do rádio, que a antecederam. Mas a tecnologia da televisão não ajuda a se aprimorar, de nenhuma forma significativa, nem serve como plataforma para a criação de outras formas de tecnologia. Ela consome tecnologias em vez de empoderar outras tecnologias. E, se Vovó Ischer ainda estivesse viva hoje, teria a oportunidade de testemunhar outra transformação, com a substituição do consumo dessa tecnologia por outras mais novas, como o streaming.

Eu diria que as plataformas tecnológicas — como a eletricidade e a refrigeração — tendem a ter impactos maiores e mais duráveis sobre a sociedade que as não tecnológicas. Quando menos, elas se embutem e se misturam com muitas outras coisas acima e além de nossos padrões de consumo. Isso permite não apenas que elas sobrevivam às mudanças desses padrões, por conta de seus usos variados e das tecnologias que dependem delas, mas que também possam prosperar e servir como plataformas para as novas tecnologias que continuam surgindo. Além disso, as plataformas tecnológicas que possuem ciclos de feedback — como a eletricidade, o computador pessoal, a internet, a nuvem e a IA — podem ter enormes impactos em períodos muito curtos, porque esses ciclos permitem não apenas que elas se aprimorem ao longo do tempo, mas que *se aprimorem cada vez mais rápido com o passar do tempo*, até atingirem um platô.

Uma das razões do sucesso da indústria americana no século XX, e que continua ainda hoje a impulsionar seu sucesso, foi o investimento em plataformas tecnológicas, em infraestrutura que sustenta nossa capacidade de criar e construir. Mesmo alguns de nossos maiores investimentos que não tinham como meta final uma plataforma tecnológica — por exemplo, nossos programas espacial e de defesa — produziram muitas importantes plataformas que representaram tijolinhos essenciais para outras tecnologias que afetam e influenciam nossa vida cotidiana. Entre essas tecnologias estão coisas grandiosas, como a internet, e minúsculas, como os sensores de imagem de silício que alimentam bilhões de câmeras digitais e de smartphones mundo afora.

Em nossa exploração do significado exato da inteligência artificial, espero que você entenda como e por que ela também é uma importante plataforma tecnológica, talvez a mais importante de uma série delas criadas nas sete últimas décadas. A IA possui poderosíssimos ciclos de feedback que se autoaprimoram, e esses ciclos continuarão a resultar em uma IA cada vez mais capaz, muito rapidamente. Como toda plataforma tecnológica com ciclos de feedback, a IA atingirá platôs em que a taxa de transformação vai estancar e desacelerar. Quando e onde ocorrerão esses platôs é muito difícil prever. Embora estejamos atualmente em um período de intensas mudanças, ninguém sabe ao certo quando o progresso vai desacelerar nem o quanto teremos realizado quando chegarmos ao próximo platô.

O que não é difícil prever é que, sendo uma plataforma tecnológica, a IA vai colocar cada vez mais poder nas mãos daqueles que decidirem usá-la como ferramenta para a criatividade, engenhosidade e ambições. Sem essa criatividade, engenhosidade e ambição, a IA é um pouco como a eletricidade. Fica lá, à espera de ser usada, com seu imenso potencial. E quanto mais de nós optarmos por dar bons usos à IA — igualitários, justos e enobrecedores —, mais rico o mundo se tornará.

UMA CARTA PARA SHORTY

Gosto de imaginar que, se meu avô tivesse nascido meio século depois, sentiria o mesmo fascínio que eu pela IA e pela automação de ponta, e muito provavelmente lutaria para incluí-las em seu repertório de ferramentas e técnicas para ajudá-lo a montar e consertar coisas. Se ainda estivesse vivo, sei que teria curiosidade sobre como essa tecnologia está evoluindo e onde pode ser utilizada. E eu faria o melhor possível para explicar a ele. Nesse espírito, deixe-me tentar explicar para você.

A inteligência artificial é uma tentativa de fazer as máquinas realizarem coisas inteligentes. Desde aquela oficina em Dartmouth, em 1956, em que os pioneiros da IA batizaram o campo e definiram suas primeiras metas e ambições, houve três fases distintas da IA. À primeira eu dou o nome de *sistemas de raciocínio*, em que os pesquisadores tentaram emular a inteligência, explicitamente modelando o conhecimento sobre o mundo e articulando um conjunto de regras lógicas através das quais esse conhecimento poderia ser manipulado. À segunda fase eu dou o nome de *sistemas de aprendizado*, em que, em vez de modelar explicitamente o conhecimento e as regras para manipulá-lo, os pesquisadores elaboraram algoritmos capazes de emular a inteligência a partir de grandes volumes de dados. Essa segunda fase da IA conduziu grande parte do crescimento da internet para o público geral. À terceira fase do desenvolvimento da IA eu dou o nome de *sistemas de simulação*, em que, além de aprender a partir de dados gerados por seres humanos, os pesquisadores estão ensinando os agentes de IA a emular a inteligência através de simulações dos mundos real e sintético. Acabamos de entrar nessa fase e já a vi produzir alguns dos feitos mais espetaculares da história da IA, de derrotar seres humanos em jogos complexos como Dota e Go até automóveis e drones de entregas capazes de navegar de forma autônoma pelo mundo real.

Descontando nossa escassa compreensão da inteligência humana, aquilo que constitui uma "coisa inteligente" para uma máquina fazer mudou muito ao longo dos anos. Assisti à minha primeira aula de IA na faculdade, no início dos anos 1990. Os primeiros programas de IA que escrevi naquele curso resolviam problemas lógicos. Um deles era assim:

> *Você tem uma galinha, uma raposa e uma espiga de milho, que você precisa levar de um lado do rio para o outro. Você tem um barco, mas no barco só dá para transportar você e um dos três itens a cada travessia do rio. Como se isso não bastasse, você tem em mãos uma situação bastante tensa com o milho, a galinha e a raposa. Se deixá-los sem vigilância, a galinha come o milho, e a raposa come a galinha. Assim é o ciclo da vida, aparentemente. Mas você poder fazer quantas viagens quiser de um lado ao outro do rio. Existe algum jeito de levar todos os três itens para o outro lado do rio sem perder nenhum? Se existe, qual?*

Você já deve ter visto essa charada. Existe uma solução, afinal.

VIAGEM 1: Leve a galinha com você do lado A para o lado B.
VIAGEM 2: Volte para o lado A.
VIAGEM 3: Leve a raposa com você do lado A para o lado B.
VIAGEM 4: Leve a galinha de volta com você do lado B para o lado A.
VIAGEM 5: Leve o milho com você do lado A para o lado B.
VIAGEM 6: Volte para o lado B.
VIAGEM 7: Leve a galinha com você do lado A para o lado B.

Nessa sequência de viagens, o milho e a galinha nunca são deixados juntos a sós, nem a galinha e a raposa.

Seja humano ou máquina, ser capaz de resolver esse problema é um sinal de inteligência? É difícil dizer. Existem milhares e milhares de livros, jogos, desafios físicos e aplicativos com quebra-cabeças e charadas lógicas criadas para estimular seu cérebro e entretê-lo. É o tipo de coisa que aparece em nossos testes padronizados, como medidas de nossa capacidade de raciocínio. E o domínio dos "irmãos mais velhos" desses pequenos quebra-cabeças — jogos de estratégia como o xadrez e o Go — tem sido, ao longo da história, visto como indicador de elevada inteligência humana.

A intenção ao transformar essa charada específica em um exercício de programação de IA era nos ensinar a codificar um tipo comum de raciocínio lógico em forma de regras que um computador poderia entender.

Como programador, isso se faz criando uma representação do estado do problema. No caso dessa charada, o estado do problema registra de que lado do rio você e cada um dos três itens estão. Você define que movimentos pode fazer de um estado para outro. Nesse caso, a cada lance você pode se mover de um lado do rio para o outro e levar um item consigo. Você define quais são os estados ganhador e perdedor. Aqui, você ganha quando todos os três itens estão do lado B do rio, e perde caso ou o milho e a galinha ou a galinha e a raposa estejam de um lado do rio e você esteja do outro. E, definidas essas três coisas, você usa um algoritmo de busca para avaliar que movimentos o aproximam de um estado vencedor e que movimentos o levam a um estado perdedor. O objetivo é explorar o primeiro e evitar o segundo.

O algoritmo de busca que você usaria para um problema como a charada do milho, da galinha e da raposa não é tão complexo quanto você poderia imaginar. Caso você pense um pouco nesse problema, o que estamos tentando é explorar os movimentos que você pode realizar a partir do estado inicial, em que todo mundo está do lado A do rio, até o estado vencedor. Você pode colocar todos esses estados por escrito e organizá-los como algo que fica parecido com uma árvore de cabeça para baixo. Começa com o estado inicial, na raiz da árvore. A partir desse estado, acrescenta um ramo para cada movimento possível e associa o novo estado a esse ramo. Vai preenchendo a árvore, repetindo esse processo para cada estado novo que acrescenta à árvore, até chegar a um estado vencedor ou perdedor.

O algoritmo de busca esquadrinha essa árvore para encontrar os estados vencedores. Versões simples do algoritmo de busca exploram a árvore por inteiro, tomando decisões muito simples em relação a como decidir o passo seguinte em uma trilha. O problema disso é que, na maioria das charadas, essa árvore pode ficar muito grande. No xadrez, por exemplo, a árvore tem 10^{120} ramos. É um número maior que o número de átomos em todo o universo. Muito maior, na verdade. E é por isso que, na prática, o ideal é decidir de forma inteligente os caminhos a explorar nessas árvores. Com um algoritmo de busca bem feito e enorme poder computacional na busca, esse método pode realizar feitos impressionantes, como derrotar o campeão mundial de xadrez, que foi exatamente o que o Deep Blue, da IBM, fez no famoso jogo com Garry Kasparov em 1997.

Meu primeiro programa de IA é um microcosmo, um microcosmo de simplicidade banal, reconheço, da primeira fase da IA, que chamei de *sistemas de raciocínio*. Durante muitos anos, cientistas e engenheiros tentaram criar sistemas inteligentes codificando em software conceitos lógicos humanos — raciocínios simbólicos, como a solução de equações algébricas e a demonstração de teoremas, e nosso conhecimento explícito de certos domínios, como a medicina. A ideia maior era que, quanto mais coisas você codifica dessa forma, mais máquinas capazes de comportamento cada vez mais inteligente terá. Não é um método ruim e, francamente, acredito que existam enormes oportunidades diante de nós se estendermos essas técnicas clássicas e as combinarmos com algumas abordagens contemporâneas que vêm se revelando muito promissoras. Porém, criar sistemas de raciocínio dá muito trabalho. E, como pude constatar nos anos 1990, como estudante universitário, esse "muito trabalho" tem que ser feito por especialistas. Isso resulta em um avanço lento e dispendioso.

O que vem em seguida, que é a parte da história que mais deixaria Shorty fascinado, é o mundo do aprendizado de máquina em plena expansão nas últimas duas décadas, aproximadamente.

CAPÍTULO 7

Como os modelos aprendem

Mais ou menos na época em que abandonei meu doutorado para assumir uma vaga no mercado, em 2003, havia duas tendências prestes a mudar a natureza da IA. Uma delas foi a rápida adoção da internet e a avalanche de dados gerados direta e indiretamente pelos usuários à medida que uma parte cada vez maior da vida cotidiana passou para o mundo virtual. A segunda tendência foi o advento da "nuvem", uma plataforma de computação distribuída maciçamente escalável, que estava surgindo para dar conta do crescimento da internet. Com essas duas tendências, a subdisciplina da IA chamada "aprendizado de máquina" estava pronta para subir de marcha, e nasceu a segunda fase da IA — à qual dei o nome de *sistemas de aprendizado*.

Ao contrário de minhas experiências iniciais com IA, que davam ênfase à lógica, ao raciocínio simbólico e à codificação e à manipulação de conhecimento especializado, o aprendizado de máquina emprega *dados* para construir *modelos*, e então usa esses modelos para realizar coisas inteligentes. O primeiro programa de aprendizado de máquina que escrevi, em preparação para um projeto maior do qual eu tinha sido encarregado, foi um classificador de spam para e-mails.

Classificadores usam modelos aprendidos pela máquina para determinar a que classe algo pertence. No caso do e-mail, a ideia é pegar tudo que entra na sua caixa e determinar se é ou não spam. Para fazer isso, você precisa pegar um grupo de mensagens de e-mail — seus dados de treinamento — e rotular cada mensagem com *spam* ou *não spam*. Quanto mais dados e mais representativos esses dados forem de uma caixa normal, melhor. Em seguida, você pega esses *dados de treinamento rotulados* e treina um modelo, usando o algoritmo de aprendizado de máquina de sua escolha.

Para o meu classificador, eu usei o Naive Bayes [Bayes ingênuo, em tradução livre]. Não é superimportante saber o que ele é nem como funciona. O importante é o conceito: se você tiver uma quantidade suficiente de dados rotulados, pode treinar um modelo capaz de fazer *inferências* sobre coisas que nunca viu antes — no caso do meu classificador, determinar se e-mails novinhos em folha que aparecem na minha caixa são spam ou não. Quando você escreve um classificador de spam aprendido pela máquina, não precisa conhecer de antemão todas as palavras e expressões que os *spammers* usam em suas mensagens para enganá-lo e levá-lo a fazer algo que você não deveria. Você só precisa de exemplos de spam para que o sistema, por conta própria, descubra os padrões que tornam uma mensagem spam ou não. Em vez de ter que codificar regras, relações, lógica e conhecimento explícito, o algoritmo aprende aquilo que precisa aprender a partir dos dados. Quanto mais dados de treinamento tiver, melhor será seu modelo aprendido. E quanto maior a frequência com que você puder reunir dados de treinamento rotulados e retreiná-lo, mais fácil será para seu modelo adaptar-se a padrões novos que venham a surgir.

Parece complicado, mas o padrão é simples. Você precisa de certa quantidade de dados para raciocinar a partir deles. Você pode produzir um punhado de exemplos daquilo que você quer que o algoritmo de aprendizado de máquina aprenda, rotulando seus dados, seja com *este e-mail é spam* ou *esta imagem contém um gato*. Em seguida, você usa esses exemplos, os dados de treinamento rotulados, para treinar um modelo. Se o seu trabalho for bem-feito, quando você passar dados novos pelo modelo, ele já terá aprendido o que fazer com eles, seja inferir se uma mensagem ainda não lida é spam ou taguear um gato em uma imagem não vista anteriormente.

Talvez a coisa mais empolgante sobre o aprendizado de máquina, e uma das razões pelas quais essa segunda fase da IA e de seus sistemas de aprendizado tenha feito progresso tão rápido em comparação com a primeira fase e seus sistemas de raciocínio, seja que o avanço do aprendizado de máquina é impulsionado pela quantidade de dados de que se dispõe e de quanto poder de processamento você tem disponível para treinar modelos usando todos esses dados. Com a internet e a nuvem, tanto os dados quanto o *poder computacional* vêm crescendo a taxas astronômicas nas últimas duas décadas, o que nos ajudou a fazer progressos espantosos no aprendizado de máquina. Para se ter uma ideia, em vez dos milhares ou dezenas de milhares de experts criando sistemas de raciocínio durante a primeira fase da IA, hoje temos dezenas de milhares de especialistas criando sistemas de aprendizado que, por sua vez, estão sendo treinados por dados que são produzidos por bilhões de pessoas enquanto usam a internet, smartphones e um número cada vez maior de aparelhos inteligentes que permeiam nossas vidas.

COMO OS MODELOS APRENDEM

O método de aprendizado de máquina que acabei de descrever é um exemplo de *aprendizagem supervisionada*. Nela, um ser humano rotula todos os dados necessários para treinar um modelo. Você pode conceber esse sistema de rotulagem como uma forma de ensinar um modelo a reconhecer padrões nos dados. Pegando emprestada uma analogia do livro *How Smart Machines Think* [Como as máquinas inteligentes pensam, em tradução livre], é um pouco como ensinar a uma criancinha sobre o mundo através de cartões de memorização. Esses cartões são os dados de treinamento rotulados, e o processo de treinamento é mostrar várias vezes os cartões à criança até ela compreender o padrão. Qualquer criança é uma máquina de aprendizado bem mais avançada que um algoritmo de aprendizado de máquina, por isso não convém levar essa analogia longe demais. Porém, em um nível mais genérico, essa é a essência da aprendizagem supervisionada de máquina.

Todo modelo é tão bom quanto os dados de que dispõe. Se você estiver ensinando o modelo a reconhecer um balde, precisa descobrir que características prontamente definíveis dos seus dados vão ajudar seu modelo a aprender. No caso do e-mail, em tese é fácil, porque os e-mails possuem muitas estruturas facilmente identificáveis. É bem mais difícil dizer que características permitem identificar um balde. Um ser humano, ao lhe pedirem que descreva as características úteis dos baldes, diriam coisas como "às vezes têm alças" ou "são meio cilíndricos, com uma abertura em cima", ou "geralmente são feitos de plástico ou metal". Para um computador, porém, essas características não são prontamente definíveis. São difíceis de descrever diretamente para uma máquina que não sabe absolutamente nada sobre muitas coisas que para nós são naturais, como alças, aberturas e materiais. Na verdade, a dificuldade em descrever características tão complexas para as máquinas é exatamente uma das razões da invenção do aprendizado de máquina!

Tendo identificado essas características, você pode precisar rotular cem mil baldes diferentes, de todas as cores, tamanhos e formas, de ângulos diferentes e sob diferentes condições de iluminação. Caso você não forneça uma variedade ou quantidade suficiente de exemplos de treinamento, o modelo será incapaz de generalizar, reconhecer baldes que nunca viu antes ou dizer que uma foto de um cachorro não é um balde. Caso seus dados tenham distorções, provavelmente seu treinamento resultará em um modelo distorcido. Caso, por exemplo, você utilize majoritariamente fotos de baldes vermelhos no treinamento, seu modelo pode não reconhecer nenhum balde azul como balde, o que é problemático em um mundo que tem baldes tanto vermelhos quanto azuis.

Alguns dos maiores desafios no aprendizado de máquina supervisionado atualmente derivam da necessidade de tornar seus dados de treinamento representativos o bastante da área que você quer que a IA aprenda. Uma tremenda quantidade de esforço humano está voltada para a engenharia de características e a rotulagem de dados. É preciso se certificar de que os rótulos são precisos e de que os dados de treinamento são representativos. Desenvolvedores humanos, cientistas de dados, professores de máquinas e especialistas em dados também precisam administrar o viés nos dados com que alimentam a IA. Os modelos de aprendizado de máquina aprendem aquilo que ensinamos a eles. É facílimo que vieses humanos negativos, naturalmente presentes nos dados gerados pelo ser humano, infiltrem-se nos modelos, amplificando-os na escala da IA. Por exemplo, se os dados rotulados identificam apenas homens como médicos, seu modelo vai aprender que todos os médicos são homens e propagar levianamente esse viés e essa imprecisão.

Todo esse aprendizado de máquina e essa manipulação dos dados consomem tempo e são extremamente caros. Até mesmo para grandes empresas de tecnologia com centenas de milhões de clientes com quem interagem diariamente, os dados são o fator que mais limita aquilo que pode ser realizado com a IA. Você pode ter uma ótima ideia de um problema que, no seu entender, pode ser resolvido com o aprendizado de máquina, mas se ver em uma situação em que não possui os dados corretos: ou tem muito poucos, ou são muito caros, ou são do tipo errado, ou são muito distorcidos etc. Existem várias técnicas que podem ajudar quando nos defrontamos com esse tipo de problema com os dados, sendo as principais o *aprendizado profundo*, o *ensino de máquina*, o *aprendizado por transferência*, o *aprendizado por reforço* e o *aprendizado não supervisionado*.

APRENDIZADO PROFUNDO (DEEP LEARNING)

O aprendizado de máquina supervisionado pode realizar uma série inacreditável de coisas usando um padrão relativamente simples: extrair suas características, rotular seus dados, treinar seu modelo, acionar seu modelo e usá-lo para tornar seu produto "melhor", resultando em maior engajamento dos usuários e mais dados diretos e indiretos para aprimorar ainda mais seu modelo: lavar-enxaguar-repetir. Esse ciclo impulsionou grande parte do crescimento da internet do consumidor nos últimos quinze anos, aproximadamente.

Não se fala muito do primeiro passo desse ciclo, a engenharia de características (também conhecida como "extração de características"), mas se trata de um passo necessário e uma das partes mais importantes da execução do aprendizado de máquina. Em todo sistema de aprendizado de máquina você tem dados e algo que quer que se aprenda a partir desses dados. A fim de realizar esse aprendizado, você precisa dizer ao algoritmo que características dos seus dados você acredita que vão ajudar a máquina a aprender. Para alguns tipos de dados e de problemas de aprendizado de máquina, como os e-mails e a detecção de spam, identificar essas características pode ser fácil. O e-mail já possui certa estrutura: de quem é; para quem; um assunto; uma data e hora de envio; um corpo, com palavras, frases e parágrafos; anexos; links para páginas da web; etc. Todas essas características, ou combinações delas, podem ser úteis para uso em seu modelo.

Quanto às imagens que você usa para treinar um detector de baldes, a única estrutura que você talvez possua é uma lista de números dizendo a você de que cor cada pixel é. Esses pixels são as características necessárias para ajudar seu modelo a reconhecer baldes? Caso não sejam, que características usar? Seu palpite será tão bom quanto o meu.

Redes neurais profundas, abreviadas em inglês como DNNs, podem ser uma forma muito eficaz de construir modelos em que se tem grande quantidade de dados de treinamento rotulados, mas não se tem muita certeza de quais as características certas para os seus dados. As DNNs são vagamente baseadas nas redes neurais biológicas de nosso cérebro. São muito menores que um cérebro humano. No momento em que escrevo, as maiores dentre as maiores DNNs possuem menos de dez bilhões de sinapses ou parâmetros, embora esse número tenha se multiplicado nos últimos anos por um fator de até dez a cada ano, graças ao forte aumento do poder de processamento disponível. Mesmo assim, nossas maiores

DNNs estão várias ordens de magnitude abaixo de um cérebro humano, que possui aproximadamente 100 trilhões de sinapses. Também cabe mencionar que, embora nossas maiores DNNs artificiais sejam muito menores e muito mais burras que um cérebro humano, a infraestrutura computacional e a energia necessárias para rodá-las consome 100 mil vezes mais espaço e energia que um cérebro humano.[22]

Estruturalmente, redes neurais profundas também são um tanto diferentes do cérebro humano. Cientistas e engenheiros de IA projetam DNNs para resolver categorias de problemas. As DNNs de reconhecimento de imagens tendem a ser estruturalmente diferentes das usadas para traduzir textos de um idioma para outro. A estrutura dessas DNNs é bem mais regular e bem menos complexa que nossas redes neurais biológicas, e em geral só é boa na limitada gama de tarefas para as quais foi projetada. Ainda estamos nos primeiríssimos estágios de pesquisa de técnicas como o aprendizado por transferência, que permite aos modelos de DNN projetados e treinados para uma tarefa serem combinados com outros modelos para resolver tarefas diferentes.

Com as DNNs, você determina alguma estrutura de altíssimo nível de seus dados e problemas e em seguida seleciona uma categoria de DNN. Se estiver tentando fazer algum tipo de inferência sobre imagens ou dados de estrutura bidimensional, provavelmente o ideal é uma rede neural convolucional (CNN). Caso esteja tentando construir um modelo capaz de prever a próxima palavra em uma sequência ou a próxima atitude a tomar depois de uma sequência de ações anteriores, pode usar algum tipo de rede de memória de longo e curto prazo (LSTM, na sigla em inglês). Caso esteja tentando construir modelos que operem com fala gravada ou textos escritos à mão, pode usar uma rede neural recorrente (RNN), mais genérica. Depois de selecionar uma arquitetura de DNN para o seu problema, em geral você fica mais livre para especificar características.

A ideia das redes neurais existe há muito tempo e é tecnicamente anterior ao campo da inteligência artificial. Os primeiros modelos de redes neurais foram criados em 1943 por Warren McCulloch e Walter

Pitts, e houve progresso significativo na pesquisa sobre redes neurais nas duas décadas seguintes. As coisas estancaram no final dos anos 1960, primordialmente porque a ambição da pesquisa tinha excedido a capacidade dos computadores de acompanhar. O avanço desacelerou porque simplesmente não havia capacidade de processamento suficiente para realizar o conjunto seguinte de coisas interessantes com aquela versão de IA.

Em 2006, Geoffrey Hinton, Simon Osindero e Yee-Whye Teh publicaram um artigo revolucionário, "Um algoritmo de aprendizado rápido para redes de crenças profundas", descrevendo técnicas para treinar de forma eficaz redes neurais profundas. Em 2009, Andrew Ng foi o pioneiro no uso de unidades de processamento gráfico (GPUs, na sigla em inglês) para o treinamento de redes neurais profundas, obtendo aprimoramentos a um fator de cem na performance de treinamento. Desde então, as DNNs e o aprendizado profundo dominaram, em vários aspectos, o campo do aprendizado de máquina, o que permitiu aos especialistas em IA fazerem avanços impressionantes, o mais notável nas tarefas de percepção, como a rotulagem de objetos em imagens e o reconhecimento de palavras na linguagem falada. Em parte, isso ocorre porque as DNNs resolvem um problema complicadíssimo na engenharia de características. E em parte ocorre porque os algoritmos utilizados para treinar as redes neurais profundas rodam bem em GPUs, processadores originalmente criados para acelerar gráficos nos computadores. Isso nos permitiu treinar as DNNs em períodos aceitáveis, nos quais, antes, a exigência de processamento para o treinamento era impraticavelmente elevada.

As DNNs são uma técnica enormemente útil, usada atualmente em todos os principais tipos de aprendizado de máquina: supervisionado, por reforço e não supervisionado. Elas tornam a engenharia de características mais fácil, mas exigem uma grande quantidade de dados de treinamento rotulados para terem um bom desempenho. Muitos e muitos dados de treinamento rotulados. O lado bom é que as DNNs podem ser usadas em conjunto com outras técnicas, ajudando a reduzir o fardo imposto por sua fome de dados. Quando se usam as DNNs em aplicações de aprendizado supervisionado, combiná-las ao ensino de máquina ou ao aprendizado por transferência pode proporcionar uma forma de alavancar o processo de treinamento a partir de dados de treinamento de menor escala. O aprendizado por reforço e o aprendizado não supervisionado utilizam as DNNs, mas nessas aplicações os dados que alimentam as DNNs são gerados em ciclos simulados maciçamente escaláveis.

Um dos pontos fracos das DNNs é que ainda não se dispõe de um conhecimento científico preciso que oriente sua elaboração. As redes neurais profundas são compostas por camadas de neurônios artificiais, cada um conectado aos neurônios de outras camadas. A quantidade de neurônios em cada camada, a quantidade de camadas e a interligação entre os neurônios é conhecida como a arquitetura da DNN. Cada conexão entre neurônios tem um peso, e esse peso determina quanto sinal flui do neurônio A para o neurônio B quando A é ativado. Assim como ocorre com os neurônios biológicos, essa ativação costuma ser função não linear do *input* dado pelo neurônio. A "unidade linear retificada", ou ReLU, na sigla em inglês, é a mais popular dessas funções de ativação não linear no momento em que escrevo (2019). Porém, como tudo que acontece com IA, isso pode mudar muito rapidamente, com efeitos dramáticos e imprevisíveis. E você não precisa se preocupar em saber o que é ReLU nem mesmo com o que faz uma função não linear. O importante é entender que um neurônio pode estar ligado ou desligado. Ele recebe uma série de sinais dos neurônios de outras camadas, e, quando esses sinais ultrapassam determinado limiar, esse neurônio transmite um sinal a todos os neurônios aos quais está conectado, proporcional aos pesos dessas conexões.

A tarefa do algoritmo de aprendizado é fazer os dados de treinamento fluírem da camada de entrada para a camada de saída, aprendendo os pesos de todas as conexões de uma forma que maximize a probabilidade de que a camada de saída forneça o resultado certo. Por exemplo, caso estejamos treinando uma DNN para reconhecer baldes, provavelmente utilizaremos uma arquitetura de rede neural convolucional. Pegaremos dados de treinamento rotulados consistindo em imagens com e sem baldes e fluiremos esses dados através da DNN, aprendendo uma série de pesos que maximizam a probabilidade de que a camada de saída emita um sinal "balde", quando os dados de treinamento contêm um balde, ou um sinal "não balde", quando não houver balde.

Outro truque que as DNNs usam no treinamento é uma técnica chamada *dropout*, que impede a DNN de associar em excesso o modelo aos dados de treinamento (o que é conhecido no jargão da área como *overfitting*).

Imagine o seguinte diálogo:
"Todo presidente de empresa é velho e grisalho."
"Mas minha chefe é presidente, e ela não é nem velha nem grisalha."
"Bem, ela é a exceção que prova a regra!"
"Ainda acho que você está generalizando demais!"
"Sério? Eu não acho. Só porque sua chefe é presidente, isso não quer dizer que não podemos dizer que todos os presidentes são velhos e grisalhos ou que se parecem com a sua chefe..."

O *overfitting* é um problema que pode ocorrer em todos os sistemas de aprendizado de máquina, não apenas nas DNNs. Ele é consequência de o modelo aprender tão bem, a partir dos dados de treinamento, que tem dificuldade de generalizar para qualquer dado que não esteja no conjunto de dados de treinamento. Como generalizar para dados previamente desconhecidos é justamente a intenção ao criar sistemas de aprendizado de máquina, o *overfitting* é ruim, e dispor de técnicas para lidar com ele é muito importante.

Para entender essa questão com só um pouquinho mais de profundidade técnica, poderíamos usar uma matriz de confusão para apresentar um grupo de pessoas — nossas amostras de treinamento — de acordo com a idade e a quantidade de cabelos brancos, e se são ou não são presidentes de empresas.

Podemos usar o aprendizado de máquina para aprender uma regra, ou função, que prevê a probabilidade de uma pessoa ser (ou não ser) presidente de empresa. A linha azul representa essa função. A função que ela representa é simples — uma regressão linear, para ser específico. Apesar da simplicidade, ela parece se sair bastante bem na tarefa de determinar se alguém tem probabilidade de ser velho e grisalho o suficiente para ser presidente de empresa.

Uma função mais complicada poderia ser descrita por uma linha verde. À primeira vista, ter mais complexidade parece nos proporcionar mais precisão. A função verde separa melhor o grupo de presidentes verdadeiros dos não presidentes. Na verdade, imagine que um pontinho vermelho perto da parte de baixo poderia representar alguém exatamente como minha chefe, que é presidente, mas não é velha nem grisalha. Talvez seja mesmo minha chefe!

Mas o problema, aqui, é o que acontece quando usamos essas funções aprendidas pela máquina para analisar dados que nunca vimos antes. Por exemplo, meu amigo tem mais ou menos a mesma idade da minha chefe. Mas ele não é presidente, nem alguém pensaria normalmente em alguém tão jovem e não grisalho quanto ele para ser digno de ser presidente de empresa. Nesse caso, o que vemos é que a função verde na verdade não é lá tão boa — na verdade ela faz *overfitting*.

As redes neurais de hoje são capazes de aprender funções extremamente complexas — na verdade, as funções mais complexas já criadas pela humanidade (com ajuda de máquinas, é claro). Se deixadas livres, abastecidas com dados suficientes e a arquitetura de DNN correta, as funções/regras que aprendem dariam conta, essencialmente, de todo e qualquer caso "excepcional" em seus conjuntos de treinamento. Resumindo: as redes neurais atuais podem aprender excessivamente a partir dos dados de treinamento. É uma capacidade que precisa ser contida. Por isso, boa parte da pesquisa sobre redes neurais está concentrada em como controlar esse problema de *overfitting*.

O *dropout* tem se mostrado uma das abordagens mais eficazes para prevenir o *overfitting* nas DNNs. Uma forma simples de pensar no *dropout* é como se fosse um esquecimento seletivo. Caso a rede se lembre de tudo que viu, talvez nunca aprenda a generalizar para além de sua memória, o que é ruim. O objetivo de qualquer sistema de aprendizado de máquina é ser capaz de generalizar para além dos dados com os quais foi treinado, ser capaz de responder com boas respostas quando lhe fazem uma pergunta sobre dados que nunca viu antes. É o mesmo que querer que seu filho um dia saiba fazer contas mais complicadas do que aquelas que decoraram nos cartões de memorização da escola.

O *dropout* força a DNN a esquecer parte do que aprende a cada estágio de treinamento para forçá-la a aprender a memorizar. Com o *dropout*, a cada estágio do processo de treinamento alguns neurônios em cada camada são aleatoriamente removidos — ou "dropados" —, e assim deixam de propagar sinais para outros neurônios em outras camadas. A probabilidade de dropar um neurônio é um parâmetro configurável no processo de treinamento. Se você esquecer muito pouco, pode nunca aprender a generalizar. Se esquecer demais, seu modelo pode nunca vir a aprender nada. Portanto, escolher o valor correto para esse parâmetro é importante.

Quando o estágio de treinamento termina, os nós dropados são reinseridos. O processo é repetido em todos os estágios até ficar completo. O motivo de o *dropout* funcionar tão bem ainda não foi inteiramente compreendido, o que é um refrão recorrente nas redes neurais profundas. A teoria mais plausível aventada atualmente é que dropar nós aleatoriamente é como mudar um pouco a arquitetura da DNN a cada estágio de treinamento, o que dificulta a adaptação simultânea dos pesos do modelo, que pode levar ao *overfitting*.

Um benefício colateral do *dropout* é que ele reduz a quantidade de tempo e energia necessárias durante o treinamento, uma vez que apenas uma fração dos nós é treinada a cada estágio. Uma discussão à parte é se o *dropout* deve ser meio a meio, como um "cara ou coroa", ou algum outro jogo de probabilidades, se cada estágio deve ser tratado da mesma forma, e outras tantas movimentações e variações possíveis. Mas no fim das contas aquilo que as pessoas geralmente esperam de um sistema de aprendizado de máquina é um funcionamento razoavelmente "suave". O *dropout* tem esse efeito de suavização, fazendo com que exceções bizarras — como ter alguém tão jovem e impressionante como minha chefe em seu conjunto de treinamento — não nos levem a concluir que todas as pessoas assim podem ser presidentes de empresas.

Várias das decisões que tomamos em relação à configuração de uma DNN para que ela funcione bem são tomadas através de experiências. Pesquisadores e desenvolvedores de IA vêm desenvolvendo formas de automatizar essas experiências para determinar rápida e automaticamente quais configurações funcionam melhor para um problema ou uma classe de problemas específica. Esse esforço é conhecido, coloquialmente, como AutoML, e os mais sofisticados utilizam aprendizado de máquina para determinar os parâmetros da DNN, como a proporção de *dropout* e a função de ativação a ser usada, e até a arquitetura da DNN. Fazer manualmente essas experiências demanda tempo, é caro e está sujeito a erros, resultando muitas vezes em modelos de menor qualidade. Às vezes isso exige treinar uma DNN com performance inferior à ideal, o que pode levar à desistência prematura do aprendizado profundo. E às vezes pode levar indivíduos ou equipes a nem sequer experimentarem o aprendizado profundo, porque o processo, como um todo, parece complicado demais.

O sistema de AutoML da Microsoft vem sendo aplicado em dezenas de sistemas de aprendizado de máquina em uso atualmente, em todo o portfólio de produtos e serviços. Em nossa própria utilização do AutoML, ele muitas vezes é capaz de gerar modelos melhores que outros, corrigidos "à mão", que os cientistas de dados e experts em IA conseguiram por conta própria. Em alguns casos, o AutoML torna o aprendizado de máquina acessível pela primeira vez a equipes sem expertise em IA. Considerando o quanto o AutoML vem sendo bem-sucedido internamente, nós o disponibilizamos para outros desenvolvedores, sob a forma de um serviço, no Azure Machine Learning, e para não desenvolvedores em ferramentas como a Power BI, onde ele vem tornando o poder do aprendizado de máquina verdadeiramente acessível a públicos inteiramente novos. Devido a sua utilidade demonstrada e a sua perspectiva promissora, o AutoML é uma área muito ativa de pesquisa e desenvolvimento nos setores privado e acadêmico.

ENSINO DE MÁQUINA

Assim como os cartões de memorização são ferramentas limitadas para ensinar crianças, nossas melhores práticas atuais de rotulagem de dados e engenharia de dados são formas muito limitadas de ensinar um sistema de aprendizado de máquina supervisionado a fazer inferências em relação a dados. Patrice Simard, criador do ensino de máquina, escreveu: "Enquanto o aprendizado de máquina foca na criação de novos algoritmos e na melhoria da precisão dos 'alunos', a disciplina do ensino de máquina foca na eficácia dos 'professores'".[23]

Se eu quisesse criar um sistema de IA que reconhecesse todas as páginas da web que contêm receitas culinárias, usando técnicas típicas de aprendizado de máquina supervisionado, eu precisaria encontrar, talvez, centenas de milhares de exemplos de receitas, dentre as dezenas de bilhões de páginas da web — porque quero que todos os meus exemplos de treinamento sejam precisos; isto é, receitas de verdade, e não coisas sem relação, como instruções para cuidar do gato ou listas de fatos sobre um ator. Um ser humano que soubesse distinguir receitas dessas outras coisas teria que examinar cada página e rotulá-la. Como eu precisaria, em tese, de uma enorme quantidade de exemplos de treinamentos rotulados, precisaria de uma enorme quantidade de seres humanos, e isso levaria um tempo longuíssimo. E, mesmo depois de ter gastado o tempo e o dinheiro necessários para reunir todos esses exemplos rotulados, eu poderia obter um modelo que não funcionasse direito e teria que reunir dados diferentes para rodadas posteriores de treinamento.

O ensino de máquina busca facilitar para o ser humano, que é capaz de distinguir facilmente entre receitas e não receitas, transmitir ao sistema de aprendizado de máquina seu conhecimento em uma área como essa. Por exemplo, uma das coisas que um ser humano compreende facilmente em relação a uma receita é que, em geral, todas contêm uma lista de ingredientes. É improvável que aquilo que carece de uma lista de ingredientes seja uma receita, e é muito maior a probabilidade de que aquilo que tem essa lista seja uma receita. Portanto, em vez de simplesmente rotular as coisas como *receita* ou *não receita* e torcer para que o sistema de aprendizado de máquina entenda o que são listas de ingredientes, por que não ensinar o sistema a reconhecer listas de ingredientes como parte do ensino de reconhecimento de receitas?

O ensino de máquina é uma nova e incrivelmente promissora direção do aprendizado de máquina. Tem potencial para reduzir drasticamente a quantidade de dados e a engenharia de dados exigidas para treinar um modelo, e consequentemente reduzir o esforço de treinamento. Isso pode tornar o aprendizado de máquina significativamente mais acessível, tornando possível tanto para pequenas empresas quanto para gigantes de tecnologia construir modelos sob medida para os problemas que estão tentando resolver, bem como para organizações tanto grandes quanto pequenas resolver problemas em que a dimensão dos dados e/ou o orçamento não são grandes o bastante para a solução em questão. Também torna o viés um problema mais fácil de lidar. É bem mais fácil treinar um grupo pequeno de pessoas para reconhecer e lidar com o viés do que recrutar grandes grupos de rotuladores de dados ou pesquisar a internet inteira para analisar e lidar com vieses conscientes e inconscientes. O escritor Ted Chiang, mais conhecido pelo conto que inspirou o filme *A chegada*, explora a ideia do ensino de máquina, aliada a sistemas de simulação, em sua novela *The Lifecycle of Software Objects* [O ciclo de vida de objetos de software, em tradução livre]. A partir de um postulado do genial Alan Turing, de que uma alternativa a programar inteligência seria ensinar um "agente" a falar inglês e deixá-lo aprender com o tempo, como uma criança, Chiang explora cada estágio do desenvolvimento do agente, traçando seu progresso passo a passo.[24] A abordagem dele não é absurda — no fim das contas, o aprendizado de máquina, supervisionado ou não, exige muito acompanhamento, ensino, atenção e alimentação humana antes de ser capaz de fazer algo útil.

TUDO E NADA

Mesmo nas histórias da Antiguidade o ser humano já imaginava máquinas capazes de imitar a vida. Quando minha filha estudou mitologia grega na escola, disse que Hefesto devia ser o deus dos engenheiros, porque construía robôs em sua oficina. Ao longo dos séculos, o ser humano passou de contador de histórias sobre autômatos a construtor deles. Aparentemente, toda vez que fizemos o salto da imaginação para a realidade, atravessamos um ciclo de surpresa e incredulidade, seguido por espanto e otimismo delirante, passando ao medo e à ansiedade, até por fim chegarmos à compreensão e à aceitação das limitações do salto que foi dado.

Com a inteligência artificial, o ciclo começa com alguém afirmando que ou estamos muito longe ou estamos muito perto do ponto em que uma máquina será capaz de realizar algumas tarefas tão bem quanto o ser humano. Quando a máquina posteriormente supera o ser humano em uma dessas tarefas, entramos em um período de empolgação, em que questionamos nossa compreensão do que é fácil ou difícil, imaginamos as muitas outras coisas que as máquinas seriam capazes de fazer se conseguem fazer *isto* e começamos a fazer previsões chamativas sobre o futuro, em direções ora utópicas, ora distópicas. Desde que a oficina de Dartmouth, em 1956, fez várias previsões audaciosas sobre os feitos cognitivos que as máquinas logo seriam capazes de realizar, temos sido tão constantemente ruins em prever o futuro da IA, levando a tantas decepções quando essas previsões ousadas deixam de se concretizar, que os fiascos que geralmente sucedem os períodos de empolgação ganharam um nome: "invernos de IA".

Tivemos vários períodos de empolgação com a IA seguidos por invernos. É quase certo que agora estamos passando por um período de empolgação, o que significa, tomando emprestada uma expressão de George R. R. Martin, que o inverno está chegando. A IA não é a única iniciativa humana que apresenta esse padrão, e o ciclo de "tudo e nada" pode ser inevitável. Mas é lamentável, porque a hipérbole na hora do tudo, assim como o pessimismo na hora do nada, nos desviam do progresso constante em uma ferramenta que a cada dia se torna mais e mais útil.

Temo que o próximo inverno de IA tenha um impacto desproporcional em seus aspectos mais promissores pelo impacto positivo geral sobre a sociedade, principalmente por estarmos investindo menos nisso atualmente. As grandes instituições que financiam a IA hoje — grandes empresas de tecnologia e o governo chinês — têm uma compreensão profunda do valor que a IA pode criar e quase certamente continuarão a financiá-la em níveis elevados mesmo que a bolha da empolgação geral estoure. Os invernos de IA do passado, porém, fizeram minguar o financiamento público de pesquisas, diminuir o número de pessoas buscando capacitação avançada em IA e fecharem várias empresas pequenas. Se acreditamos que a democratização da IA — transformá-la em uma ferramenta que quase todos possam usar para atingir seus objetivos — é importante e que incentivar o uso da IA para o bem geral é necessário, um inverno de IA seria negativo, e devemos evitar que volte a ocorrer.

FALSA EQUIVALÊNCIA E MISTICISMO

As causas dos ciclos de "tudo e nada" são tão complicadas quanto o próprio ser humano. Creio, porém, que no caso da inteligência artificial exista um punhado de fatores que contribuem para os altos e baixos do setor. O primeiro é a falsa equivalência que as pessoas podem fazer entre os mecanismos das inteligências artificial e humana. Um cérebro e um software tentando imitar algum aspecto do comportamento humano são duas coisas bem diferentes. O cérebro humano contém cerca de 100 bilhões de neurônios, de 100 a 500 trilhões de conexões entre eles e opera gastando cerca de 25 watts de energia. As maiores redes neurais, até 2018, eram 10 mil vezes menores que um cérebro, exigindo várias ordens de magnitude de energia a mais. Além disso, essas redes, que são muito menores e de eficiência energética muito inferior aos cérebros, realizam computações que são meros fragmentos da inteligência humana plena.

Talvez mais embaraçosa que a tentação de comparar o cérebro com o hardware e o software digitais que alimentam a IA, a própria noção de "inteligência humana" é tão mal definida que a analogia com a inteligência artificial é arriscada. Ken Richardson escreve no livro *Genes, Brains and Human Potential* [Genes, cérebro e potencial humano, em tradução livre]:

> *A inteligência é vista como o ingrediente mais importante do potencial humano. Mas não existe nenhum modelo teórico universalmente aceito do que ela é (como existem modelos de outras funções orgânicas). Em seu lugar, os psicólogos adotaram metáforas físicas: velocidade mental, energia, força, potência etc., juntamente com modelos genéticos simplificados de como ela se distribui pela sociedade.*

Richardson, e um número cada vez maior de acadêmicos, acredita que as mensurações padrão de inteligência, por exemplo, os testes de QI, são indicadores ruins do potencial humano. De fato, muitas coisas que tradicionalmente acreditávamos serem indicadores de elevada inteligência humana, como o domínio de jogos de estratégia como xadrez e Go, a leitura de trechos de textos e a capacidade de responder perguntas a respeito deles, a tradução entre idiomas humanos etc., são coisas que as máquinas são prontamente capazes de fazer. Inversamente, existem tarefas que qualquer bebê é capaz de executar que são desafios formidáveis e insolúveis para as máquinas. Em uma famosa experiência comportamental, uma criança pequena assistia enquanto uma pessoa caminhava, com os braços carregados de objetos, em direção a um armário com as portas fechadas, fingindo frustração por não conseguir se desfazer dos objetos e liberar uma das mãos para abrir a porta do armário. A criança assiste, se levanta e abre a porta para o adulto. Esse simples ato de raciocínio sensato, que está dentro da capacidade de uma criança humana que ainda nem sabe falar, seria desafiador para os atuais sistemas de aprendizado de máquina.

Infelizmente, fazer uma falsa equivalência entre as inteligências artificial e humana é fácil. Eu mesmo me pego o tempo todo fazendo isso. Sempre que vejo um novo e surpreendente feito da IA, tenho tendência a começar a perguntar de imediato: *Se ela consegue fazer isso, o que mais seria possível?* E, a depender de eu estar em um estado de espírito otimista ou pessimista, posso enveredar pelo caminho do *Caramba, isto é realmente empolgante* ou pelo do *Ai, não, isso é meio assustador*. Ambos os caminhos, em geral, não dão em nada e tendem a gerar previsões ruins, o que é na melhor das hipóteses uma perda de tempo, e na pior um desvio de caminhos melhores e mais práticos que merecem ser explorados.

Quando a IA me deixa obcecado, seja positiva ou negativamente, faço o maior esforço para me acalmar e indagar a mim mesmo o que é que está me deixando assim. Caso sejam as possibilidades daquilo que vi, a pergunta seguinte que eu faço é se entendi de verdade o que está por trás da superfície dessa coisa nova. Já me empolguei tantas vezes com coisas que não deram em nada que faço o possível para não pressupor nada.

O famoso futurólogo e escritor de ficção científica Arthur C. Clarke disse certa vez que qualquer tecnologia suficientemente avançada é indistinguível da magia. Embora eu adore a obra de Clarke e compreenda que o ser humano tem uma longa história de atribuição de qualidades mágicas ou místicas a coisas complexas que não compreende, não sou muito fã desse modo de pensar. A IA é avançada, e de fato complexa. Passo a maior parte do meu tempo, todos os dias, trabalhando com alguns dos maiores especialistas em IA do mundo e há mais de quinze anos venho elaborando sistemas de aprendizado de máquina. E posso afirmar, sem um pingo de vergonha, que nem de longe estou perto de compreender tudo que há para compreender sobre IA (muitos colegas meus terão a maior satisfação em atestar esse fato!).

Mas a IA é uma obra humana de ciência e engenharia. Apesar de sua complexidade, compreendê-la está ao alcance de nossa capacidade. Não devemos atribuir propriedades mágicas ou místicas à tecnologia de IA apenas porque essa complexidade nos assusta. A IA é como qualquer outra disciplina técnica, com um punhado de pessoas focadas na teoria de como construir máquinas inteligentes, algumas trabalhando em experiências para refinar a teoria e outras ainda tentando criar coisas de uso prático com base em nossa compreensão teórica daquilo que é ou não é possível. Nas ciências naturais, podemos observar a maçã que cai da árvore. Podemos conjecturar o que levou a maçã a cair. Seu primeiro impulso, como cientista, seria observar a queda de maçãs com o maior rigor possível, realizar algumas experiências e identificar padrões a partir dessas observações. Em seguida, você formula uma teoria para o porquê da queda da maçã. Como todo bom cientista, o ideal é que sua teoria seja a mais genérica possível, isto é, que ela se aplique a outras coisas, além da maçã, atraídas para a superfície da Terra. Em seguida, você realiza novas experiências para tentar comprovar ou desmentir sua teoria. Quando você adquire confiança de que sua teoria é um bom modelo para algum aspecto do mundo natural, você a compartilha com outras pessoas, que a analisam, realizam suas próprias experiências e a refinam em maior ou menor medida. À medida que adquirimos confiança cada vez maior nessa teoria como um bom modelo, começamos a utilizá-la para criar coisas, desde teorias inteiramente novas a tecnologias alimentadas por ou dependentes dessa teoria.

É exatamente assim que funciona o desenvolvimento da IA. Pesquisadores e praticantes da área têm ideias sobre como imbuir um software de inteligência. Assim como a gravidade de Newton, no início desconhecemos qual mecanismo está por trás da aparente inteligência que estamos tentando modelar. Postulamos algumas teorias sobre o que está acontecendo, que podemos sem seguida modelar com matemática e computação. Algumas de nossas teorias se revelam bons modelos de certos tipos de comportamento inteligente; bons o suficiente, pelo menos, para elaborarmos softwares de IA úteis nas últimas décadas, e com utilidade cada vez maior nos últimos anos. Não tem nada de mágico acontecendo.

Abordar a IA com rigor científico é a única maneira real de ter influência sobre sistemas tão complexos. Atribuir propriedades mágicas à IA, apelando a suas qualidades metafísicas ou então nos rendendo à sua complexidade, não apenas nos distancia dos debates que podem afetar o desenvolvimento da IA, mas é uma autodepreciação. Nada disso é impossível de entender.

Isso não significa que você precise se tornar um especialista em IA. Significa apenas que, quando vir alguém dizendo isso ou aquilo sobre IA, precisa confiar em sua capacidade de contestar essas afirmações e de se aprofundar para entender.

CUIDADO COM OS MERCADORES DE ILUSÕES

No fundo das várias camadas de abstração sobre as quais se ergue a IA moderna está um conjunto de princípios e tecnologias bastante complexos. Existem dezenas de milhares de pesquisadores e engenheiros mundo afora tentando estender as fronteiras da IA, criando um corpus de pesquisa muito vasto; ele exige um grau profundo de expertise, que perpassa várias disciplinas da ciência da computação, da matemática e da neurociência; e vem evoluindo tão rapidamente que se manter totalmente atualizado é um desafio até para quem está nas trincheiras.

Um bom exemplo: no momento em que escrevo isto (dezembro de 2018), uma das conferências mais prestigiosas sobre IA, o Simpósio de Processamento Neural de Informação, mais conhecido como NeurIPS, acabou de ser realizado em Montreal. O melhor artigo da conferência, de autoria de um talentoso grupo de pesquisadores da Universidade de Toronto, foi "Equações diferenciais ordinárias neurais", em cujo resumo se lê:

Apresentamos uma nova família de modelos de redes neurais profundas. Em vez de especificar uma sequência discreta de camadas ocultas, parametrizamos a derivada do estado oculto usando uma rede neural. A saída da rede é computada usando um solucionador de equações diferenciais de caixa-preta. Esses modelos de profundidade contínua têm custo de memória constante, adaptam a estratégia de avaliação a cada input e conseguem trocar explicitamente precisão numérica por velocidade. Demonstramos essas propriedades em redes residuais de profundidade contínua e modelos variáveis latentes de tempo contínuo. Também construímos fluxos de normalização contínuos, um modelo generativo que pode treinar por probabilidade máxima, sem partição ou ordenamento das dimensões de dados. Como treinamento, mostramos como retropropagar escalavelmente ao longo de qualquer solucionador de equações diferenciais ordinárias (ODEs), sem acesso à sua operação interna. Isso permite treinamento de ponta a ponta de ODEs dentro de modelos maiores.

Esse resultado foi inesperado, uma conexão brilhante entre a área da IA chamada aprendizado profundo e a disciplina muito mais amadurecida dos métodos numéricos, e pode vir a ter um grande impacto sobre a forma como pensamos certos tipos de treinamento de redes neurais profundas.

Esse grau de detalhamento é necessário caso você esteja entre os cientistas ou pesquisadores tentando expandir a fronteira dos fundamentos da IA. Diante de tal nível de detalhamento, nenhum blá-blá-blá se sustenta diante da análise científica, de experiências bem elaboradas e do rigor matemático. Nos laboratórios e nas empresas, estamos tentando construir uma fortaleza intelectual que sustente ideias muito precisas, que ou se tornarão o próximo avanço, como as "equações diferenciais ordinárias neurais", ou nos farão voltar à página em branco. Opiniões impossíveis de verificar e especulações impossíveis de testar, quaisquer que sejam a reputação do especulador e o grau de sua convicção, são irrelevantes.

Eu interajo com muita gente, com diferentes graus de conhecimento e expertise em IA, e meus próprios conhecimentos dessa área aumentaram e diminuíram ao longo do tempo à medida que o campo progrediu. Quando se tenta entender todas as informações sobre IA que chegam, é essencial conhecer o seu próprio grau de conhecimento e o grau da pessoa que advoga uma opinião ou declara um ponto de vista.

O período em que senti maior confiança em relação aos sistemas de aprendizado de máquina foi quando estive direta e diariamente envolvido na criação deles. Nesses sistemas, eu sabia exatamente o que eles eram capazes ou não de fazer, estava cercado de outros especialistas e passava um tempo considerável rastreando as tecnologias de ponta nas áreas de IA relacionadas ao meu projeto. Eu me aprofundei, mas com bastante foco. Se eu lhe dissesse algo sobre como meu sistema ou um sistema similar funcionava, prestar atenção seria uma aposta acertada.

Mesmo quando eu estava tão fundo e focado, havia gente com muito mais especialização técnica que eu. Eram pessoas lutando ativamente para fazer avançar o estado da arte em algum aspecto da inteligência artificial. Gente que, em geral, tinha doutorado em ciência da computação ou matemática, ou um nível equivalente de experiência intensa e concentrada. É um campo complexo e em rápido progresso; por isso, tornar-se um especialista com expertise técnica exige, em parte, um alto grau de domínio de todos os métodos e ferramentas científicas, matemáticas e de engenharia necessárias para praticar esse ofício em seu mais alto nível. E exige, em parte, estar por dentro do incrível volume de trabalho que outros especialistas na sua área estão produzindo.

No limiar de toda disciplina, mais especificamente, abstrações tendem a surgir, desaparecer e reaparecer em um ritmo rápido. É preciso compreender não apenas o jorro de novas abstrações que seus colegas estão produzindo, mas também as ferramentas com as quais essas novas abstrações estão sendo produzidas. Obviamente, é preciso ter muita aptidão no manejo dessas ferramentas, de modo a ser capaz de produzir suas próprias inovações; mas você também pode ajudar a analisar o trabalho produzido por outros.

O artigo sobre as equações diferenciais ordinárias neurais é um excelente exemplo de trabalho produzido por especialistas com expertise técnica. A nova ideia criada por eles — a nova abstração, por assim dizer — foi modelar o interior de redes neurais profundas como um sistema de equações diferenciais ordinárias. Se você não entende o que isso significa, não se preocupe. É algo que ainda não tinha aparecido na literatura científica sobre redes neurais profundas e que exigiu um grupo de pesquisadores não apenas imerso na atual tecnologia de ponta em sua própria área de IA, mas também com a necessária sofisticação em matemática e no campo adjacente dos métodos numéricos, para perceber uma relação nova e aplicar um conjunto de técnicas clássicas de uma forma nova e interessante.

Ser um especialista com expertise técnica em uma área de IA não significa necessariamente que você é capaz de acompanhar tudo que acontece em todo o campo. É uma tarefa impossível para qualquer indivíduo, considerando o volume de trabalhos atuais em IA. Fazer o salto para uma área paralela da IA pode exigir que um especialista com expertise técnica gaste uma quantidade significativa de tempo apenas para se atualizar com as pesquisas atuais na nova área e invista no aprendizado de um novo conjunto de ferramentas em uso pelos especialistas dessa área.

Embora eu mesmo tenha construído e supervisionado muitos grandes projetos de aprendizado de máquina utilizados em grande escala, passei por períodos, nos últimos seis anos, em que fiquei constrangedoramente desatualizado, à medida que meu trabalho passou a ser menos de execução cotidiana de IA, enquanto o campo avançava despreocupadamente a um ritmo alucinante. Por exemplo, parei de me atualizar sobre aprendizado profundo enquanto aumentava a equipe de engenharia do LinkedIn, de 250 engenheiros em 2011 para 3100 em 2016. Quando pulei de volta para a IA como parte do meu trabalho cotidiano, fiquei espantado com a quantidade de coisas que tive de aprender.

Quando tento entender a conclusão de alguém sobre IA, costumo atentar para a amplitude do foco da pessoa em IA, a parcela do tempo que passa cuidando de IA e a especificidade do ponto de vista que ela está expressando. Quando essa pessoa tem o foco bem restrito, passa a maior parte do tempo cuidando de IA e expressa pontos de vista específicos relacionados ao próprio trabalho, aumenta muito a probabilidade de aquilo que ela está dizendo seja confiável e relevante, em vez de uma generalização excessivamente vaga de alguém muito distante do contato direto, que passe apenas uma pequena parcela de seu tempo trabalhando com IA.

Isso pode parecer óbvio, em especial considerando que também vale para outras coisas além da IA. Se você tem um problema cardíaco, provavelmente confiará mais nos conselhos do cardiologista que nos do clínico geral, e certamente mais nos do clínico geral que nos de uma pessoa que assiste a séries de TV sobre medicina. Vale a pena dizer isso, porém, porque as semelhanças que se costuma ver entre as inteligências natural e artificial se prestam a certas afirmações muito genéricas e muito seguras de si, a tal ponto que nem há como enquadrá-las cientificamente para um debate apropriado.

Não estou dizendo que, se você não estiver na trincheira, não tem como participar do debate sobre IA. Mesmo os que estão nas trincheiras precisam ser capazes de se envolver com a discussão mais ampla sobre o assunto. É um campo que avança muito rapidamente em várias frentes, e nem todos em IA estão na mesma trincheira. É quase impossível estar a par de tudo. Felizmente, não é preciso operar nos níveis de detalhe mais profundos para usar a IA contemporânea. É quase certo que qualquer leitor deste livro interage diariamente com tecnologias que incorporam graus variados de IA. Cada vez mais, desenvolvedores de software, de todos os níveis, podem utilizar abstrações de alto nível para incorporar IA à tecnologia que estão elaborando. E, como já observamos, alguns dos avanços mais promissores em IA podem colocar a capacidade de criar e construir com a IA nas mãos de gente sem experiência anterior de programação.

SIGA O DINHEIRO

Talvez meu conselho mais prático para quem queira entender os impactos que a IA vem tendo em sua vida é tentar descobrir quem está lucrando com ela. Quem está ganhando dinheiro? Desde a onda que levou para nossas vidas a internet para o público geral, nossa transação com a maioria das empresas de internet consiste em usar gratuitamente seus serviços em troca do fornecimento de dados sobre nós mesmos, posteriormente usados para criar produtos e serviços mais atraentes, desenvolver mais rapidamente esses serviços e enviar anúncios aos quais temos mais probabilidade de responder. Essas empresas ganham mais dinheiro à medida que ganham mais usuários, à medida que os usuários utilizam mais seus produtos e à medida que conseguem exibir anúncios cada vez mais atraentes. Trabalhei e ajudei a montar duas empresas que obtêm dessa forma a maior parte de seu faturamento.

Não é uma barganha necessariamente ruim. Só precisamos estar todos cientes de que existem sistemas de aprendizado de máquina no âmago da maioria das aplicações sustentadas por publicidade. Como vimos, os sistemas de aprendizado de máquina são excelentes para otimizar exatamente aquilo que você os ensina a otimizar. Se os sistemas de aprendizado de máquina forem otimizados apenas para conseguir mais usuários, mais engajamento e ganhar mais dinheiro, é exatamente o que você terá, juntamente com quaisquer efeitos colaterais que isso acarrete.

Da próxima vez que navegar pela web ou usar seu aplicativo favorito, pergunte a si mesmo por que você está fazendo aquilo que faz. Por que você está clicando no link, usando seu tempo para ler um conteúdo, dando um like no post de um amigo ou compartilhando um artigo? Por que mostraram a você o que mostraram, e quem lucra com a sua interação com aquilo? Você está recebendo de volta um valor justo? São perguntas perfeitamente razoáveis de fazer e que você não deve hesitar em fazer em outros aspectos de sua vida que são transações comerciais. Quando a parte na outra ponta da transação é um algoritmo de aprendizado de máquina, provavelmente é ainda mais importante que você exija compreender o que está acontecendo do que se fosse um representante de vendas querendo fazer negócio ou um operador de telemarketing tentando convencê-lo a comprar alguma coisa.

Não estou sugerindo que esteja ocorrendo algo sinistro. Sem esse modelo de negócio, muitas coisas que enriquecem as nossas vidas — como os motores de busca, por exemplo — não existiriam. Eu utilizo serviços "gratuitos" na internet o tempo todo, plenamente ciente de que o preço que pago é o uso dos meus dados. Na maior parte do tempo, não há problema nisso. E, quando há, tento pagar pelo serviço, edito minhas configurações para garantir um grau aceitável de privacidade ou procuro um serviço alternativo. Busco, acima de tudo, estar sempre atento àquilo que estou consumindo ou fazendo e pergunto a mim mesmo se recebo em troca um valor justo e se estou no controle ou sendo manipulado. Quando acho que a troca de valor é injusta ou que estou sendo manipulado, propositalmente ou não, altero meu comportamento.

Judy Estrin e Sam Gill propuseram o conceito de "poluição digital"[25] como um mecanismo para compreender e lidar com os efeitos colaterais dos sistemas algorítmicos e de aprendizado de máquina que tentam extrair valor comercial da atenção humana. Eles escreveram:

> *A poluição digital é mais complicada que a poluição industrial. A poluição industrial é o subproduto do processo de produção de valor, não o produto em si. Na internet, o valor e o dano são, muitas vezes, uma coisa só [...]. A tarefa complicada de identificar onde devemos sacrificar certo valor individual para evitar um dano coletivo será crucial para conter a poluição digital. Nossas decisões são informadas pela ciência e pelos dados, mas são nossas prioridades coletivas que, no fim das contas, devem determinar aquilo que fazemos e como fazemos.*

Podem-se desenvolver outros raciocínios para lidar com os efeitos colaterais dos modelos de negócio alimentados pelo aprendizado de máquina e voltados para a atenção. Mas esse é um bom começo. Claramente, chegamos a um momento em que não podemos mais fingir que não há efeitos colaterais e aceitar a inação como resposta adequada. Há quem tema o espectro de uma IA que adquira inteligência sobre-humana e que represente uma ameaça existencial à humanidade, como a Skynet, do filme *O exterminador do futuro*. Isso me preocupa muito menos que os efeitos colaterais impensados de algoritmos de aprendizado de máquina completamente explicáveis, inocentemente voltados para objetivos comerciais aceitáveis, como tornar um produto o mais atraente possível.

INTELIGÊNCIA ARTIFICIAL GERAL

Em uma manhã de fim de verão, Dario Amodei discursou para um pequeno grupo de cientistas de IA no Prédio 99 de nossos laboratórios em Redmond. Dario comanda a pesquisa de segurança de IA na OpenAI, uma empresa sem fins lucrativos de pesquisa de IA, que descreve a si mesma como "descobrindo e trilhando o caminho da IA segura". Originalmente era financiada por indivíduos como Elon Musk e Reid Hoffman, assim como por empresas de tecnologia. No verão de 2019, ajudei a liderar um investimento plurianual de 1 bilhão de dólares na OpenAI para desenvolver uma plataforma de criação de novas tecnologias de IA e cumprir a promessa da inteligência artificial geral. O título da apresentação de Dario chamou minha atenção: "Segurança em IA através da integração humana no ciclo de treinamento".

"Os sistemas de aprendizado por reforço fizeram enormes progressos na otimização de funções de recompensa fixas e bem definidas (como em jogos como Dota e Go), mas não são tão bem-dotados para a busca de objetivos complexos, que incorporam valores ou juízos humanos", escreveu ele. Essa incapacidade de traduzir intenções humanas em comportamento (ou o ciclo lentíssimo de realização disso, através da especificação matemática das funções de recompensa) pode resultar em consequências inesperadas e problemas práticos de segurança. A pesquisa dele foca no aprendizado a partir das preferências humanas, ou do treinamento *human-in-the-loop*.

Amodei aponta que as falhas da IA podem, em geral, ser atribuídas a um de três problemas — um problema com o algoritmo; um problema relacionado à "pilha de software"; ou um treinamento da IA para a função objetiva errada, a recompensa errada. Ele demonstrou isso apresentando um game programado por sua equipe em que uma lancha era recompensada por dar voltas em um circuito aquático. A falha ficava óbvia de imediato. A embarcação virava para lá e para cá, batendo nos objetos e até pegando fogo, mas ganhava pontos — recompensas — porque fazia equivocadamente aquilo que o desenvolvedor tinha priorizado em seu modelo de aprendizado por reforço. O barco de IA tinha aprendido como turbinar a aceleração, provocando incêndios, mas ganhando vários pontos. Ele girava pelo circuito, acumulando pontos do jeito que desse. Em seguida, ele apresentou um braço robótico treinado para fazer um disco avançar de um lado para o outro de uma mesa na direção de um alvo na extremidade oposta. Quando o disco se aproximava da meta, o braço robótico balançava a mesa ligeiramente para cumprir seu objetivo. Não era o ideal, mas funcionava.

Essas recompensas não correspondiam ao que realmente se desejava. Portanto, era necessário colocar um humano no meio do ciclo.

O tipo de IA que a OpenAI busca se chama "inteligência artificial geral" (IAG), às vezes chamada de "IA forte". É o tipo de IA que os pioneiros da inteligência artificial buscavam criar no nascimento da IA, na oficina de Dartmouth de 1956, inteligência artificial que seria indistinguível da inteligência humana para tarefas cognitivas arbitrárias. Embora o sonho da IAG exista pelo menos desde 1956, e provavelmente antes, remontando talvez até à Antiguidade, o progresso tem sido extremamente lento e frustrante. Tivemos mais momentos em que nos julgamos próximos e que acabaram em decepção do que avanços significativos. Porém, com o aprendizado por reforço e o aprendizado não supervisionado, boa parte do conhecimento do mundo representado de um jeito ou de outro na internet e um poder de processamento que aumenta a um ritmo alucinante, aumentou a esperança de viabilidade da IAG em um futuro mais próximo do que jamais esteve desde os anos 1950 ou 1960.

Atingir a IAG não é uma aposta garantida, porém, e as opiniões sobre quando ou se conseguiremos alcançá-la variam enormemente entre os especialistas. As estimativas sérias mais otimistas falam em cinco a dez anos, e as mais pessimistas em nunca. Quem quer que lhe diga com certeza absoluta quando a IAG chegará provavelmente estará enganado.

Por que é tão difícil fazer essa previsão? Um dos motivos é que a meta da IAG de emular a inteligência humana é um dos problemas mais complexos que o ser humano já atacou. Infelizmente, nossas próprias definições de inteligência são imperfeitas, e não muito úteis, ao tentar definir o que a IAG pode ou deve ser. Mais importante que isso, talvez, nossa compreensão de como o cérebro funciona e de como manifesta a inteligência humana ainda é mal compreendida. Já entendemos parte das estruturas microscópicas do cérebro. Sabemos o que é um neurônio e o que são axônios, dendritos e sinapses. Sabemos o que é um neurorreceptor. Compreendemos como essas estruturas microscópicas funcionam isoladamente e um pouco como elas interagem quando estão próximas. Compreendemos parte da neuroquímica do cérebro. Sabemos como os neurônios usam essas estruturas e a química para transmitir sinais de si próprios para os outros neurônios conectados. Já entendemos isso há algum tempo e, na verdade, essa compreensão ajudou no desenvolvimento das redes neurais artificiais, lá nos anos 1940.

Aquilo que não entendemos tão bem é como essas estruturas microscópicas do cérebro se juntam de uma forma que resulta na inteligência humana. Com aproximadamente 100 bilhões de neurônios no cérebro humano e um neurônio conectado, em média, a mil outros, pode levar muito tempo até caracterizarmos plenamente o funcionamento do cérebro e chegarmos a uma compreensão da inteligência humana de uma perspectiva neurobiológica.

Mesmo que você acredite que as redes neurais artificiais são o equivalente digital exato das biológicas — e não deve acreditar —, e mesmo que tivesse a capacidade de treinar uma DNN com 100 trilhões de sinapses (parâmetro) — e não temos, ainda —, a IAG é quase certamente mais complexa que treinar essa imensa DNN usando todo o conhecimento do mundo. Essa DNN gigante ainda não possuiria estrutura neural equivalente à de um ser humano, estrutura que evoluiu ao longo de horizontes de tempo longuíssimos, que não compreendemos inteiramente.

Isso não quer dizer que a busca pela IAG seja em vão. Bem ao contrário, o problema em si é tão fascinante que continuamos a fazer tentativas de resolvê-lo mesmo depois de seis décadas de lento progresso. As duas grandes organizações que estão tentando chegar à IAG, a OpenAI e a DeepMind, têm feito descobertas extremamente úteis na busca dessa meta de longo prazo. Muitas dessas descobertas vêm sendo compartilhadas com o restante da comunidade de IA, em softwares de código aberto e artigos acadêmicos, o que vem ajudando a acelerar outros esforços de IA sem relação com a IAG. Algumas dessas descobertas terão utilidade comercial e poderão aparecer em produtos e serviços que nos beneficiam. A busca pela IAG propriamente dita também pode se revelar uma forma incrivelmente útil de os cientistas compreenderem melhor os mecanismos da inteligência humana.

Como empresa de plataformas, a Microsoft tem interesse em propiciar as melhores ferramentas e infraestrutura possíveis para os pesquisadores e praticantes da IA, por mais ambiciosas que sejam suas metas. No momento em que escrevo, em 2019, não estamos tentando ativamente criar nossos próprios sistemas de inteligência artificial geral. Mas temos orgulho das parcerias com gente que vem trabalhando na IAG, e tenho intensa curiosidade em relação ao processo de descoberta em andamento. A ambição deles nos ajuda a investir em plataformas de IA cada vez maiores e melhores que depois poderemos tornar disponíveis para todos.

Muitos expressaram receios em relação à IAG, embora o ponto mais baixo desse receio, pelo menos até agora, aparentemente tenha ocorrido em 2018. Elon Musk e Stephen Hawking, por exemplo, afirmaram que a IAG é uma ameaça existencial à humanidade, e Musk vem clamando publicamente por uma severa regulamentação há vários anos. O que seria essa severa regulamentação não está claro. Mas o medo e a ansiedade que a simples ideia da IAG provoca em alguns são mais que evidentes.

Apesar dessas preocupações, acredito de fato que precisamos refletir muito cuidadosamente sobre qualquer regulamentação potencial da IAG. Ninguém sabe exatamente que passos seriam exigidos para atingir a IAG, muito menos uma IAG mal-intencionada ou destrutivamente indiferente. Caso, por exemplo, quiséssemos regulamentar a IAG como fazemos com as armas, e considerando o estado atual das coisas e nosso atual conhecimento de como a IAG funcionaria, poderíamos criar rapidamente um regime regulatório que não apenas tornaria muito mais difícil colher os muitos benefícios positivos da IAG, por medo dos malefícios, mas também, com esse raio de alcance regulatório, dificultaria o desenvolvimento de IA comum ou até mesmo de softwares normais.

Por quê? Voltando à analogia com as armas, nós regulamos seu desenvolvimento e seu uso — como fazemos com as armas nucleares — tornando ilegal possuí-las e controlando rigorosamente os ingredientes cruciais para fabricá-las. Não é uma das coisas mais fáceis de fazer, mas armas são objetos físicos, e é razoavelmente sabido como construí-las. Isso significa que podemos redigir uma regulamentação minuciosa, definir processos de monitoramento, assinar tratados etc. em que a detecção e o cumprimento das normas sejam bem sabidos e definidos de forma estrita, de modo a prevenir o tipo de dano que queremos evitar.

A IAG, por sua vez, não é uma coisa física, e os ingredientes para sua criação são ideias humanas transformadas em código. Além disso, não sabemos sequer quais ideias levarão à IAG, muito menos o escopo integral do tipo de coisa ruim que a IAG poderia fazer que desejaríamos prevenir. Quando se começa a pensar em como regulamentar as ideias erradas e nossa capacidade de transformar essas ideias em código escrito, uma série de coisas que hoje são consideradas liberdade de expressão poderiam se tornar ilegais. Isso não quer dizer que não deva haver regulamentação. Simplesmente temos que refletir muito, muito, sobre como ela seria.

Então, até que ponto devemos nos preocupar com a IAG? E como situar essas preocupações no contexto mais amplo das coisas mais imediatas com que devemos nos preocupar em relação à IA convencional, em relação àquilo que já está acontecendo e àquilo que temos bastante certeza de que vai ocorrer em breve?

Acredito piamente que é prudente e razoável nos acautelarmos contra a criação de uma IAG que faça mal ao ser humano, ou, para ser mais veemente, que faça qualquer coisa que não atenda ao interesse da nossa espécie. Codificar o que isso significa, exatamente, seria difícil. Isaac Asimov, futurólogo e autor de ficção científica, é famoso pelas suas "três leis da robótica":

1. Um robô não pode ferir um ser humano, ou, por inação, permitir que um ser humano seja ferido.
2. Um robô deve obedecer a ordens dadas pelos seres humanos, a menos que essas ordens entrem em conflito com a Primeira Lei.
3. Um robô deve proteger a própria existência desde que tal proteção não conflite com a Primeira ou a Segunda Lei.

Embora possa ser uma simplificação grosseira, acredito que precisemos de um equivalente das Leis de Asimov para a IAG. Também acredito que a OpenAI possua atualmente a melhor e mais simples formulação daquilo que deve ser a boa governança de IAG. Se você ler a Carta da OpenAI,[26] nela a direção do laboratório de pesquisa se compromete com ações específicas que garantam que o trabalho do grupo com IAG gere benefícios amplamente disseminados, com foco específico na segurança de longo prazo, no investimento em excelência técnica e em orientação cooperativa. No momento em que escrevo, eles já tomaram várias atitudes condizentes com essa carta. Criaram uma nova estrutura financeira, chamada "corporação para o benefício público", que lhes permite financiar sua carta nos níveis mais altos, mas que estabelece um teto fixo para os rendimentos de investidores e funcionários, além de transferir os rendimentos acima e abaixo desses níveis para uma organização não lucrativa, com governança pública, a fim de garantir que a maior parte do valor de uma IAG existente vá para o público. O comitê de revisão de segurança também decidiu recentemente não distribuir publicamente um novo modelo de linguagem, considerando usos potencialmente perigosos, entre eles a possibilidade de ser usado para criar fake news.

CAPÍTULO 8

IA: ameaça ou bênção para os empregos?

―

Recordando aquela noite em que fiquei em casa, fritando na cama, tentando visualizar o que eu poderia fazer para ajudar a reativar o mercado de trabalho e as oportunidades econômicas em Campbell County, fiz um balanço da experiência em ciência da computação que acumulei ao longo dos anos e em seguida tentei traçar um elo entre esse conhecimento e a mão de obra disponível em comunidades rurais como Gladys, Rustburg, Brookneal e outras cidadezinhas que pontuam a região. Muitas vezes, o debate sobre IA e empregabilidade humana termina onde começa o nervosismo. O que farão para encontrar emprego o atendente da mercearia, o frentista, o caixa de banco, o agricultor, quando tecnologias avançadas assumirem suas tarefas? Qual é o futuro do emprego para esses trabalhadores? Foi isso que me fez passar a noite em claro.

Desde então, me encontrei com vários especialistas e li muita coisa sobre as tendências do emprego, sobretudo nos setores industrial e agrícola. A verdade é que os softwares e o controle informatizado já tiveram um forte impacto sobre esses setores de trabalho. A maioria dos especialistas foca nos impactos negativos que as linhas de montagem robotizadas tiveram sobre os empregos braçais: o trabalho automático, repetitivo, sujeito a erros, de baixa qualificação, que há décadas a indústria tenta tornar mais eficiente. A automação e a globalização são apenas duas dentre várias formas de aumentar a produtividade da economia. Porém, segundo o blog FRED, do Federal Reserve Bank of St. Louis, os empregos industriais, como percentual da força de trabalho total dos Estados Unidos, vêm declinando de forma constante há décadas, muito antes de a globalização ou a automação se tornarem fatores importantes de aumento da eficiência. Mesmo sem a IA, a tendência continuaria a ser de queda, até se chegar a um ponto de equilíbrio em que uma fração muito diminuta da população fosse capaz de atender às demandas do todo.

Vimos a mesma tendência na agricultura desde o início da Revolução Industrial. A depender da fonte dos dados, no século XVIII cerca de 75% da população em idade de trabalhar ganhava a vida com a agricultura. Nos Estados Unidos, depois da Segunda Guerra Mundial, eram 13,5% da população, e o declínio foi constante desde então, até o 1,5% atual. Um gráfico da Federal Reserve Economic Data mostra o percentual de empregos na agricultura, nos EUA, em relação à força de trabalho civil desde o início de 1948. A taxa de declínio é a mesma até aproximadamente a virada do milênio, onde se parece ter chegado a um ponto de equilíbrio, em que aproximadamente 1,5% da população consegue dar conta da necessidade industrial do conjunto. Sem IA. E não estamos torcendo pela volta do mundo em que vivíamos da agricultura de subsistência.

Tendo deixado de lado todo o ruído sobre um apocalipse da empregabilidade humana provocado por robôs de IA, comecei a pensar de forma mais clara. Na verdade, existem muitas razões para otimismo — mas vai dar trabalho. Sabemos que continuará a crescer a demanda por engenheiros de software, pesquisadores, cientistas de dados e especialistas em aprendizado de máquina. Também sabemos que a IA vai demandar escritores, advogados, professores e outros profissionais talentosos para treiná-la e seus *bots* inteligentes. Certo, pessoas com educação superior continuarão a prosperar. Mas e quanto aos trabalhadores de baixa e média qualificação?

Elisabeth Mason, do Laboratório de Pobreza e Tecnologia da Universidade Stanford, lembrou-me de uma coisa que Reid Hoffman, o fundador do LinkedIn, sabe muito bem. "Mesmo no momento em que a IA ameaça roubar os empregos das pessoas, ela pode ao mesmo tempo ser usada para casá-las com bons empregos de classe média que não estão sendo preenchidos. Casamentos assim são exatamente o tipo de problema em que a IA brilha." Ela pode até prever onde vão aparecer essas vagas de trabalho.

Foi aí que eu comecei a refletir mais ainda. Pesquisadores da McKinsey & Company analisaram as limitações inerentes ao aumento de escala da IA. Limitações da IA são oportunidades para seres humanos. A limitação número um é a rotulagem de dados. Os modelos de IA precisam ser treinados e é preciso empregar seres humanos para coletar, organizar e rotular conjuntos de dados maciços cada vez maiores. Em geral, são necessários seres humanos para explicar os dados, interpretá-los e zelar contra o viés neles e nos algoritmos. São empregos para os mesmos trabalhadores agrícolas e industriais com os quais nos preocupamos.

Na agricultura, foi inspirador assistir a inovadores como a Plenty, uma fazenda cem por cento autônoma em San Carlos, na Califórnia, financiada por capital de risco. Eles estão plantando o equivalente a doze hectares em menos de um hectare, em um galpão, dentro de uma fazenda robotizada. Toda a produção acontece em menos de quinhentos metros quadrados, e mais ou menos o dobro dessa área se você incluir o espaço para as mudas e os sistemas térmicos para criação do clima. Não apenas é mais eficiente, mas a IA ajuda a garantir que eles não percam uma única planta. Além disso, os chamados "produtos frescos", que na verdade viajam mais de três mil quilômetros da fazenda para a feira, agora podem ser distribuídos bem mais perto do local de consumo. Da mesma forma, a Bowery Farming, de Nova Jersey, vem criando novos empregos plantando verticalmente em uma zona industrial. Algoritmos e robôs ajudam a garantir que a quantidade exata de luz e água chegue às plantas, na temperatura ideal. Dá para plantar mais, em menos tempo, sem pesticidas. E uma vez mais, como a automação torna a agricultura local, em pequena escala, mais competitiva, aumenta o potencial de criação de empregos em um número maior de comunidades em relação à agricultura de grande escala.

Do lado industrial, comecei a imaginar uma nova oportunidade de negócio. Vamos supor que exista uma empresa fictícia, chamada Mid-Atlantic AI, Inc., localizada em um galpão abandonado de secagem de folhas de tabaco ou em uma antiga fábrica de móveis ou tecelagem na região central da Virgínia. Em um futuro próximo, haverá uma necessidade cada vez maior de empresas como a que estou imaginando para rotular e estruturar dados e depois para treinar a tecnologia de IA no uso desses dados.

Em setembro de 2019, o jornal *Times of India* publicou uma reportagem sobre como a IA vem criando empregos em vez de os roubando. A matéria contava que famílias pobres estavam aprendendo a comentar imagens de modo que essas imagens servissem para treinar modelos de dados de IA. "Agora eu recebo salário em dia, trabalho em um escritório e também posso passar mais tempo com minha família", disse um trabalhador. Há quem especule que até a rotulagem de dados vai se tornar obsoleta, mas os especialistas apontam que a precisão, a sutileza e a sofisticação necessárias para rotular dados exigirão seres humanos para revisá-los, auditá-los e monitorá-los.

A empresa com a qual trabalhei quando estudei no Lynchburg College, a Electronic Design and Manufacturing (EDM), montava pequenas séries de placas de circuitos eletrônicos, e um dos equipamentos que usavam no processo de fabricação era um forno de refluxo de infravermelho. Esses fornos se parecem com fornos de pizzarias, derretendo pasta de solda de chumbo, que passa por uma tela para uma placa de circuito impresso onde foram instalados pequenos componentes eletrônicos — em geral, por um robô chamado coloquialmente de máquina *pick and place*. Quando a solda derrete, os componentes eletrônicos formam conexões mecânicas à placa. Essa tecnologia é onipresente, usada para manufaturar as centenas de placas que existem em quase tudo que você possui.

Suponha que uma empresa, um futuro cliente da Mid-Atlantic, que fabrique fornos de refluxo de infravermelho para fabricantes de placas de circuito, ligue pedindo para criar uma nova versão de seu forno, que use câmeras e IA para inspecionar automaticamente e apontar placas que saiam do forno com defeitos de soldagem. A solda por refluxo de infravermelho pode apresentar vários tipos de defeito, a maioria deles detectável por inspeção visual. Se a solda for feita incorretamente na placa, o fabricante pode acabar com ligações incompletas. Se as condições do refluxo não forem ideais, o resultado é algo conhecido como *tombstone* (lápide, em inglês): pequenos calombos nos componentes, que se erguem em uma das pontas como pequenas lápides, porque um lado foi soldado corretamente e o outro não. Esses defeitos, quando detectados, têm que ser identificados por inspeção visual humana, com lupa ou microscópio. É um processo demorado e sujeito a erros, e os fabricantes de fornos de refluxo de infravermelho consideram que os clientes aceitariam pagar um extra para automatizá-lo. Porém, esse fabricante de fornos de refluxo não tem expertise em IA, apenas suspeita que ela poderia ajudar. É aí que a Mid-Atlantic AI, em Campbell County, na Virgínia, chega para salvá-lo.

A Mid-Atlantic AI faz uma consultoria com o fabricante de fornos para instalar câmeras nos fornos de alguns clientes e tirar fotos das placas que saem desses fornos — de todos eles, quer tenham, quer não tenham defeitos. Também reúne uma fototeca de imagens de circuitos defeituosos, fornecida pelo fabricante de fornos, e identifica na web repositórios de imagens dos tipos de placas produzidas pelo soldador de refluxo. A empresa envia alguns treinadores de IA para os clientes do fabricante de fornos, para acompanhar por alguns dias o trabalho da equipe de garantia de qualidade e aprender aquilo que essa equipe busca em termos de defeitos.

Na sede da empresa, os treinadores de IA começam a rotular as imagens que coletaram e as recebidas do cliente como defeituosas ou não, com base naquilo que aprenderam sobre garantia de qualidade de placas de circuitos. Uma equipe de dez treinadores passa duas semanas rotulando imagens e produz 24 mil imagens de placas. Com uma taxa efetiva de 3% de defeitos, descobrem 720 imagens de defeitos. A isso, acrescentam imagens fornecidas pelo fabricante e imagens pesquisadas na internet.

Com ferramentas de ensino de máquina, descrevem com maior precisão a natureza dos defeitos para o sistema de aprendizado de máquina. Enviam os dados de treinamento a um cientista de dados, que cria um modelo relativamente simples, usando PyTorch e GPUs na nuvem. O modelo é configurado para ser bastante rigoroso, raramente atribuindo uma nota "100% OK" a placas que apresentem algum defeito, mesmo que isso represente julgar defeituosas placas que na verdade não são.

Suponhamos que os inspetores humanos que examinam as placas que saem do forno de refluxo acertem 95% das vezes. Se a taxa real de defeitos for de 3% e eles examinarem 10 mil placas, trezentas terão defeitos, e eles dirão que 5% delas, ou quinze placas, são boas, quando na verdade não são. Essas serão enviadas a clientes que, em algum momento, terão que lidar com o defeito do produto. Não é a melhor das experiências para esse pequeno número de sujeitos azarados e é um desperdício de tempo e dinheiro para todos.

O sistema de IA rigoroso que a Mid-Atlantic treinou é capaz de obter uma taxa de falsos negativos de 1% e uma taxa de falsos positivos de 10%. Em outras palavras, vai deixar três das trezentas placas defeituosas passarem pela inspeção, sob pena de apontar mil placas como defeituosas. Essas mil placas apontadas vão ser enviadas a inspetores humanos, que, novamente com uma precisão de 95% e uma taxa de defeitos efetiva de 3%, deixarão apenas uma ou duas placas defeituosas, das mil iniciais, chegarem às mãos do cliente.

Sem a ajuda da IA no processo de inspeção, os inspetores teriam que examinar 10 mil placas e enviariam quinze defeituosas aos clientes. Com a ajuda, eles têm que inspecionar apenas mil placas, e apenas quatro ou cinco defeituosas irão para os clientes. Com um décimo do esforço, o cliente recebe três vezes menos placas defeituosas. O fabricante de fornos conclui rapidamente que esse resultado é melhor, que os clientes vão ficar empolgados com a perspectiva de fabricar um produto de melhor qualidade a um custo inferior para o cliente, e essa nova tecnologia de automação permitirá que eles vendam mais fornos, a um preço mais elevado. O custo de desenvolvimento do modelo foi inferior a 75 mil dólares, o que cabe perfeitamente no orçamento de P&D e é bem menos caro do que contratar seus próprios especialistas para completar o projeto dentro da empresa. E nem é certo que eles conseguiriam recrutar uma equipe própria de IA, considerando a provável escassez desses profissionais, que ainda vai durar algum tempo.

Como parte do contrato, por 10 mil dólares mensais a Mid-Atlantic AI concordou em treinar e prestar assistência de qualidade para um novo modelo de refluxo defeituoso, com base nas imagens rotuladas de placas defeituosas e não defeituosas, fornecidas pelo fabricante a partir do uso efetivo. Isso, por sua vez, permite que o fabricante venda um "serviço de assinatura" aos clientes, para o fornecimento de novos modelos, o que ajuda a personalizar as máquinas conforme a necessidade do cliente, aumentando sua precisão com o uso.

Pode parecer um pouco com ficção científica, porém, como já comentei, tanto no Vale do Silício quanto na China as empresas já estão fazendo um trabalho parecido para o crescente setor de IA. E já estamos constatando que o uso da IA e da automação avançada em pequenos serviços de manufatura permite que essas empresas tenham preços mais competitivos, façam lances e obtenham mais serviços, que do contrário poderiam ser feitos fora dos EUA, e por conseguinte cresçam e gerem novos empregos.

É bem verdade que a IA e as tecnologias de automação, de maneira mais ampla, representam uma ameaça a uma vasta gama de empregos. A maioria das tarefas repetitivas, de alta regularidade, sejam elas de baixa ou alta qualificação, provavelmente serão realizadas por máquinas em algum momento de um futuro não tão distante. É menos uma questão de "se" e mais uma questão de "quando" isso fará sentido economicamente: quando o custo do uso da automação cairá abaixo do custo da mão de obra humana equivalente exigida para a realização de uma tarefa? Isso, porém, provavelmente está mais distante no futuro, para a maioria dos trabalhos, do que imaginamos. Um estudo de 2013 da Universidade de Oxford concluiu que 47% dos empregos nos EUA corriam risco de automatização nos próximos vinte anos.

Porém, quatro anos depois, os pesquisadores de Oxford voltaram atrás, em estudo com a Pearson, uma empresa do setor da educação, e a Nesta, uma fundação voltada para a inovação. A conclusão nova foi que os empregos de amanhã serão mais exigentes tecnicamente, mas não vão desaparecer.

Ao longo do caminho, porém, haverá disrupção. Vamos conhecer um desses ansiosos disruptores.

Era um desses dias gloriosos de outono na Califórnia e eu estava entusiasmado para encontrar Rob Goldiez, cofundador de uma inovadora empresa de aluguel de robôs, a Hirebotics, em uma pizzaria morro abaixo da minha casa em Los Gatos. Rob mora em Nashville, no Tennessee, e sua clientela fica no Meio-Oeste. Visitas ao Vale do Silício são bastante raras para ele. Sempre renova as ideias fazer os empreendedores de tecnologia da Costa Oeste aprenderem com um colega da América profunda.

Pedimos pizza e entramos direto na discussão sobre o futuro da indústria e da automação. Rob inspirou-se para criar a Hirebotics lendo o livro *De zero a um*, de Peter Thiel, que deixou claríssimo para ele que uma nova oportunidade viria da união de robôs mais baratos com a computação mais poderosa na nuvem e a tendência dos fabricantes de alugar em vez de comprar. A empresa de Rob é, essencialmente, uma agência de empregos temporários *hi-tech* para robôs, e vem crescendo. Onde quer que haja um ser humano diante de um aparelho durante várias horas por dia, realizando uma tarefa repetitiva turno após turno, um robô da Hirebotics pode fazer o serviço de forma mais rápida e mais barata. Rob reconhece que o ser humano fica na defensiva quando vê um robô com braços e mãos capaz de se mexer para lá e para cá, como ele mesmo. Mas não demora para ele perceber que o robô é uma boa ideia. As tarefas ideais para os robôs são monótonas, e em alguns casos até perigosas. Enquanto isso, outros empregos, que exigem habilidade e imaginação, continuam sem serem preenchidos. Uma conhecida rede de pizzarias nos EUA usava seres humanos para empilhar carrinhos de massa de pizza, em um armazém central, a temperaturas perto de zero, o dia inteiro. Um robô assumiu essa tarefa. Rob conta que a empresa pôde realocar os funcionários em tarefas mais produtivas. O mesmo ocorreu com uma grande montadora de carros, que precisava de gente para encher saquinhos com parafusos para atender a um *recall* de peças. Na juventude, quando trabalhei na EDM, no chão de fábrica, realizei incontáveis tarefas repetitivas, que poderiam ser automatizadas, liberando-me para fazer uma das infindáveis coisas que precisam ser feitas para tornar uma empresa bem-sucedida.

Rob me conta que nunca ouviu falar de um cliente seu ter reduzido a mão de obra, só aumentado. Na verdade, afirma, seus sócios recusariam clientes que pensassem nos robôs como forma de substituir pessoas. Não por algum motivo altruísta, mas porque, segundo ele, clientes assim são tão avarentos que não se importam com a qualidade. Os clientes o procuram porque têm problemas trabalhistas — alta taxa de rotação e pedidos de demissão. Os robôs ajudam a criar estabilidade no trabalho.

A Hirebotics está na dianteira da criação de indústrias cada vez mais competitivas e produtivas. Também está livrando as pessoas de tarefas penosas. A filosofia de Rob é que, se o metal que seus robôs rebitam é o mesmo na China e nos EUA, por que enviar a matéria-prima para o exterior, quando a mão de obra robótica é mais barata em Ohio ou Michigan? Assim como Rob, prefiro ver as empresas tirando proveito de materiais produzidos localmente e gerando *know-how* local. E quanto mais nossas pequenas empresas locais se tornarem competitivas globalmente com o uso da automação, maior a chance de vermos essas empresas crescerem e ao mesmo tempo gerarem os tão necessários empregos país afora.

Em 2019, no artigo "A agenda oculta da automação da elite de Davos", o colunista de tecnologia do *New York Times* Kevin Roose argumenta que os líderes empresariais vêm fazendo planos agressivos para o uso da automação por IA na eliminação de empregos, em escala, escopo e prazos sem precedentes. É uma ideia assustadora e uma das maiores ansiedades das pessoas em relação à IA e ao futuro do trabalho atualmente. Foram publicados vários estudos e livros, por instituições e autores renomados, mostrando quantas tarefas a IA pode e provavelmente vai realizar nas próximas décadas. Embora sejam rumos possíveis que o desenvolvimento da IA pode tomar, eu enxergo outros, em que a combinação da engenhosidade e da criatividade humanas com a capacidade da IA de realizar uma gama cada vez maior de tarefas cria novas oportunidades para trabalhadores, empresas e sociedade. Além disso, devido à natureza das empresas e da IA, acredito que o futuro do trabalho evoluirá de formas menos radicais do que as previsões, tanto as mais pessimistas quanto as mais otimistas, e que teremos tempo para ajudar os trabalhadores a se adaptar às mudanças por vir.

Por quê? Porque nenhuma empresa jamais prosperou, no longo prazo, apenas otimizando custos. Se todos estiverem pensando em usar IA mais automação (IA + automação) como forma de reduzir gastos e nada mais, serão arrasados por empresas que investem em infraestrutura e apoiam a inovação e futuras oportunidades de negócios. Em compensação, se as empresas estiverem pensando na IA + automação como forma de remover obstáculos que as impedem de servir melhor os clientes e crescer, isto é, se usarem a abundância da IA para ampliar as próprias criatividade e produtividade e gerar novos tipos de valor para os clientes, então elas terão êxito. O primeiro comportamento é cínico, perverso, oportunista, e não beneficia ninguém — nem mesmo o oportunista —, porque os mercados recompensam mais o crescimento que o corte de custos. Se formos espertos, vamos nos dar conta dos desincentivos a esse tipo de coisa, por exemplo, uma versão bastante restrita do "imposto sobre robôs" de Bill Gates. Gates propôs que, caso um robô tire um emprego humano, "poderíamos pensar em taxar o robô em um valor equivalente". Não seria bom fazer isso de maneira universal, porque o risco seria tornar os robôs americanos mais caros que os de outros países, o que poderia recriar parte da dinâmica trabalhista que resulta na exportação de empregos que a automação vem reequilibrando.

Utilizar a IA para fazer as empresas crescerem, por outro lado, exige uma enorme quantidade de criatividade e esforço humanos, não apenas para conceber novas formas de fazer negócios com IA, mas para operacionalizá-las. Além disso, em uma empresa saudável, sempre que a IA automatiza algo que era feito por um ser humano, esse ser humano se torna mais produtivo, porque passa a ser capaz de empregar seu tempo e energia em um trabalho de maior valor. Excetuando as tarefas mais simples, parte desse trabalho de maior valor que o ser humano fica liberado para executar pode ser justamente supervisionar a IA. O mundo real é um lugar incrivelmente complexo, e a automação alimentada por IA encontra mais fragilidade na medida em que se defronta à complexidade humana. Operar em meio à complexidade do mundo real, algo trivial mesmo para crianças pequenas, ainda está acima da capacidade da IA. Por conta disso, em vários cenários de negócios, é provável que a IA ajude o ser humano, em vez de substituí-lo. Esse tem sido um padrão constante da industrialização há muitos anos.

Um torno de controle numérico computadorizado (CNC), por exemplo, precisa de seres humanos que o programem para executar peças corretamente, e depois, para que ele de fato fabrique essas peças, de seres humanos que coloquem a matéria-prima ou peças parcialmente trabalhadas no torno, certifiquem-se de que está tudo OK, deem início ao ciclo de torneamento e, quando este termina, inspecionem a peça, corrijam possíveis erros cometidos pela máquina, retirem a peça e repitam o processo.

Enquanto a máquina realiza seu trabalho, o ser humano fica livre para fazer outras coisas. Quanto mais inteligente a máquina for, mais tempo o ser humano tem para realizar trabalhos de maior valor, como projetar novas peças e correções, programar outras tarefas, descobrir formas de aprimorar os processos de fabricação, interagir com consumidores, capacitar-se etc.

Um de meus colegas no LinkedIn foi o economista e filósofo Fred Kofman, autor dos livros *Consciência nos negócios* e *Liderança & propósito*. Quando realizava exercícios de desenvolvimento de lideranças no LinkedIn, Fred perguntava às pessoas: "Qual é a função do goleiro em um jogo de futebol?". A maioria respondia: "Evitar que a bola entre no gol". Fred sorria e dizia educadamente: "Não, é ajudar a equipe a vencer". Algumas partidas de futebol apresentam situações em que o time pode perder se o goleiro só focar na bola e no gol em vez de prestar atenção na partida como um todo e estar disposto a sair de sua posição se a situação exigir. Sabemos que as empresas contemporâneas têm maior probabilidade de êxito quando todos estão prestando atenção na partida como todo e quando todos estão empoderados e na expectativa de sair de suas posições quando a situação o exige.

Essa flexibilidade é de importância crucial em um mundo de IA cada vez mais capacitada. À medida que máquinas inteligentes são capazes de realizar mais coisas e liberar o ser humano para fazer mais daquilo que o ser humano é tão bom em fazer, as empresas e os seres humanos que elas empregam precisam se empoderar e estar prontas a serem flexíveis na descoberta de novas formas de alavancar sua tão valiosa engenhosidade. Aferrar-se rigidamente à mesma forma como vêm fazendo as coisas há anos — por exemplo, deixando de empoderar todos ou mantendo pessoas pouco dispostas ou incapazes de sair da posição para ajudar o time a ganhar — significa que tanto esses indivíduos quanto essas empresas sairão perdendo.

Curiosamente, as pequenas empresas compreendem isso de forma intrínseca. Da Hirebotics ao empregador de meu amigo Hugh E., em Brookneal, na Virgínia, essas pequenas empresas compreendem que mais automação significa a possibilidade de assumir tarefas mais ambiciosas e reduzir o custo unitário de produção, duas coisas que lhes permitem assumir serviços de valor cada vez maior, o que, por sua vez, gera empregos. A automação permite que façam mais com seu capital humano, o que, por sua vez, produz a necessidade de mais funcionários. O risco, para as empresas já consolidadas, é a tentação de imaginar a automação alimentada por IA como uma forma de reduzir custos, ignorando aquilo que pode ser feito com uma combinação de IA e engenhosidade humana e simplesmente utilizando a IA como forma de cortar empregos. As empresas que fazem isso serão presa fácil para empreendedores ambiciosos que administram empresas pequenas e ágeis e que compreendem o poder do ser humano + IA.

Essa é uma dinâmica que as empresas de software compreendem há décadas e o motivo pelo qual se veem tantas startups competindo de forma tão eficiente com empresas bem maiores. Cada geração de tecnologia permite a grupos de cada vez menos gente fazer mais, inovar mais rapidamente e criar coisas capazes de competir e vencer contra aquelas criadas por empresas muito maiores da geração anterior. Para que as grandes empresas continuem relevantes, elas também precisam investir constantemente nas próprias inovações, certificando-se de utilizar tecnologia avançada e o que há de melhor na engenhosidade humana a fim de crescer. No mínimo, à medida que se torna mais relevante em todo o espectro de empresas e setores, a automação alimentada por IA traz consigo essa dinâmica competitiva, em um sentido muito concreto. Isso significa que um investimento em apenas uma metade da equação IA + engenhosidade do ser humano vai deixá-lo vulnerável a rupturas.

O bom é que as empresas ainda têm tempo para entender tudo isso. A automação alimentada por IA não está chegando como o Big Bang. Considerando a complexidade das empresas e de seus processos no mundo real e as atuais fragilidades da IA, ela tende a se manifestar gradualmente nas empresas. Pode ser introduzida como forma de ajudar nas tarefas mais simples, lentamente no começo, fazendo experiências, ajustes e aperfeiçoamentos até que se tenha confiança de que ela consegue realizar um serviço razoável em uma tarefa básica. À medida que as tecnologias subjacentes da IA melhoram e se adquire confiança e experiência com elas, pode-se usá-la para obter performance sobre--humana nas tarefas restritas em que foi aplicada, da mesma forma que uma empilhadeira consegue carregar mais caixas que um funcionário de almoxarifado e planilhas podem fazer cálculos mais rapidamente que contadores. Em muitos casos, a tarefa que foi automatizada era repetitiva, aborrecida e às vezes até fisicamente penosa, deixando o ser humano feliz por se livrar dela. Passa-se mais tempo em tarefas mais agradáveis, quase certamente mais valiosas, e a empresa tira um duplo proveito: um pela maior produtividade na tarefa assumida pela

IA e outro pelas maiores produtividade e criatividade liberadas do ser humano que não executa mais a tarefa que foi automatizada.

Com a confiança adquirida, a automação alimentada por IA pode então espraiar-se a outras tarefas simples. Em cada uma dessas tarefas, o benefício econômico advindo do aumento de produtividade não é imediato, porque a IA não é um substituto mágico que cai de paraquedas no lugar do ser humano, mesmo nas situações mais simples. Os engenheiros e cientistas de dados precisam trabalhar com especialistas na área, em muitos casos o próprio trabalhador cuja tarefa receberá a assistência da IA, para treinar um modelo, para fazer a engenharia de todas as interfaces entre os mundos digital e físico e para resolver todos os pepinos. A engenharia das interfaces com o mundo físico, por mais sem graça que soe, tende a ser a parte que mais consome tempo na aplicação de IA a uma tarefa. Quando o cliente aluga um braço robótico de seis eixos da Hirebotics para ajudar em um de seus processos, a programação do braço costuma levar alguns dias, enquanto projetar um manipulador para uma tarefa específica, isto é, uma mão que permita ao robô realizar a tarefa pretendida, pode levar várias semanas.

Em outras palavras, utilizar a automação alimentada por IA exige muito esforço humano. E mesmo depois de feita essa configuração, devido à imprevisibilidade e à constante transformação do mundo físico, o trabalho não está encerrado. Todo o objetivo do aprendizado de máquina é não precisar prever todas as possíveis permutações do mundo atual e futuro. Para que se consiga fazer um sistema de aprendizado de máquina generalizar bem, é preciso constantemente coletar novos dados à medida que o mundo ao redor se transforma e usar esses dados para refinar os modelos. Tudo isso exige seres humanos e a expertise que eles possuem na cabeça e nas mãos. Mesmo com um aprendizado por reforço sofisticadíssimo e com as técnicas emergentes de aprendizado não supervisionado, ainda é um desafio tirar o ser humano do ciclo.

E ainda estamos falando das tarefas simples. À medida que a ambição aumenta e se deseja usar a automação alimentada por IA para tarefas mais complexas, é preciso fazer o mesmo que foi feito para as simples, só que com ainda mais esforço humano.

Não me interprete mal. Tudo isso vale a pena, e é por isso que vale a pena termos essa conversa. A IA é uma ferramenta incrivelmente poderosa. Só não é uma ferramenta que, ao ser jogada dentro da empresa, funciona de cara, permitindo eliminar milhares de empregos em um movimento natural. A realidade é bem mais complexa. A quantidade de esforço para ativar a IA é maior do que muita gente — fora aqueles com experiência em fazer isso — se dá conta. E, para chutar cachorro morto, mesmo que acontecesse um Big Bang que automatizasse de uma hora para outra uma série de empregos, fazer isso provavelmente colocaria sua empresa em risco, mesmo no curto prazo, pois a IA + engenhosidade humana daria um baile em uma empresa que usou a IA simplesmente para automatizar aquilo que em breve será trabalho do passado.

O que vai acontecer, e aquilo com que devemos nos preocupar, é uma transição, com o passar do tempo, da necessidade de trabalhadores executarem tarefas físicas ou cognitivas repetitivas com alto grau de regularidade. Esses empregos vão desaparecer. O desafio diante de nós é como ajudar os trabalhadores que executam essas tarefas, com essas habilidades, a encontrar novo trabalho e propósito.

Outra bizarrice em relação à ansiedade atual sobre a IA e o futuro dos empregos é que alguns encaram o trabalho na indústria, no varejo, na área do conhecimento, no setor de serviços e outros como um grande monolito que a IA vai impactar da mesma maneira: uma transferência sistêmica das recompensas pelo trabalho, que todos temos, para o capital, que apenas uns poucos controlam. O que vai acontecer com os "bons empregos", então? Eis algumas ponderações.

Em primeiro lugar, cada segmento do mercado de trabalho é legitimamente diferente, não apenas em termos daquilo que produz, das habilidades exigidas dos empregados etc., mas também em termos de *maturidade*, isto é, onde aquele segmento se encontra em termos da capacidade de preencher as necessidades da população da forma mais eficiente possível. Cada segmento tem um ciclo de vida e segue em uma marcha inexorável rumo à redução do número de pessoas necessário para fazer aquela coisa. Isso é bom. É o que permite à humanidade crescer. É a razão pela qual podemos sustentar 7,7 bilhões de pessoas no planeta com um padrão de vida crescente, na média, para todos. Embora tenhamos sérios problemas com a distribuição equitativa de alimentos para todos, é o motivo pelo qual conseguimos produzir comida suficiente para a população global. É a razão pela qual conseguimos fazer isso sem que as mudanças climáticas sejam piores do que já são. É a razão pela qual temos maior diversidade artística, musical e literária, e uma "explosão cambriana" das formas pelas quais os seres humanos se expressam, iniciada pelas novas mídias do século XX, do que em qualquer outro momento da história humana. É a razão pela qual coisas ruins, como a mortalidade infantil, estão em queda por toda parte, e coisas boas, como a expectativa de vida, estão subindo. É a razão pela qual entendemos mais sobre nós mesmos e o universo que ocupamos do que em qualquer momento da história, e pela qual nossa ciência e nossa engenharia são capazes de curar doenças antes consideradas incuráveis, colocar na ponta dos nossos dedos, dentro do nosso bolso, todas as informações do mundo etc. etc. etc. É o que nos permitiu chegar ao ponto em que a cada dez anos acontece tanta coisa que não podemos sequer imaginar regredir à vida que tínhamos dez anos antes.

Em segundo lugar, quando um segmento do mercado de trabalho amadurece, a tecnologia permite que esse segmento busque um *equilíbrio*, em que cada vez menos pessoas são exigidas para atender à demanda desse segmento (isso ficará óbvio ao analisarmos os dados). Os economistas diriam que isso é obter maior produção com menos insumos, e dariam a isso o nome de "produtividade". Eis uma afirmativa polêmica: à medida que um segmento avança rumo a esse equilíbrio em um mundo sem IA e automação cada vez mais barata, a globalização e os grandes conglomerados se apoderam de uma fatia cada vez maior do valor produzido nesse segmento. É difícil superar a grande escala e a mão de obra barata. Porém, a IA e a automação barata podem mudar inteiramente o conceito de economias de escala, permitindo

IA: ameaça ou bênção para os empregos?

que empresas de dimensão menor sejam economicamente viáveis e competitivas. Usar IA ou um equipamento de automação da produção custa o mesmo em qualquer lugar do mundo. Acredito que, naqueles segmentos que já rumam para o equilíbrio da mão de obra reduzida, a IA e a automação são exatamente aquilo de que necessitamos para repatriar empregos e distribuir de forma mais igualitária o valor que está sendo criado em cada segmento.

O comediante sulista Jeff Foxworthy é conhecido por fazer listas de características dos *rednecks*, os "caipiras" do sul dos EUA, que começam com "Você sabe que é um *redneck* quando...". Eu tenho uma outra lista. Você sabe que é um *geek* quando adora assistir a vídeos de pequenas indústrias e empreendedores no YouTube. Tem um casal, por exemplo, que vende na internet pequenos produtos feitos à mão. Eles começam bem pequenos com cada produto, mas estão preparados para aumentar a escala a qualquer momento, se necessário. Usam software de design para transformar aquilo que está no cérebro deles em projetos prontos para produção industrial. Dispõem de impressoras 3Ds e cortadoras e fresadoras com controle numérico por computador para transformar esses projetos em produtos. Outro vídeo fantástico mostra como a Lamy, uma fábrica alemã de canetas, usa tecnologia de precisão e 350 trabalhadores para projetar e manufaturar centenas de milhares dos instrumentos para escrita mais refinados do mundo. Esse é um exemplo do método empresarial incrivelmente bem-sucedido do Mittelstand alemão, que emprega uma enorme quantidade de automação para fazer um produto de ponta em um mercado vertical e restrito. Existem 3,3 milhões de pequenas e médias empresas nessa região da Alemanha, de onde provêm 48% das empresas líderes em segmentos de mercado verticalizados. O Mittelstand é a razão pela qual a Alemanha é a maior economia da Europa e a quarta maior do mundo, atrás dos EUA, da China e do Japão.

O papel que a IA desempenha e pode desempenhar para tornar bem-sucedidos pequenos e médios produtores locais é imenso. Os ciclos de feedback do aprendizado de máquina vão desempenhar um papel cada vez mais importante no controle de máquina. A IA terá uma função importantíssima no software usado pelos fabricantes para projetar, construir e testar produtos antes que eles cheguem às máquinas, possibilitando que uma parte cada vez maior do ciclo de desenvolvimento de produtos físicos ocorra no mundo digital, onde as coisas são intrinsecamente mais baratas e rápidas, abrindo doravante possibilidades inimagináveis para os tipos de coisas que podem ser produzidas, seja em pequena ou em larga escala. A IA desempenha um papel na maneira como os produtos são comercializados (o aprendizado de máquina é onipresente na publicidade online), no aumento da eficiência da experiência de e-commerce (sistemas de recomendações, prevenção de fraudes etc.) e até na logística de transporte de um produto do local da fabricação até o consumidor (podemos citar o trabalho da Microsoft Research no uso do aprendizado por reforço para otimizar o fluxo de contêineres nos portos de distribuição).

Por conta de todas essas eficiências, ficou mais fácil do que nunca para qualquer pessoa abrir um negócio, produzir alguma coisa, propô-la a clientes em potencial, fechar vendas e entregar os bens aos clientes. Todo um segmento de e-commerce está surgindo no sistema direct-to--consumer (direto ao consumidor), com empresas como Warby Parker, Allbirds, Boll & Branch, Casper etc., que usam uma ou todas essas novas eficiências para criar negócios novos e robustos. E a Alemanha é um exemplo perfeito do que pode acontecer com uma economia que adota plenamente o poder da automação. Em vez de ter poucas empresas grandes, em que a consolidação chega ao ponto de fazer o mercado de trabalho parecer um monopsônio, é possível ter milhões de empresas produzindo uma variedade estonteante de coisas e oferecendo uma enorme diversidade de serviços, proporcionando várias oportunidades aos empreendedores para triunfar e aos trabalhadores para encontrar trabalho gratificante.

Em outras palavras, vamos nos preocupar menos com a IA como algo ruim para a indústria e a agricultura ou outro setor de trabalho maduro que já venha em uma longa caminhada no rumo da eficiência. A disrupção, nesses casos, trará um benefício líquido. Considerando essa dinâmica, devemos incentivar os investimentos em IA que tornem toda a cadeia de produto, do desenvolvimento à produção à comercialização à distribuição, o mais eficiente possível, e incentivar a criação de empresas de todas as formas que pudermos. É uma enorme oportunidade em potencial para os Estados Unidos e para a criação de empregos.

Em terceiro lugar, nos segmentos do mercado de trabalho em que a curva de eficiência vem subindo (uma maior parcela da população é necessária para preencher as demandas da população ao longo do tempo) ou acaba de atingir o pico, a IA tem potencial para causar uma significativa *aceleração* rumo ao equilíbrio eficiente. O varejo é um bom exemplo. Vimos os empregos no varejo atingirem o pico no começo e no final dos anos 1990, e desde então os vimos caindo, sobretudo por causa da internet. Não estamos nem perto do equilíbrio ainda, e existe a possibilidade de perda muito rápida de empregos com o uso da IA no comércio varejista. Minha hipótese é que muitos segmentos têm curvas parecidas com o varejo e compartilham outras características que os tornam vulneráveis à disrupção da IA. Se pensarmos em amplas fatias do setor de serviços — por exemplo, transporte, armazenagem etc. —, são empregos de baixa qualificação que existem porque o ser humano é a forma mais barata de desempenhá-los, e outras técnicas de impulso à eficiência, como a globalização e a consolidação, ou são pouco práticas ou são ineficazes. Esse cálculo econômico se altera com a eficiência cada vez maior da automação e da IA.

Nesses segmentos de trabalho, precisamos incentivar o maior número possível de trabalhadores a se recapacitarem, tema que vamos abordar no próximo capítulo, porque seus empregos vão desaparecer provavelmente mais rápido do que eles ou qualquer pessoa imagina. Precisamos pensar com muita atenção em políticas que alterem as condições econômicas desses setores enquanto não há alternativas de trabalho disponíveis. A chamada "Lei Stop BEZOS", proposta pelo senador Bernie Sanders e pelo deputado Ro Khanna em 2018, é um bom exemplo de legislação bem-intencionada, porém equivocada, que tenta ajudar os trabalhadores. Segundo a revista *New York*, a Lei Stop BEZOS (sigla em inglês para "Pare os Maus Patrões Zerando Subsídios") impõe uma taxa sobre as grandes empresas igual ao valor do gasto social — especificamente, o programa Medicaid, os vales-alimentação SNAP, auxílios à moradia e merenda escolar gratuita ou subsidiada — recebido pelos empregados. O objetivo é forçar essas empresas, caso não queiram pagar o novo imposto, a aumentar o salário dos empregados o bastante para que eles não se habilitem mais a receber auxílios do governo.

Acredito piamente que cada indivíduo deve ter a oportunidade de sustentar a si e à família por meio do trabalho e que deve existir uma robusta rede de seguridade social para os que não têm condições. Embora eu admire o espírito daquilo que o senador Sanders e o deputado Khanna querem fazer pelos trabalhadores, com esse projeto de lei, temo que o incentivo às empresas não se dê da forma pretendida. Quando aumenta o custo da mão de obra humana — em especial em empregos repetitivos e de baixa e média qualificação —, as empresas com acesso à tecnologia de automação vão fazer as contas, e quando os custos trabalhistas estimados excederem o custo total de possuir automação, a automação vai substituir a mão de obra. Vimos esse padrão se repetir várias vezes, mais recentemente com lanchonetes de *fast food* substituindo os caixas humanos por totens de autoatendimento e nos mercados onde o custo do trabalho de baixa qualificação é elevado. Se os trabalhadores que os políticos estão tentando ajudar trabalharem em operações de logística, por exemplo, a legislação pode estar erroneamente estimulando ainda mais o esforço já em andamento para automatizar plenamente esses empregos. Ao tornar os empregos de baixa e média qualificação mais caros e ao criar polêmica em torno deles, os políticos podem estar criando um incentivo a mais para acelerar os esforços de automação. Esses esforços podem impactar todos os trabalhadores braçais, não apenas aqueles que recebem auxílio do governo. E há um equilíbrio de importância crucial a ser buscado, na velocidade com que a automação avança, para permitir que os trabalhadores se recapacitem e que as empresas se reequipem para fazer usos novos e criativos da mão de obra livre das tarefas automatizadas.

A automação de muitas tarefas em depósitos já é uma realidade. Toda essa automação foi desenvolvida apenas nos últimos anos. Se você entrar na internet e pesquisar vídeos de modernos centros de distribuição em funcionamento, perceberá como eles têm pouca gente. E vai perceber a natureza do trabalho que está sendo feito por seres humanos. Não exigirá um grande salto de imaginação constatar como essas tarefas humanas remanescentes podem ser automatizadas. A tecnologia para isso fica mais barata e mais poderosa a cada dia. Que esses empregos vão sumir é uma questão de "quando", e não de "se". Isso não quer dizer que não devamos fazer nada pelas pessoas que, apesar do trabalho árduo, mesmo assim precisam recorrer a auxílios do governo para viver.

Mudar essa dinâmica vai exigir mais que uma única legislação fiscal ou políticos tentando culpar as empresas. Não acho que isso signifique que somos impotentes, e certamente não quer dizer que devamos abandonar as pessoas que estão em empregos vulneráveis, de baixa e média qualificação, e que lutam para encontrar propósito e poder de compra em um mundo em incessante mudança. Meu ponto de vista é que devemos descobrir como criar mais empregos de alta qualificação e empresas com vantagem competitiva, de todas as formas necessárias, para que o governo se torne mais atuante na criação de novas tecnologias (pense no programa espacial americano ou na Tennessee Valley Authority, na época do New Deal de Roosevelt) que vão acelerar a criação desses empregos e empresas e, ao mesmo tempo, podem ser usadas para reduzir o custo de subsistência (alimentação, saúde, moradia, educação etc.); investir radicalmente em ensino tecnológico para criar uma força de trabalho que aproveite as oportunidades trazidas pelas revoluções da IA e da automação que estamos vivendo; e investir na recapacitação e em redes de segurança para os trabalhadores de baixa e média qualificação temporariamente desempregados.

Se realmente for necessário fazer uma regulamentação regressiva da IA, o ideal seria que fosse feita nas aplicações de IA para o setor de serviços. Esses são os robôs que valeria a pena taxar. É onde poderia haver interesse em desacelerar, para que as pessoas tenham tempo de se capacitar para os novos empregos que a IA está criando em outros lugares. Dito isso, acho que seria preciso ter um cuidado extraordinário em relação à regulamentação dessas coisas e refletir com o mesmo cuidado em relação àquilo que se quer incentivar e àquilo que se quer desestimular. No limite, assim como em qualquer segmento de trabalho que já existiu, o setor de serviços tenderá a algum ponto de equilíbrio muito eficiente, de modo que o capital humano e a engenhosidade, atualmente presos a ele, possam fluir para áreas de maior valor no futuro.

Prolongar artificialmente esse período de transição resultará em algo como a Índia do século XX. Quando eu tinha vinte e poucos anos e trabalhava para aquela pequena indústria de eletrônicos em Lynchburg, na Virgínia, a Electronic Design and Manufacturing (EDM), fui com meu chefe visitar Lexington, no Kentucky, onde ele tinha sido criado, e onde um amigo dele trabalhava havia um pouco mais de tempo no mesmo setor. Nossa esperança era conhecer mais a empresa dele para aprimorar a nossa. Quando estávamos lá, encontramos outro amigo do meu patrão, um professor de engenharia elétrica da Universidade do Kentucky, que nos contou uma história do período sabático que ele tinha tirado na Índia na década de 1980. Ele tinha contratado um artesão local para fazer para ele uma banheira, algo que era incomum por lá. O artesão achou loucura da parte dele querer uma banheira, mas concordou em fazer uma de teca. Seria uma verdadeira obra de arte. Eles apertaram as mãos, parte do pagamento foi feita, e a obra começou. Depois de um tempo que pareceu uma eternidade ao professor, a banheira ainda não tinha sido entregue. Por isso, ele foi à loja do artesão para ver como a coisa estava avançando. A banheira estava lá, ainda parcialmente terminada. Enquanto eles discutiam por que estava demorando tanto, o professor percebeu que nas prateleiras havia um monte de ferramentas elétricas com os fios cortados. Perplexo, ele perguntou ao artesão por que os cabos das ferramentas estavam cortados. "Porque, se eu usasse ferramentas elétricas, o que meus empregados iriam fazer?"

Embora sejam boas para os trabalhadores no curto prazo, as ramificações globais desse tipo de pensamento têm um potencial terrivelmente negativo.

CAPÍTULO 9

Política e ética

———

Na primavera de 2019, várias dezenas de políticos tinham anunciado ou estavam para anunciar suas candidaturas à presidência dos Estados Unidos. Ao longo de uma campanha longa e possivelmente belicosa, cada um deles faria uma série de declarações e propostas de políticas públicas relacionadas ao futuro dos empregos e da tecnologia. E uma das primeiras paradas, como sempre, seria Iowa.*

Minha esposa, Shannon, nasceu em Iowa. Por isso, quando me pediram para fazer uma palestra na pequena cidade de Jefferson, não muito longe de onde ela nasceu, decidimos transformar o evento em uma viagem familiar. Depois de fazer um passeio pela cidade natal dela, nossos filhos descreveram o que viram em termos tão simples quanto a paisagem — plana e fria. De volta ao quarto do hotel naquela noite de sexta-feira, um programa de lingeries da Victoria's Secret competia com os pastores evangélicos na TV a cabo local. Do pacote da TV a cabo também fazia parte o canal RFD-TV. O nome é uma referência a *rural free delivery*, um sistema postal do século XIX. O programa *The Farm Report*, da RFD, que fala sobre preços de produtos agrícolas e anuncia sementes e pesticidas,

---

* Um dos primeiros estados a realizar eleições primárias dos partidos para a escolha dos candidatos. (N.T.)

estava investigando um surto da bactéria *E. coli*, que tinha interrompido as vendas de alface romana, notícia do mundo rural que entristeceu amantes de salada Caesar do mundo inteiro. O presidente Trump, segundo o jornalista, tinha paralisado a implementação de um programa da agência governamental EPA que testava matéria fecal na água para irrigação. "Dá para melhorar", disse o repórter, sem alterar a expressão.

A primeira página do jornal *Des Moines Register* informava que os Hawkeyes tinham derrotado os Cyclones no basquete universitário, por 98 a 84. Havia preocupação com a dívida dos fundos de pensão dos funcionários públicos. E o jornal anunciava uma parceria com a CNN para realizar pesquisas sobre as eleições primárias de 2020 em Iowa.

"Embora as eleições legislativas tenham ocorrido apenas um mês atrás, o ciclo presidencial de 2020 já está bem encaminhado", disse ao jornal Sam Fiest, chefe da sucursal de Washington da CNN.

Linc Kroeger, um nativo de Iowa de seus cinquenta e poucos anos, engenheiro e empreendedor, tinha me convidado para palestrar na inauguração de sua primeira "Forja" rural, um escritório-satélite de treinamento e trabalho para jovens desenvolvedores de software em um lugar improvável: uma cidade rural do século XIX com cerca de 4 mil habitantes. Sua empresa de software, a Pillar, acabara de ser adquirida pela Accenture e estava realizando um evento na região central de Iowa para atrair atenção, tanto local quanto nacional, para a iniciativa, que ele batizou de R3: revitalizar, reconstruir e restaurar. Na plateia estariam vários colegas do mundo da tecnologia, um deputado do Vale do Silício, Ro Khanna (Partido Democrata da Califórnia); e um número incomumente grande de repórteres.

"Crescer em uma cidade pequena, onde o trabalho árduo, a hospitalidade e a herança cultural são arraigadas, tem algo de especial", afirma Linc no site da Forja rural. "Porém, um número incontável de jovens não enxerga futuro nas comunidades rurais que eles amam — sobretudo aqueles que buscam uma carreira em tecnologia. Muitos não têm escolha, a não ser mudar-se de onde moram com a família em busca de empregos mais atraentes, levando consigo o futuro da economia da comunidade. O objetivo da R3 é pôr fim a tudo isso, revitalizando, reconstruindo e restaurando comunidades rurais."

Na manhã de sábado do lançamento em Jefferson, Linc está sentado no escritório de Des Moines da Forja. Trata-se de um armazém, reformado de maneira estilosa, com tijolos e antigas vigas de madeira expostas. Na entrada, jovens líderes afro-americanos que migraram para Iowa discutem planos de desenvolvimento comunitário. Em uma sala de reuniões vizinha, um empreendedor de São Francisco discute a instalação de um escritório remoto em Iowa para um de seus clientes.

Linc é o caçula de três irmãos nascidos em Independence, Iowa. Na juventude, ele sempre ficava impressionado pelo fato de que o irmão e a irmã mais velhos deixaram o estado depois da faculdade e nunca mais voltaram. Ele entrou para a Força Aérea em 1986, para tirar proveito da GI Bill, lei americana que concede bolsas universitárias a quem se alista. Aprendeu a linguagem de programação Fortran ao mesmo tempo em que contribuía para a Operação Tempestade do Deserto. Depois do serviço militar, ele trabalhou com software — quinze anos na Cintas, e depois na Pillar, uma empresa de consultoria que ele tinha contratado quando ainda estava na Cintas. Ele reconheceu que, lá, "tomou o chá de cogumelo" da crença em design centrado nas pessoas, o que o levou a abrir a Forja de Des Moines. Disse ser apaixonado pela missão de despertar o potencial das pessoas. Reconhecendo o papel cada vez mais importante que os robôs e a IA terão na força de trabalho, ele conclui que, para poder competir, a população de sua comunidade precisava focar em investir naquilo que torna todos nós humanos — paixão, amor, sinceridade. Precisamos exercer a liderança através do contato pessoal e do conhecimento. Seu antigo patrão na Pillar percebia o quanto ele era engajado e sempre perguntava: "Qual é o seu sonho?".

"Quero fazer isso na zona rural, porque a maioria das pessoas que trabalha aqui vem da zona rural", explicou. "Já estamos trabalhando para pessoas de outros lugares. Tudo de que precisamos é um local para trabalhar e banda larga."

A Forja de Des Moines tem 72 pessoas, e Linc calcula que metade venha da zona rural.

O CEO concordou em deixá-lo montar a primeira Forja rural. Impôs a ele limites financeiros, pediu que mantivesse nos trilhos a operação em Des Moines e concedeu-lhe bastante autonomia.

A questão era por onde começar. O local tinha que estar a no máximo 150 quilômetros de uma grande cidade, ter conectividade de banda larga e uma faculdade local que ajudasse a capacitar mão de obra. O engenheiro que projetou o edifício da Forja em Des Moines vinha de uma cidadezinha aproximadamente cem quilômetros a noroeste de Des Moines. "Por que não Jefferson?", perguntou ele.

Linc concordou em estudar a ideia e descobriu que a Jefferson Telecom tivera a visão para instalar fibra óptica (internet de alta velocidade) e em breve instalaria fibra redundante, elemento crucial para manter a conectividade de uma empresa. O problema era que Jefferson não tinha faculdade local.

Reconhecendo a oportunidade, porém, os cidadãos de Jefferson e do condado de Greene aprovaram um financiamento de 35 milhões de dólares para uma nova escola de ensino médio, com uma faculdade comunitária acoplada. Essas novas escolas terão um programa acadêmico que, combinado, criará uma trajetória profissional de desenvolvimento de mão de obra qualificada para a Forja e outros empregadores da região.

A visão da comunidade é de uma escada em que os estudantes que terminam o ensino médio terão oportunidade de trabalhar para a Forja e outras empresas da área de software, aprendendo aquilo de que precisam para esses empregos. Se os estudantes forem contratados, a Forja investirá mais 5 mil dólares para capacitar ainda mais os formandos, oferecendo estágios que lhes darão o treinamento necessário para se tornarem "artesãos de software". Linc garante que os estudantes sairão sem dívida e com a mesma formação que obteriam em um curso de ciência da computação de uma universidade pública.

A ideia fascinou o deputado Khanna na época em que ele comandava uma iniciativa de desenvolvimento de mão de obra na zona rural a mando do presidente Obama, e também empolgou o então secretário do Trabalho do presidente Trump, Alexander Acosta.

Horas depois, naquele mesmo dia, na bela estrada que atravessa o interior até Jefferson, passamos por um cartaz que dizia: "A oração muda tudo". Mais à frente, os silos de grãos e as caixas d'água, que antes quebravam sozinhos a monotonia da paisagem de colinas e campos agrícolas, agora pareciam pequenos diante de fileiras de imensas turbinas eólicas e um ou outro painel solar. Os campos recém-arados, os rebanhos pastando e os milharais após a colheita tão familiares para mim, que nasci em um lugar assim, talvez sejam para muitos americanos apenas aqueles quadrados, retângulos e círculos marrons que eles veem da janela do avião a dez mil metros de altura.

Entramos em Jefferson pela Route 30, a Lincoln Highway. Foi a primeira rodovia transcontinental dos EUA, ligando a Times Square, em Nova York, a São Francisco, na Califórnia. Estamos exatamente no meio. Fiquei sabendo depois que Bob Noyce, pioneiro do Vale do Silício e um dos fundadores da Intel, é desta região do país.

Paramos para comer um hambúrguer com as crianças no A&W e depois rumamos para um edifício com enorme vão livre no centro da cidade. Construído no final do século XIX, o prédio foi outrora um salão de reuniões da Ordem Independente dos Odd Fellows, uma fraternidade internacional. Em breve será a primeira Forja rural. Durante décadas, ficou praticamente desocupado, tirando uma ou outra empresa sem importância — a mais recente, um parque de saltos para crianças pequenas. Dá para notar Linc e os líderes comunitários de Jefferson se enchendo de orgulho ao avaliar o potencial do local. Até o próximo ano os empregados da Forja estarão criando e testando software. Grupos de usuários das linguagens de programação Python e Java se reunirão ali. Lincoln e líderes locais reuniram nove diferentes fontes de receita, incluindo subsídios fiscais e incentivos, para financiar o local.

"Daria para construir um prédio novo, mas este continuaria apodrecendo aqui", diz Linc, pensando em voz alta.

Durante nossa visita, encontro Madhu Chamarty, um eterno empreendedor do Vale do Silício. Sua iniciativa mais recente é a BeyondHQ, que ele descreve como uma "expansão em forma de serviço" para empresas de crescimento rápido. Ele trabalha com *startups* de tecnologia, como a Bloomberg Beta, de Michael Bloomberg, que estão crescendo rapidamente e precisam de funcionários prontos para começar de imediato a salários acessíveis. Ele atua como uma espécie de diretor de recursos humanos.

Durante o evento, Madhu conta ao público que nunca tinha estado em Iowa, mas que era como se conhecesse o lugar havia muito tempo. Em um emprego anterior, ele precisou estudar imagens de satélite de Iowa para prever a produção de milho e soja.

Provoco alguns risos ao dizer a todos que Jefferson se parece com a cidade grande mais próxima de onde eu fui criado. Conto que queria ter ficado na Virgínia, mas que fui obrigado a me mudar para seguir carreira. Afirmo minha esperança de que aquela noite não apenas seja um sucesso para Jefferson, mas que se espalhe por comunidades rurais país afora.

A. J. Whatling recebe a maior ovação quando o público é informado de que ele é o engenheiro de software que está se mudando de Des Moines para Jefferson para dar início à operação. Ele nasceu em um povoado de 150 habitantes. Não sabia jogar futebol nem futebol americano, mas descobriu que gostava de programação. O problema era que a única aula de programação que ele podia fazer no ensino médio era no último ano. Em Jefferson, a função dele será treinar os estudantes para escrever software e desenvolver produtos, recrutar e recapacitar pessoal e "levar para Jefferson projetos de primeira divisão". Tudo começa a ficar com uma cara mais real quando ele anuncia que o primeiro projeto da Forja será para o San Francisco 49ers, da liga profissional de futebol americano, que vai enfrentar o time mais popular da região, o Denver Broncos, no dia seguinte.

Todos ficam em silêncio para ouvir Lindsey Kitt, aluna do ensino médio local, que conta que ela e os colegas enxergam a Forja como aquilo que ela é: oportunidade. Ela fez uma aula de programação e se apaixonou, mas queria mais. Não havia oportunidade. Agora, aqueles que vierem depois dela terão mais oportunidades, embora ela estime que menos da metade queira ficar em Jefferson. Mas isso poderia mudar.

O diretor da faculdade comunitária da região de Des Moines afirma que é o começo de uma revolução. Gestor público que lidera iniciativas que ele chama de "zoneamento criativo", ele diz que o interior dos EUA é a nova fronteira. As cidades vão ficar saturadas, e o lugar ideal ficará a 150 quilômetros dessas cidades saturadas. Des Moines, argumenta, estará saturada em 2030, assim como outras grandes cidades com muitos trunfos. Segundo ele, existem muitos mitos sobre o interior dos EUA: que transformá-lo custaria muito caro; que faltam empregos com bons salários; que são necessárias mais vagas em tecnologia. Mas, na verdade, a cada ano que passa fica mais difícil encontrar empregos que não exijam trabalhadores que usem, de alguma forma, a tecnologia. Se toda empresa e todo emprego dependem da tecnologia, toda comunidade e toda organização precisarão do mesmo acesso a ela, o que começa pelo acesso à banda larga.

A campanha de 2020 estava para começar. Enquanto isso, em Washington, o presidente Trump sancionava a Lei Agrícola, que tinha ficado meses adormecida em uma comissão do Congresso. Ele entrou na cerimônia de sanção ao som dele mesmo cantando "Green Acres", anos antes. Mas o *New York Times* nos recordou que a questão rural não é brincadeira. Uma reportagem de domingo, "América Abandonada", ocupava a primeira página de ponta a ponta, prometendo contar "as verdades incômodas sobre a tentativa de 'salvar' a economia rural". Concluía dizendo que a maioria das comunidades rurais tem muito pouco a oferecer economicamente. Talvez o melhor fosse a população rural simplesmente se mudar. Enquanto isso, no mesmíssimo dia, outra matéria do *Times*, dessa vez no caderno de tecnologia, informava que "atrair trabalhadores para áreas rurais" poderia ajudar a preencher os 2,4 milhões de vagas técnicas ameaçadas de não preenchimento na década seguinte. Nosso diálogo nacional sobre a América rural é confuso, e esse não é um começo ideal se quisermos refletir sobre como fazer a economia do futuro funcionar em zonas rurais.

Brad Smith, presidente e diretor jurídico da Microsoft, sentou-se comigo no escritório dele, logo antes das festas de fim de ano de 2018, para refletir sobre esse dilema. Eu tinha acabado de voltar de Iowa, onde ajudei a dar o pontapé inicial da Forja em Jefferson, e Brad tinha acabado de voltar da capital, Washington, onde tinha dado a gestores públicos uma atualização sobre uma iniciativa de banda larga rural lançada por ele um ano antes.

"A banda larga e a capacitação são pré-requisitos para o crescimento na zona rural", disse-me Smith. Meses antes ele tinha lançado um esforço maciço tanto para aprender mais sobre esses desafios quanto para ajudar a fazer a diferença. "Se implantarmos, os empregos virão?"

Alguns dias antes, na capital, cerca de duzentas pessoas se reuniram no Edifício Ronald Reagan do International Trade Center para ouvir a fala de Brad. Ele disse aos gestores que existem dois EUA: um urbano e o outro rural. Em Ferry County, no estado de Washington, por exemplo, o desemprego nunca sai dos dois dígitos, tendo chegado a 18%.

"Quase todo estado tem um Ferry County."

E existem os EUA urbanos. No vizinho King County, sede da Microsoft, o desemprego é de 3,2%.

"Tem gente que está ficando para trás, e precisamos nos perguntar por quê. A solução reside na tecnologia, conectividade e nos dados."

O problema não é algumas pessoas nos EUA poderem assistir a vídeos no YouTube sem interrupção e outras não. O acesso inadequado à internet é muito mais grave. No verão de 2017, incêndios florestais assolaram Ferry County. Para conter o fogo, foi preciso recorrer aos dados para entender o que estava acontecendo.

As únicas pessoas capazes de baixar os dados estavam na sede do condado, não na linha de frente. Para que os dados chegassem aonde eram necessários, era preciso baixá-los em um pen drive e ir de carro até a linha de frente do incêndio.

Infelizmente, não é o caso apenas de Ferry County. Mais de 25 milhões de americanos carecem de acesso à banda larga. Estima-se que 19 milhões vivam em regiões rurais — pelo menos oficialmente.

É quase certo que o problema é ainda maior. Os dados da própria Microsoft indicam que 162,8 milhões de pessoas não usam a internet em velocidade de banda larga — a velocidade de que você e eu provavelmente desfrutamos. Como trabalhamos no ramo, podemos ver a velocidade dos downloads e concluímos que metade dos EUA ainda não usam a internet na mesma velocidade usada pelas empresas nas regiões urbanas. Qualitativamente, isso importa cada vez mais — para a agricultura, as pequenas empresas, a educação e a assistência à saúde. A fim de alavancar o poder de processamento, para trabalhar com Big Data e para implantar e até usar softwares modernos que incorporam IA, é preciso estar conectado. Até mesmo atrair os trabalhadores certos para sua empresa fica mais difícil sem internet de alta velocidade. O trabalhador que se esforçou para se capacitar em alta tecnologia, na grande maioria, espera conexão de ponta à internet em casa e dará preferência a viver em locais onde possa obter esse serviço.

Brad ressalta para a plateia que não existe "fosso televisivo". O uso da TV e da TV em cores disparou desde que ela foi lançada. A televisão uniu o país durante a corrida espacial. Inversamente, a cobertura de banda larga atingiu uns 70% do país, mas o crescimento estancou desde 2012, embora tenham sido gastos 22 bilhões de dólares em sua expansão nos últimos cinco anos.

Em minha experiência pessoal, sempre tive que depender de serviços sem fio, porque sistemas cabeados simplesmente não forneciam e não fornecem cobertura adequada nos lugares onde eu vivia. Quando eu era mais jovem, não tínhamos TV a cabo, e tenho idade suficiente para ter vivido a época sem internet. No final dos anos 1980, porém, meu pai teve um ano de trabalho lucrativo, e compramos uma daquelas grandes e antigas parabólicas, que precederam a DirecTV e a Dish Network. Pela primeira vez, eu e meu irmão pudemos assistir à MTV! Ainda lembro direitinho a sensação que foi ficar sentado na sala e ver um mundo de conteúdo explodir, de três para centenas de canais. Três décadas depois, vivo em uma casa, nada mais nada menos que no coração do Vale do Silício, sem acesso a TV a cabo ou banda larga cabeada. Felizmente, a

TV por satélite atual é ótima, e tenho a felicidade de viver dentro do alcance de um provedor de banda larga sem fio.

Como diz Brad, "Se quisermos ir mais rápido, se for um problema urgente, não é com cabo que vamos atender o público".

Para realizar isso, a Microsoft anunciou sua Airband Initiative, que vai recorrer a um misto de tecnologias disponíveis, entre elas o chamado "espaço branco" de televisão. Segundo um artigo de Paul Garnett e Sid Roberts, dois líderes da Airband Initiative, "são frequências não atribuídas ou que não estão sendo utilizadas pelas emissoras ou outros concessionários das bandas de transmissão VHF e UHF". O espaço branco de televisão se situa em frequências de banda menor, cujos sinais viajam a distâncias mais longas e atravessam melhor os obstáculos. Como a concorrência das empresas sem fio pelo espectro da banda menor é fortíssima, o espaço branco de TV disponível é um tanto limitado. As conexões de internet que utilizam o espaço branco de TV têm, em geral, 10 megabits por segundo ou menos, semelhantes às conexões de internet 3G e 4G do seu celular. Não é o que há de mais rápido, mas é certamente melhor que os 300 kilobits por segundo que minha tia recebe na minha cidade natal, na conexão com fio dela.

A Microsoft está reinvestindo todo o lucro potencial do programa Airband na universalização do acesso à internet, com a meta de criar um mercado autossustentável vantajoso para todas as partes. A Lei Agrícola incluiu até um pouco de financiamento para a banda larga rural, mas, como Brad apontou, "vai levar muitíssimo tempo se ficarmos esperando pelos dólares federais". Para dar certo, esse esforço exigirá parcerias com a Comissão Federal de Comunicações e outros órgãos públicos, de modo mais amplo, mirando em parte do gasto atual com expansão sem fio e em aparelhos mais baratos, ajudando assim a impulsionar aparelhos de *endpoint* (o "ponto de extremidade") mais baratos para os agricultores e outros habitantes dos EUA rurais.

Os órgãos públicos são importantes, mas o setor privado também. A Microsoft tem parcerias com a Future Farmers of America e a 4-H, organizações voltadas para o desenvolvimento de jovens; e provedores de banda larga que atendem clientes rurais, como a Declaration Networks Group, nos estados de Maryland e da Virgínia. O CEO, Bob Nichols, nos contou como trazer pequenas empresas para a era digital. Um cliente corporativo de Garrett, um condado rural de Maryland, ia para um café ou um restaurante quando tinha que enviar uma imagem ou um contrato aos clientes, porque a velocidade era baixa demais.

"Com a banda larga, essa empresa agora planeja duplicar de tamanho. É algo transformador", disse Nichols.

Cory Heigl, da Packerland Broadband, do estado do Wisconsin, conta a história de uma taquígrafa da área médica que precisava fazer longos deslocamentos para trabalhar. Quando o marido ficou doente, seu futuro tornou-se incerto. Com a Airband, ela passou a ter banda larga de alta velocidade em casa, o patrão aceitou reembolsá-la pela despesa e ela pôde trabalhar de casa a maior parte do tempo, o que lhe permitiu conciliar o trabalho com os cuidados com o marido. "Ela chorou quando a conexão ficou pronta", disse Heigl.

William Gibson, um renomado escritor de ficção científica, cunhou o termo *ciberespaço* em 1982, usando-o dois anos depois no livro *Neuromancer*, que teve enorme impacto sobre toda uma geração de jovens especialistas em tecnologia, como eu. "O futuro já chegou — só não está distribuído por igual", dizia Gibson. Essa distribuição desigual do futuro e da prosperidade que ele propicia, entre os mundos desenvolvido e em desenvolvimento, entre o urbano e o rural, entre os que têm acesso a capital e expertise e os que não têm, é uma das questões que definem nossa época.

Muitas coisas em relação ao mundo nunca foram tão boas para uma grande parcela da população global. Steven Pinker, no livro *O novo Iluminismo*, e Hans Rosling, em *Factfulness: O hábito libertador de só ter opiniões baseadas em fatos*, entre outros, defendem o argumento de que o mundo, em muitos aspectos, nunca foi tão bom quanto hoje. Seria complicado realizar essa experiência, mas acho que eu estaria melhor hoje como menino pobre do interior da Virgínia do que no início dos anos 1980, quando comprei meu primeiro computador.

Esse computador, um RadioShack Color Computer II, carinhosamente apelidado de CoCo 2, custou 199,95 dólares em 1984 e exigiu muitos bicos e notas novinhas de cinco dólares, recebidas em cartões de aniversário e Natal, para pagar. Isso equivaleria a 480 dólares em 2018, com a correção monetária. Hoje, pela metade desse preço, você consegue comprar um notebook com RAM de 4 GB, disco SSD de 32 GB, tela colorida sensível ao toque de 11,6 polegadas e um processador várias e várias ordens de magnitude mais poderoso que o MC6809E de 890 kHz do CoCo 2 (isso mesmo, quilohertz!).

Mais importante, hoje em dia, com o dinheiro que eu economizaria comprando um computador moderno e quase incomparavelmente mais poderoso, é quase certo que eu poderia assinar a banda larga e conectá-lo à internet. Com essa assinatura de banda larga, eu teria acesso a motores de busca, repositórios de conhecimento geral, como a Wikipédia e o YouTube, e comunidades de conhecimento especializado. Para um garoto curioso como eu, teria sido o paraíso. Também teria poupado um bom dinheiro que meus pais gastaram com a *World Book Encyclopedia*, que eu passei horas lendo de cabo a rabo na infância e que eles compraram a prestações. Além de saciar minha curiosidade e proporcionar um jeito de aprender o que a escola não ensinava, o acesso à internet e a seus recursos talvez tivessem me conectado a aconselhamentos, mentorias e comunidades que tornariam meu sinuoso caminho até a estabilidade profissional um pouco mais fácil e rápido.

Infelizmente, nenhuma dessas análises sobre como a vida é boa hoje nem minhas conjecturas sobre a infância que eu poderia ter tido ajudam de alguma forma a descobrir como progredir. Salta aos olhos que o futuro não está igualitariamente distribuído. Dê a isso o nome de "ética da reciprocidade", como ensinam os cursos de filosofia, ou de Regra de Ouro, como se aprende no catecismo, também salta aos olhos que temos o dever de garantir que todos tenhamos chances justas de realizar nosso próprio futuro, nossa chance de realizar o sonho americano.

O que isso significa, exatamente, é uma questão mais ampla e mais profunda que o escopo deste livro e algo que merece ser debatido nas comunidades, nas universidades e em eventos. A contribuição que quero dar ao debate é a ideia de que a IA será uma parte importante do nosso futuro. Será uma ferramenta que ajudará a tratar de alguns dos nossos problemas mais desafiadores. Está entrelaçada com o sonho americano. O desenvolvimento da IA, de agora em diante, deve obedecer a princípios e almejar chegarmos mais rapidamente a um futuro em que sejamos todos igualmente empoderados para realizar plenamente nosso potencial.

A Microsoft elaborou seis princípios para o desenvolvimento da IA: imparcialidade; confiabilidade e segurança; privacidade e segurança; inclusão; transparência; e responsabilidade. Todos são importantes e foram rigorosamente refletidos. Como engenheiro e cidadão, eu enxergo quatro pilares de um desenvolvimento escrupuloso da IA:

- A IA deve ser uma plataforma que qualquer indivíduo ou empresa possa usar para reforçar sua criatividade e produtividade e que possa ser usada para resolver os maiores dos maiores problemas que nossa sociedade enfrenta.
- Precisamos garantir que qualquer pessoa — idealmente, todas as pessoas — possa participar do desenvolvimento dessa plataforma de IA e se engajar de forma inteligente nos debates cruciais sobre como a plataforma evolui e é governada.
- No nosso impulso para fazer progredir o estado da arte da IA, desenvolver novos produtos, automatizar processos e criar empresas inteiramente novas empoderadas pelas tecnologias de IA, precisamos estar constantemente vigilantes para que toda essa energia esteja focada no benefício das pessoas, de todas as pessoas.
- Precisamos lutar para prevenir — idealmente, eliminar — as consequências negativas do desenvolvimento da IA, e, quando elas ocorrerem, fazer o máximo esforço, de forma solidária, para mitigar os impactos o mais rapidamente possível.

Esse enquadramento ético e esse conjunto de princípios de desenvolvimento também precisam reconhecer que cada um de nós desempenhará um papel diferente. Cinco desses papéis que são particularmente importantes são: o especialista em IA; o desenvolvedor de tecnologia; o executivo; o gestor público e regulador; e o cidadão.

O PAPEL DO ESPECIALISTA EM IA

Desses cinco papéis, talvez o especialista em IA seja aquele que tem a maior capacidade de influenciar o futuro da IA e ao mesmo tempo aquele que carrega a maior responsabilidade pelo futuro que a IA pode trazer. Como diz o tio Ben, do Homem-Aranha, "com grandes poderes vêm grandes responsabilidades". Em um sentido muito concreto, a IA não existiria não fosse o trabalho dos especialistas em IA. Nem a IA avançaria no ritmo atual sem tantos especialistas focando tanto de sua energia criativa e de seu intelecto em fazer progredir o estado da arte.

Considerando esse poder e essa responsabilidade, é de importância crucial que os especialistas em IA não fiquem tão focados nos detalhes daquilo que estão criando, tão mergulhados na ciência e na prática da próxima revolução que estão tentando realizar, tão dominados pelo impulso do trabalho que realizam, a ponto de acabar prestando atenção insuficiente ao contexto humano mais amplo em que eles e seu trabalho existem. Sei como é fácil deixar que um foco intenso em uma tarefa complexa cegue você para todo o resto. Na verdade, muitos de nós louvamos e buscamos essa habilidade, a expressão mais pura de um fenômeno psicológico batizado de *estado de fluxo* por Mihaly Csikszentmihalyi,[27] que pode ficar tão intenso a ponto de distorcer a percepção de tempo do indivíduo nele imerso. Como jovem engenheiro, eu recebia telefonemas irritados da minha esposa perguntando onde eu estava. Eu respondia: "Estou quase acabando e ainda vai sobrar bastante tempo para chegar a tempo do jantar" apenas para ouvi-la dizer que eu já estava três horas atrasado.

Conceder a si próprio tempo para contextualizar seu trabalho e refletir sobre a forma como ele e o trabalho com que se conecta estão impactando seus companheiros de humanidade é tão importante quanto entrar e permanecer no estado de fluxo exigido pelas tarefas mais complexas. Criar esse equilíbrio é parte importante das suas responsabilidades. Além disso, se não formos capazes de encontrar coletivamente esse equilíbrio e então agir sobre aquilo que aprendemos, perderemos a autorização tácita que nossos camaradas humanos nos dão, hoje, para sermos especialistas em IA.

Agir com equilíbrio é uma questão de alinhar nosso trabalho aos quatro princípios do desenvolvimento escrupuloso da IA, de criar mais valor do que extraímos, de sermos inclusivos, de orientarmos nosso trabalho para o benefício da humanidade e de assumirmos a responsabilidade por rupturas que nosso trabalho possa vir a criar. Para os especialistas em IA, isso significa publicar nosso trabalho de forma tempestiva, certificando-se de que os resultados da publicação sejam reproduzíveis e buscando oportunidades de criação de ferramentas que tornem nosso trabalho mais fácil, e então abrindo o código dessas ferramentas ou disponibilizando-o de alguma outra forma para o uso geral.

Embora seja sempre possível melhorar, grande parte dessa maneira de criar IA já está incorporada a nosso ritmo de trabalho. O que é menos óbvio em relação ao papel do especialista é como ajudar a educar o público em geral, atraindo gente que não é especialista técnica em IA para o debate sobre sua natureza. Por se tratar de uma área que já é complexa, e por causa da velocidade com que as coisas avançam, os especialistas em IA têm mais condições de ver a evolução do cenário da IA, e em muitos casos de ter clareza em relação aos novos rumos que o setor vem tomando, meses ou até anos antes dos outros. Acredito que caiba aos especialistas em IA não apenas informar seus pares sobre o que estão fazendo por meio de artigos e códigos abertos, mas tornar o cerne conceitual de sua obra mais compreensível e abordável por todos. Muitas vezes esse exercício de reduzir as coisas à sua mais pura essência para que os demais possam entendê-las melhor pode gerar algumas das descobertas mais interessantes. Segundo Einstein, "a definição de genialidade é pegar o complexo e torná-lo simples".

Caso você seja um especialista em IA, por favor, use sua voz e seu poder para garantir que a IA sirva ao bem comum. A IA não pode ser desenvolvida sem você, e seu poder é maior do que você imagina. Sabendo disso ou não, sua obrigação de fazer aquilo que é certo para a humanidade é ainda mais importante que qualquer desejo que você tenha de fazer algo intelectualmente estimulante ou pessoalmente enriquecedor.

O PAPEL DO DESENVOLVEDOR DE TECNOLOGIAS

Ao longo da próxima década, todo desenvolvedor de tecnologia vai se tornar, em maior ou menor grau, um desenvolvedor de IA. As técnicas de IA vão se tornar parte do seu repertório e influenciar sua forma de resolver problemas cada vez mais a cada ano. Na Microsoft, temos testemunhado essa transformação espalhando-se pela empresa à medida que ferramentas, técnicas e conhecimento criados por especialistas em IA são democratizados entre dezenas de milhares de desenvolvedores e à medida que as ferramentas e a infraestrutura de IA que disponibilizamos para o público começam a ser usadas por milhões de desenvolvedores mundo afora.

Assim como você tem a obrigação de criar softwares seguros, estáveis, acessíveis, altamente disponíveis, rápidos, confiáveis e utilizáveis, a IA trará consigo um conjunto novo de obrigações. Por exemplo, uma vez por ano, todos os funcionários da Microsoft são obrigados a fazer um curso chamado Padrões de Negócio, parte do qual consiste em assistir a vídeos dramatizando questões jurídicas e éticas que podem aflorar no exercício de nossa atividade. Os roteiros mudam de um ano para o outro, e, com a IA tornando-se uma ferramenta onipresente no desenvolvimento de produtos, acrescentamos recentemente um novo caso ético de IA ao curso. Ele mostra um desenvolvedor de IA com fama de *rockstar*, que acabou de criar um algoritmo engenhoso, festejado nos corredores da empresa. Sua demo cativou a imaginação dos colegas que buscam métodos revolucionários para resolver problemas dos clientes. Porém, o antigo chefe desse desenvolvedor suspeitou que os resultados eram bons demais para serem verdade, e cautelosamente interpelou o ex-subordinado em um grupo menor. Onde ele obteve os dados dos clientes para treinar seu modelo de IA? Ele seguiu as diretrizes legais e éticas da empresa? À medida que o drama ficcional avança, sentimos que o desenvolvedor vai cavando cada vez mais a própria sepultura. Ele confidencia a um colega que treinou sua IA usando dados aos quais não tinha permissão de acesso. Implora a esse colega que lhe dê acesso aos dados só mais uma vez, para corrigir um bug. Ele já tinha cometido uma grave violação da política da empresa quando da primeira obtenção dos dados, e por isso o colega diz "não". Moral da história: IA antiética não é IA boa.

Em vários setores e no meio acadêmico, estamos apenas começando a definir o que é IA ética. Considerando o apetite insaciável do aprendizado de máquina por dados, grande parte do foco da IA ética concentra-se neles. No momento em que escrevo estas palavras, a Regulamentação Geral de Proteção de Dados europeia proporcionou um bom enquadramento regulatório para o tratamento de dados de consumidores, que garante transparência e privacidade e proporciona aos consumidores maior controle de seus dados. A Microsoft assumiu uma postura em relação aos sistemas de IA capazes de identificar pessoas a partir de fotos que incluem o rosto. Considerando o potencial dessa tecnologia para violar a privacidade das pessoas se usada de forma que possa impactar a liberdade individual, acreditamos que os governos devem se posicionar em relação aos usos apropriados desse tipo de IA e aprovar leis que a regulem.

Para o bem ou para o mal, é provável que as possibilidades da IA sobrepujem a capacidade de nossos legislativos democraticamente eleitos de lidar com essas possibilidades e regulamentá-las quando adequado. Por exemplo, já faz quinze anos ou mais que os efeitos colaterais negativos dos sistemas de aprendizado de máquina que otimizam atenção se tornaram suficientemente claros para que tanto o setor quanto os reguladores sintam uma necessidade urgente de mudança.

Dá para fazer melhor. E parte de fazer melhor é impormos a nós mesmos um padrão mais elevado, não apenas para fazer a coisa certa a cada momento, mas para refletir periodicamente a respeito e debater qual é essa coisa certa. Médicos, advogados, engenheiros, professores e muitos outros profissionais têm códigos de ética formais. A Associação Nacional da Educação dos EUA, por exemplo, possui um código de ética[28] que impõe aos professores um conjunto de responsabilidades em relação aos estudantes e à profissão, entre as quais coisas como: "Em cumprimento à obrigação junto ao estudante, o educador não suprimirá nem distorcerá deliberadamente conteúdo relevante ao progresso do aluno". Em relação à IA, nós, enquanto desenvolvedores de tecnologia, temos obrigações em relação à nossa profissão, a nossos empregadores e seus acionistas, às localidades onde oferecemos produtos e serviços, aos colegas de trabalho, àqueles que utilizam o trabalho que produzimos e ao bem comum.

Desde 2018, a Microsoft possui um comitê chamado de Aether (sigla em inglês para "Ética da IA em Engenharia e Pesquisa") que ajuda a dar aconselhamento à nossa equipe de liderança executiva. O comitê Aether é um grupo transfuncional e multidisciplinar, focado em seis áreas: viés e equidade; práticas de engenharia para IA; interação e colaboração homem–IA; inteligibilidade e explicação; confiabilidade e segurança; e usos sensíveis da IA. O trabalho feito por esse grupo, comandado por Eric Horvitz, um pioneiro da IA, subsidia desde sua formação todas as decisões relevantes de IA na Microsoft. Além disso, integrantes do comitê Aether também se envolvem com a comunidade externa da Microsoft de forma mais ampla e colaboraram com a criação de grupos como o Partnership on AI[29] e o Instituto Stanford pela Inteligência Artificial Centrada no Ser Humano.[30]

Além de participar do debate sobre qual deve ser o código de ética formal para os envolvidos com a IA e de garantir que você seja informado da evolução do panorama ético e regulatório em torno da IA, enquanto desenvolvedor de tecnologia você vai ter que adquirir certos padrões de bom senso para orientar as decisões que tomar diariamente, a fim de que seu trabalho encontre o equilíbrio ideal entre todos os interessados aos quais você presta contas. Uma vez mais, os quatro pilares do desenvolvimento de uma IA escrupulosa podem representar um bom ponto de partida para a elaboração desses padrões. Use-os, aperfeiçoe-os e, se puder, crie plataformas de IA que gerem mais valor para os outros, no sentido mais amplo possível, do que para você, seu produto ou sua empresa. Certifique-se de que seu trabalho seja inclusivo, o que, no caso dos desenvolvedores de tecnologia, significa elaborar produtos isentos de vieses não intencionais e que ajudem o usuário a entender de que forma a IA pode influenciar a interação dele com o seu produto. Certifique-se de que a IA que você utiliza em seus produtos é centrada no ser humano. Pense no impacto disruptivo que seu produto terá e descubra o que você vai ter que fazer para mitigar as consequências negativas dessa ruptura.

Como criador de coisas com IA que terão um impacto na vida das pessoas, você está na linha de frente da tomada de decisões diárias sobre se aquilo que você faz vai manipular ou empoderar; se você está jogando um jogo de soma zero em que a IA extrai mais valor do que cria ou se está criando um novo jogo de soma não zero, em que faz o bolo crescer e beneficia a todos; e se você está realmente à altura do privilégio e do dever de servir ao bem comum com aquilo que cria. Escolha com bom senso.

O PAPEL DO EXECUTIVO

O papel do executivo no desenvolvimento de uma IA escrupulosa é ao mesmo tempo de importância crucial e de extrema simplicidade. É o mesmo que no restante da sua função: criar um ambiente em que as pessoas possam fazer o melhor trabalho possível e garantir que o trabalho de indivíduos e equipes resulte em produtos e serviços que façam uma diferença suficientemente positiva no mundo, que lhe valha a permissão para continuar fazendo o que faz. Fácil, não?

Agora, falando sério, a IA acarreta desafios acima e além daqueles que você talvez já esteja acostumado a encarar como líder. Criar um ambiente para que as pessoas criem uma IA escrupulosa exige que você entenda um pouquinho mais sobre aquilo que está ocorrendo no cenário da IA como um todo e que você desafie sua empresa a pegar o esboço de desenvolvimento escrupuloso apresentado aqui ou inventar seu próprio esboço, completando-o com todas as lacunas exigidas por seu conjunto específico de necessidades empresariais. Não é pouca coisa. Fazendo do jeito certo, porém, dispondo de um conjunto de princípios de IA bem codificados para sua organização — princípios que reflitam de modo geral a determinação de criar mais valor do que extrair; de acolher todas as pessoas no debate sobre como vocês estão usando a IA em benefício delas; de focar seu trabalho de IA em benefício do ser humano, de suas necessidades e do bem comum de forma mais ampla; e de assumir a responsabilidade e lutar para mitigar os impactos negativos do seu trabalho com IA —, você fará por merecer a permissão para continuar a servir ao público.

A paciência do público não é infinita com aqueles que não levam essa questão a sério. Abdicar da responsabilidade de fazer IA com princípios não chega a ser uma escolha que as empresas terão eterna permissão para fazer. Podem ocorrer situações de arbitragem, lucrativas no curto prazo, em que você pode causar rupturas em mercados ineficientes com tecnologias turbinadas por IA ou usar a IA para eliminar impiedosamente os custos e a mão de obra do seu processo produtivo. Porém, as empresas que adotarem essa visão muito míope das oportunidades de negócio provavelmente não serão aquelas que criarão valor duradouro ao longo de décadas. A realidade das estratégias assim é que, depois de se extraírem todas as oportunidades de eficiência que forem encontradas, o que pode ocorrer com relativa rapidez, chega então a hora de buscar o crescimento. E na busca dessas oportunidades de curto prazo, o mais provável é que você descubra não apenas que angariou o desprezo de um monte de gente com quem você tem deveres, mas também que reforçou o aspecto errado da IA. Pode ser que a mesmíssima IA que você empregou para eliminar empregos e se tornar mais eficiente se torne menos eficiente com o passar do tempo, quando o cenário do seu negócio evoluir e você sentir falta de professores de máquina e de dados de treinamento para adaptar.

Uma vez mais, nesse caso, pensar sobre o mundo em termos daqueles a quem você deve prestar contas — seus empregados, seus acionistas, seus clientes, o bem comum — e buscar oportunidades que sejam de soma não zero, em vez de soma zero, são atitudes que colocarão você em uma situação mais estável para a criação de valor de longo prazo. Pode parecer a trilha mais complicada, mas também é a certa. Já comentamos como o pensamento "soma zero versus soma não zero" funciona no caso da automação do serviço ao cliente com *bots* de IA. O pensamento de soma zero é: "Agentes de atendimento ao cliente são caros; por isso, vou cortar meus custos substituindo-os por agentes de IA". O pensamento de soma não zero é: "Agentes de atendimento ao cliente são um recurso precioso, cujo potencial está sendo desperdiçado ao pedirmos que realizem tarefas mentalmente penosas; por isso, vou automatizar essas tarefas, liberando-os para criar uma experiência mais agradável para o cliente do que seria normalmente possível".

Em um caso, o tamanho do bolo continua o mesmo: você gera um pouco mais de lucro no curto prazo para a empresa e seus acionistas às custas da qualidade de vida das pessoas. Você tornou o mundo melhor de forma diminuta, para um punhado de gente, e muito pior para outro grupo de pessoas, sem que nada mude para todo o resto. Pode haver situações em que essa seja a única decisão possível, mas o cálculo do raciocínio de soma zero com a IA é sombrio.

No outro caso, o tamanho do bolo aumenta. Você tornou a vida melhor para os seus clientes, que vão receber um serviço melhor. Você tornou seus agentes de atendimento ao cliente mais felizes, porque eles realizam tarefas menos penosas e podem usar melhor seu potencial na solução dos problemas dos clientes. E, com a melhora da satisfação do cliente, provavelmente suas vendas aumentarão. E tudo isso foi feito sem gastar mais dinheiro.

A mentalidade pode fazer uma enorme diferença na hora de decidir como tirar proveito da IA.

O PAPEL DO GESTOR PÚBLICO E DO REGULADOR

Gestores públicos do mundo inteiro estão tentando compreender o impacto atual da IA e o impacto que ela pode vir a ter no futuro. Em uma ponta do espectro, existe enorme preocupação e cautela em relação à IA e às empresas desenvolvendo essas tecnologias. A IA estaria destruindo a privacidade? Estaria sendo usada como álibi para controlar de forma inadequada conteúdos nocivos nas plataformas sociais? Os usuários estariam recebendo uma compensação justa ao contribuir para a IA com seus dados? A IA estaria manipulando as pessoas? O que faremos em relação aos empregos que a IA vai eliminar? A IA de produtos como carros e drones autônomos é segura? O que temos que fazer para manter a competitividade dos EUA em IA? Onde devemos permitir o uso de IA no setor público? O que fazer para controlar o viés em IA? De quais vozes dissonantes, dentre as muitas que alegam especialização em IA, devemos obter aconselhamento?

Todas essas perguntas são boas, e não invejo quem tem que lidar com elas. Desconfio de que muitas outras perguntas vão surgir nos próximos anos, à medida que aumenta o ritmo de avanço da IA e à medida que seu uso em uma gama cada vez maior de produtos e serviços faz com que mais cidadãos interajam todos os dias com ela, direta e indiretamente.

Na outra ponta do espectro, você tem governantes afobados para abraçar a IA. O governo chinês elaborou uma sofisticada política de IA e está investindo centenas de bilhões de dólares para se transformar em uma superpotência de IA. O presidente da Rússia, Vladimir Putin, declarou em 2017 que "a inteligência artificial é o futuro, não

Política e ética

apenas para a Rússia, mas para toda a humanidade. Traz oportunidades colossais, mas também ameaças difíceis de antever. Quem quer que se torne o líder nessa esfera será o líder do mundo".[31]

Abençoados ou amaldiçoados, vivemos em tempos interessantes.

Os gestores públicos desempenham um papel sem igual na orientação do desenvolvimento escrupuloso da IA e na garantia de que ela se torne parte de nossa prosperidade coletiva futura, e não um prenúncio de distopia. Talvez as duas questões mais complicadas para nossos gestores públicos no trato da IA sejam informar-se o máximo possível, o mais profundamente possível, o mais rapidamente possível; e elaborar uma série de princípios iniciais que vão guiar suas respostas às inúmeras perguntas que a IA suscita, para não começar da estaca zero a cada pergunta que surge.

Vamos tratar primeiro da informação. Nossos gestores públicos possuem um incrível poder de congregar, e no passado usaram esse poder para focar a atenção de especialistas em assuntos e temas importantes de ciência e tecnologia. Entre 1972 e 1995, o Congresso financiou o Escritório de Avaliação Tecnológica (OTA, na sigla em inglês), que prestava orientação técnica à Câmara e ao Senado em questões complexas de ciência e tecnologia. O OTA ficou sem verba em 1995, em meio a cortes no orçamento. Posteriormente, o Escritório de Responsabilidade Governamental (GAO, na sigla em inglês) criou um programa de avaliação tecnológica. Recriar o OTA ou aumentar a verba do programa de avaliação tecnológica e usar um dos dois para criar uma equipe de consultores tecnológicos isentos com profunda expertise em IA é de importância crucial para o nosso futuro. Sem um grupo de especialistas apartidários, de nível mundial, que propiciem conselhos e análise a nossos parlamentares, teremos dificuldade em fazer políticas de IA de primeira linha.

Em segundo lugar, sobre a questão da criação de um conjunto de princípios e de se inspirar nos pilares do desenvolvimento escrupuloso de IA, apresento possíveis pontos de partida a seguir:

Mudar o raciocínio de soma zero para soma não zero. A maior oportunidade que os legisladores têm de levar benefícios aos cidadãos com o desenvolvimento de IA é encontrar grandes desafios de interesse social ou nacional em que recursos finitos tornem todas as questões relativas à alocação de recursos complicadas e polêmicas e imaginar como esses desafios podem ser transformados pela IA em jogos de soma não zero. Estamos diante de desafios assim na saúde, nas mudanças climáticas, nas transformações demográficas e na agricultura, para citar apenas alguns. Na saúde, haveria como encontrar formas de usar a IA para propiciar a todos assistência de alta qualidade e melhores desfechos de saúde a um custo menor? Nas mudanças climáticas, haveria formas de usar a IA para otimizar a geração e o consumo de energia e para reduzir os custos de implantação de fontes renováveis de energia de forma a reduzir as emissões de carbono? Poderíamos usar a IA para ajudar a otimizar nossa forma de plantar, cuidar e colher nossas safras, a fim de alimentar uma população crescente em condições de produção cada vez mais difíceis? E, com o envelhecimento da população do mundo industrializado, poderíamos usar a IA para substituir trabalhadores à medida que diminui a população em idade de trabalhar, de modo a evitar contração da economia? Creio que a resposta a todas essas perguntas pode ser "sim", caso nossos gestores públicos sejam capazes de criar incentivos que antecipem o início desses investimentos no bem comum mais rápido do que as forças do mercado o fariam.

Desestimular investimentos em IA estritamente de soma zero. Embora seja uma estratégia de negócios ruim no longo prazo, muita gente ficará tentada a ganhar dinheiro fácil com a IA utilizando-a para extrair eficiências sem reinvestir quaisquer economias em algo que produza valor. Implantar esses incentivos pode ter consequências inesperadas. Por isso, é preciso refletir com extremo cuidado sobre o que for feito. Uma possível maneira de saber se está no caminho certo é pensar nesses desestímulos como fonte estratégica de atrito, para inibir comportamentos nocivos e incentivar os benéficos, e não como novas fontes de receita para o governo. Por exemplo, uma das razões que levam à busca da extração de eficiências é a pressão de curto prazo de Wall Street. Se houver a percepção de que essa pressão incentiva comportamentos indevidos, eles podem ser reduzidos criando-se algo como um imposto altamente progressivo sobre ganhos de capital: 90% para quem retém o investimento durante menos de um mês; 75% por menos de um ano; 50% por menos de dois anos; 25% por menos de quatro anos; e 5% para quem retém o investimento por dez anos ou mais.

Ser intencional. Ao analisar uma proposta de política pública como um novo desestímulo, é crucial pensar não apenas no efeito pretendido, mas na teoria dos jogos geral em torno das consequências inesperadas. Por exemplo, uma das sugestões para lidar com a perda de empregos que a automação industrial pode causar é "Taxem os robôs!". Fazer isso, sem impor nenhuma outra condição, provavelmente é uma má ideia. Por quê? Porque a automação é usada em operações industriais, pequenas e grandes, para tornar a indústria americana mais competitiva, reduzindo o custo unitário de produção e expandindo sua capacidade, o que representa mais trabalho e mais empregos, sobretudo com repatriações. Taxar os robôs simplesmente nos levaria de volta à situação em que o trabalho era enviado para o exterior, não apenas porque a mão de obra é mais barata, mas porque os robôs são mais baratos também! Não estou propondo que não se taxem os robôs, e sim dizendo que, se isso for feito, será preciso estar preparado para abrir exceções que reduzam as consequências indesejadas ou estar preparado para aceitar essas consequências desde o começo.

Outro tipo de consequência indesejada virá, invariavelmente, dos bem-intencionados direitos trabalhistas, em que a proteção aumenta o custo da mão de obra acima do custo de implementação da automação. Por exemplo, aumentar o salário mínimo dos trabalhadores em lanchonetes de *fast food* é, com toda a certeza, a decisão mais humanitária. Para empresas com pressões dos investidores em relação à margem de curto prazo e preços inelásticos (isto é, o consumidor não aceitará pagar mais), uma reação natural a esses aumentos de salários será substituir parte dos trabalhadores por caixas automáticos e automação. Não se trata de uma preocupação teórica; já está acontecendo nos *fast foods* europeus, onde o custo da mão de obra é alto. Sem algum tipo de desestímulo compensatório à automação ou mudanças nos incentivos estruturais em torno das margens de lucro, as consequências inesperadas desse tipo de proteção trabalhista poderiam solapar totalmente o próprio objetivo da proteção.

Reinventar a educação. Muitas das características do nosso sistema de educação contemporâneo se originaram na Revolução Industrial. À medida que o novo milênio caminha, não causa surpresa que aquilo que funcionava nos séculos XIX e XX possa necessitar de uma sintonia fina para o século XXI. Embora eu tenha passado uma parcela significativa da minha vida estudando, tenha ensinado ciência da computação em duas universidades, tenha criado e administrado um punhado de programas de treinamento corporativos e tenha uma fundação familiar e uma esposa muito atuantes na área da educação, não me considero um especialista em pedagogia. Embora eu tenha várias opiniões sobre aquilo que devemos fazer para melhorar a educação de crianças que muito provavelmente entrarão em um mercado de trabalho profundamente influenciado pela IA e dos trabalhadores que precisarão de capacitação permanente e constante aquisição de novas competências para se adaptar um mundo do trabalho em transformação, guardarei essas opiniões para mim e apontarei simplesmente alguns dos desafios que teremos em um futuro não muito distante.

A ideia de que um fosso de competências contribuiu de forma significativa para o desemprego posterior à crise financeira de 2008 nos Estados Unidos é um tanto controversa. No artigo "Unemployment, Schools, Wages, and the Mythical Skills Gap", Richard Rothstein e Lawrence Mishel, do Instituto de Política Econômica, alegam que a existência desse fosso não é comprovada pelos dados econômicos nem faz sentido do ponto de vista intuitivo. Porém, os dados parecem indicar que de fato existem fossos locais de competências, um desequilíbrio entre a demanda dos empregadores e a oferta de trabalhadores que possuam essas competências, previsivelmente concentrados nos centros de inovação urbanos, litorâneos, onde as vagas crescem mais.[32] O acesso à capacitação, evidentemente, é importante para quem vive nesses centros urbanos.

Para os trabalhadores que podem se mudar, também é importante ter acesso a essa capacitação onde quer que vivam, mesmo que não haja empregadores locais com vagas que demandem suas novas competências.

Empiricamente, testemunhei várias situações em que pequenas empresas em busca de competências técnicas em locais fora dos centros urbanos de inovação — lugares como Boydton e Brookneal, na Virgínia — têm vontade e oportunidade de crescer, mas não encontram um número suficiente de trabalhadores capacitados em suas pequenas comunidades ou nos arredores. Os fossos de competências que existem nessas pequenas comunidades podem ser de atividades como soldagem, tornearia e TI. Alguns anos atrás, eu estava ouvindo uma reportagem de rádio sobre o mercado de trabalho. A entrevistada era uma mulher do sul da Califórnia, mãe solteira, que tinha perdido o emprego no setor da construção. Ela sabia que havia vagas abertas, mais bem pagas, em soldagem, que os patrões não conseguiam preencher, mas por estar desempregada ela não tinha como pagar um curso de soldagem na escola técnica local. A ideia de que seiscentos dólares eram o único obstáculo entre essa mulher e a recuperação da autossuficiência econômica dela e do filho me pareceu loucura. Mas é a realidade para muita gente.

A impossibilidade de capacitar populações locais em competências demandadas pelas empresas é uma enorme oportunidade desperdiçada para os trabalhadores, as empresas e as comunidades. No futuro, esse fosso de competências deve mudar de aparência por conta da IA e de suas habilidades cada vez maiores. Haverá cada vez menos oportunidades disponíveis para quem tiver apenas o ensino médio, e menos vagas serão compostas por tarefas repetitivas e bem definidas, por mais complexas que elas pareçam do ponto de vista atual. Não poder capacitar para as competências do futuro aqueles que vivem em comunidades fora dos centros de inovação urbanos fará com que essas regiões continuem a ficar para trás. O governo tem um enorme papel a desempenhar na garantia de que isso não ocorra.

Como podemos prover as oportunidades educacionais certas para nossas crianças, a fim de que elas estejam preparadas para exercer as atividades de amanhã? Eu e minha esposa temos lidado com isso de forma proativa com nossos filhos, que, no momento em que escrevo, estão no ensino fundamental. Muitos pais, como nós, estão preocupados em como preparar os filhos para os testes de admissão e para dominar as habilidades cognitivas que a IA está prestes a dominar. Pode-se argumentar que é um bom exercício para o cérebro, ajudando-o a aprender modos de raciocinar menos suscetíveis de serem superados pela IA. As coisas que provavelmente continuarão relevantes, ou que talvez até se tornem mais relevantes em um mundo com IA altamente competente, são a capacidade de se comunicar e de relacionar com outros seres humanos; o empreendedorismo; a empatia e a compaixão; a solução criativa de problemas; e a colaboração. Provavelmente, as ciências humanas serão ainda mais importantes no futuro, na medida em que buscarmos compreender a natureza essencial de nós mesmos; o passado; nossa condição no presente; e nossas aspirações para o futuro. Acredito piamente que a arte continuará a ser uma atividade fundamentalmente humana e, entre outras coisas, um mecanismo que utilizaremos para explorar aquilo que não sabemos expressar direito e as relações entre nós e com o mundo à nossa volta.

Também creio que não causará surpresa minha opinião de que devemos proporcionar melhor ensino técnico a nossos filhos, dando-lhes uma base robusta em ciência e matemática, com ênfase nas ferramentas necessárias tanto para aprender quanto para criar, e não como meros amontoados de conhecimento que precisamos decorar. Temos que capacitar nossos filhos em tecnologia, engenharia e informática. Aprender a programar é uma parte importante da informática e da engenharia e a forma como muitos de nós expressamos nosso ofício. No entanto, muito mais importante é aprender a pensar de forma algorítmica, criando uma base que nos permita adaptação à medida que a programação propriamente dita evolui.

O papel dos gestores públicos nisso tudo deve ser incentivar um debate sólido sobre como preparar cidadãos para o futuro e investir em capacitação tanto para os trabalhadores de hoje quanto para os de amanhã, a fim de que eles obtenham as competências necessárias para viver de forma próspera e gratificante.

Providenciar o básico. Ainda há apostas na mesa, como o acesso à banda larga, de que as comunidades e seus habitantes necessitam caso queiram participar plenamente da economia do futuro. Além do acesso à formação, é vital garantir que todas as localidades tenham acesso a uma infraestrutura digital moderna. Essa infraestrutura é não apenas a alma das empresas modernas, mas também indispensável para atrair e reter talentos.

Pensar grande. Em 1962, o presidente John F. Kennedy fez um discurso histórico na Universidade Rice delineando suas metas para o Programa Apollo.

Zarpamos neste novo mar porque há novos conhecimentos a serem adquiridos, novos direitos a serem conquistados, e eles devem ser obtidos e utilizados em nome do progresso de todos. Pois a ciência espacial, assim como a ciência nuclear e toda a tecnologia, não possui consciência própria. Se ela se tornará uma força para o bem ou para o mal, depende do homem, e somente se os Estados Unidos ocuparem uma posição preponderante podemos ajudar a resolver se esse novo oceano será um mar de paz ou um novo e aterrorizante teatro de guerra. Não estou afirmando que devemos ficar ou que ficaremos desprotegidos ante o uso hostil de terra e mar, mas afirmando que o espaço pode ser explorado e conquistado sem alimentar a fogueira da guerra, sem repetir os erros que o homem cometeu ao expandir sua alçada por este nosso globo afora.

No espaço ainda não existe disputa, nem preconceito, nem conflito nacional entre nações. Seus obstáculos são hostis para todos nós. Sua conquista merece o melhor de toda a humanidade, e sua oportunidade de cooperação pacífica pode nunca mais acontecer. Mas por que a Lua, dirão alguns? Por que escolher esse como nosso objetivo? E podem muito bem perguntar: por que escalar a montanha mais alta? Por que, 35 anos atrás, voar pelo Atlântico? Por que o Rice joga contra o Texas?

Nós escolhemos ir à Lua! Nós escolhemos ir à Lua... Escolhemos ir à Lua nesta década e fazer as outras coisas não porque sejam fáceis, mas porque são difíceis; porque esse objetivo servirá para ordenar e mensurar o melhor de nossas energias e habilidades, porque esse é um desafio que estamos dispostos a aceitar, que não estamos dispostos a adiar e que pretendemos vencer, assim como os demais.

Trocando apenas algumas palavras do primeiro parágrafo do discurso, Kennedy poderia muito bem estar falando de IA. O que o presidente fez nesse discurso não foi apenas definir as bases do primeiro voo lunar, mas permitir que as novas gerações tivessem uma narrativa de esperança. Ele definiu por que razão uma iniciativa tão incrivelmente técnica, abstrata e dispendiosa valia a pena. Precisamos do mesmo para a IA: uma conclamação que nos una em torno dela. Precisamos declarar audaciosamente que a IA talvez seja o problema mais relevante que já tentamos resolver, como espécie fundamentalmente curiosa, em razão de sua complexidade e do que ela revelará sobre a natureza humana. E, talvez ainda mais importante que isso, precisamos nos unir de alguma forma para investir em uma IA que traga benefícios sociais positivos e tangíveis para todos, de modo que, para além de nossa curiosidade, todos participem do futuro.

Nos EUA, tivemos muitos exemplos de grandes programas de obras públicas em que investimos pesado para realizar objetivos ousados, em que nos unimos para criar coisas que definiram setores inteiros e mudaram o futuro de nosso país e do mundo. Os gestores públicos devem pensar na criação do equivalente moral do programa Apollo para a IA em nome do bem comum. Já identificamos uma série de problemas de bem-estar social que poderiam ser tratados com IA e já dispomos de várias agências governamentais através das quais programas do gênero poderiam ser lançados, como a Fundação Nacional da Ciência ou a Agência de Projetos de Pesquisa Avançada de Defesa. Estima-se que um programa do tamanho do Apollo para IA custaria 200 bilhões de dólares, distribuídos ao longo de dez anos, o que representaria 0,1% do nosso PIB anual. Juntando isso a incentivos regulatórios inteligentes, seria possível realizar coisas incríveis.

Pense, por exemplo, no desafio da prestação de assistência médica de alta qualidade, a um custo baixo, para toda a população norte--americana. Essa questão tem sido polêmica há muitos anos, tanto entre políticos quanto entre cidadãos. Se só olharmos para os gastos públicos com saúde, projeta-se que, seguindo a legislação atual, eles aumentarão 5,5% por ano entre 2018 e 2027, mais rapidamente que o PIB em qualquer ano desde 1984. Em um mundo de soma zero, isso quer dizer que, para financiar esse crescimento, precisamos arrecadar mais (impostos), ou cortar gastos em algum lugar, ou ambos. A única forma de mudar isso é gerar mais crescimento do PIB ou reduzir o ritmo de gastos com saúde. O PIB é relativamente difícil de prever ou controlar. E reduzir os gastos com saúde significa, em geral, piorar ou negar esse serviço para alguns ou para todos. Isso decorre da própria essência de um jogo de soma zero em que há divergência.

A IA pode ser uma saída. Diagnósticos por IA já conseguem, de maneira barata e onipresente, detectar uma série de problemas de saúde com precisão clínica. À medida que os sensores em nossos celulares, relógios e outros aparelhos que vestimos e usamos se tornam mais baratos, mais disseminados e mais potentes e à medida que a IA progride, não é ideia de ficção científica imaginar um mundo em que todos tenham acesso a um médico virtual, que lhes avise quando estão ficando doentes antes que percebam e que possa prescrever um tratamento de forma autônoma ou indicar um médico quando seu problema estiver acima da capacidade da IA de ajudar. Diagnosticar doenças a um custo próximo de zero, para todos, antes que os sintomas apareçam, quando é mais barato tratá-las e mais rápido curá-las, com menos impacto para o paciente, poderia ser uma revolução para os EUA e para o mundo.

Além de financiar a pesquisa acadêmica e o setor privado, para resolver os problemas de IA inerentes a uma revolução na saúde, o governo também poderia utilizar a imensa quantia que já gasta com saúde para incentivar atitudes em prol dessa transformação pela IA. Por exemplo, um dos maiores desafios na criação de IA no setor de saúde é que as informações, em geral de altíssima qualidade, estão fragmentadas em sistemas e formatos incompatíveis entre si — grande parte em notas manuscritas apodrecendo em pastas suspensas, guardadas de modo inacessível à IA em zilhões de fichários e caixas de arquivos em consultórios médicos país afora. E se, como pré-requisito para qualquer relacionamento administrativo, a lei obrigasse todo provedor de serviços médicos a fornecer de forma digital e segura um registro dos serviços prestados, em nome dos pacientes, em um formato padrão, como um registro médico com senha controlada pelo paciente, talvez via sistema *blockchain*? Esse registro conteria o histórico completo do paciente, e ele teria a possibilidade de autorizar o prestador a consultar esses registros, parcial ou integralmente, durante um tratamento. O paciente também poderia autorizar os sistemas de IA a acessar todos os dados do registro médico ou parte deles: essa leitura poderia ser para treinamento ou para o armazenamento de dados quando a IA fizesse diagnósticos ou prestasse serviços.

Encontrar uma forma de acesso confidencial para os pesquisadores e desenvolvedores de IA, com a permissão do paciente, de forma a criar uma IA que pudesse servi-lo melhor, poderia antecipar em anos ou décadas a eficiência da saúde por meio da IA.

Seja no serviço de saúde ou numa combinação dele com outros grandes desafios, já possuímos os mecanismos para bancar um "programa Apollo" para a IA. Tudo de que precisamos é a disposição para fazer, e os resultados poderiam ser nada menos que extraordinários.

O PAPEL DO CIDADÃO

Se você chegou até aqui, obrigado. Prometo que o trabalho que você precisa fazer para se preparar e preparar a sua família para um futuro com IA é modesto, mas de importância crucial. É a IA que precisa, no fim das contas, estar a seu serviço e de suas necessidades. Na democracia contemporânea, essa permissão tem que vir de você para os especialistas, desenvolvedores, empresários e gestores públicos, para que eles façam a parte deles na condução da IA para o futuro — e de todos nós junto com ela. Mas, para que você exerça esse poder final sobre os desdobramentos, é preciso estar engajado.

A primeira parte desse engajamento é formar uma opinião em relação à IA. Como diriam minha mãe e meus professores, "não estou nem aí" não é uma opinião válida numa questão tão importante quanto essa. Você estaria basicamente transferindo para outros a sua autonomia e as decisões sobre o seu futuro.

Formar uma opinião sobre IA não é a coisa mais fácil do mundo. Minha turma (cientistas e engenheiros) não tem facilitado as coisas para a compreensão de um amontoado de tecnologias complicadas e em rápida transformação. Lamento dizer isso, e minha decisão de escrever este livro é uma primeira tentativa, nem de longe completa ou perfeita, de mudar isso. Continuarei a fazer tudo que estiver ao meu alcance para ajudar a tornar o tema mais acessível e a conclamar meus colegas a fazerem o mesmo. É o mínimo que devemos a você.

A segunda parte do seu engajamento, uma vez formada sua opinião, é insistir para que seus representantes eleitos tenham conhecimento técnico suficiente para implementar boas políticas de IA e para que, onde esse conhecimento lhes faltar, eles busquem o aconselhamento técnico de mais alta qualidade que existir. Cabe a esses representantes eleitos elaborar políticas que protejam você e seus interesses, garantindo que as regras do jogo que todos estamos jogando, de forma geral, sejam redigidas de forma a lhe proporcionar uma carreira próspera, cuidando de si e de sua família e vivendo uma vida gratificante se assim desejar. Eles não poderão cumprir seu papel na era da IA se não forem capazes de dominar certas questões técnicas bastante complexas e se não forem capazes de conseguir respostas para as perguntas mais complicadas quando atingirem os limites da própria expertise.

A terceira parte do seu engajamento é aprender a aprender a vida toda. Sempre que digo isso, tenho o impulso de pedir desculpas, por imaginar que se trate de um grande sacrifício. Mas não conheço ninguém que não tenha curiosidade em relação a algo e que não tenha disposição para dedicar algum tempo à satisfação dessa curiosidade. Todo mundo tem um *hobby*. Se você está analisando esta frase, é porque é um leitor curioso. Você escuta *podcasts* e assiste a vídeos no YouTube. Você passa tempo com os colegas discutindo as novas ferramentas da sua profissão, com gente que compartilha suas curiosidades em fóruns online e encontros no mundo físico. E alguns de vocês adoram de verdade ir à escola e inscrever-se a toda hora em novos cursos, desafiando-se a aprender coisas novas. Basta canalizar um pouco disso para a IA, prestando atenção no que está acontecendo e aprendendo um pouquinho de vez em quando para entender melhor esse mundo, e você já estará indo bem. E, quando o custo de formação e capacitação for um obstáculo para você, será uma nova oportunidade para você procurar seus representantes eleitos e para exigir de nós, que estamos criando conhecimento, pacotes de informação mais baratos e mais fáceis de consumir.

Para encerrar, seja otimista. Para aqueles que me conhecem bem ou que conhecem o jeito de pensar dos engenheiros, isso pode parecer estranho. Eu me considero um pessimista de curto prazo e um otimista de longo prazo. É assim que muitos engenheiros enxergam o mundo. O engenheiro, por formação e predisposição, busca o tempo inteiro aquilo que está defeituoso ou que pode ser aprimorado, e então tenta descobrir o que pode ser feito para melhorar. Essa é a própria definição da nossa atividade. Isso às vezes nos leva a enxergar o mundo por uma lente pessimista. Mas, mesmo que você veja o dia inteiro dezenas de coisas defeituosas, que o deixam frustrado, sempre existe a crença de que a melhoria está ao seu alcance. Tenho muita confiança de que a melhoria está ao nosso alcance. Afinal de contas, somos as histórias que contamos. Por isso, se todos tivermos a esperança e a crença de que juntos podemos tornar as coisas melhores e a insistência em ajudar-nos uns aos outros para criar um amanhã melhor, pode ser que de fato consigamos aquilo que esperamos.

Conclusão

Quando voltei para visitar minha cidade natal, no início do verão de 2019, a Microsoft havia passado por uma renovação sem precedentes, alimentada pela computação na nuvem e por uma visão ambiciosa em relação à inteligência artificial. A tecnologia não para, tampouco o mundo que ela serve. Com outra eleição presidencial se aproximando, dedicou-se muita energia a conquistar os votos rurais, com propostas para melhorar um pouco de tudo, dos programas do Departamento de Agricultura dos EUA à banda larga na zona rural. Enquanto eu estava na Virgínia, o *New York Times* publicou um anúncio de página inteira da T-Mobile e da Sprint, afirmando que havia chegado a hora de reduzir o fosso digital. "Grande parte dos Estados Unidos foi ignorado, desprezado e deixado de fora da revolução digital", dizia o texto, impresso sobre a imagem de uma fazenda típica, que poderia muito bem ser Campbell County, na Virgínia. No momento em que os reguladores ponderavam sobre a autorização de fusão entre essas duas empresas de telecomunicações, a ênfase parecia ter passado a ser um recado para a região rural dos Estados Unidos. Algumas páginas adiante, o mesmo jornal dava destaque ao impacto da decisão do presidente Trump de banir a Huawei Technologies, gigante chinesa das telecomunicações, e como isso "destrói as esperanças dos agricultores em relação aos celulares".

A premissa que me levou a escrever este livro — de que a tecnologia será mais uma bênção que uma maldição para a economia rural — parece ainda mais relevante hoje em dia.

Naquela manhã, conversei com David Reid, deputado estadual da Virgínia. Ele me contou que a mesma questão — o fosso entre a zona rural e os Estados Unidos *high-tech* — também se discute na capital do estado, Richmond, onde a política é apenas ligeiramente mais respeitosa e produtiva que em Washington, um pouco mais ao norte. David representava o condado suburbano de Loudoun, mas nasceu e foi criado no interior, em Buena Vista (que, por aqui, se pronuncia "*buna vista*"), não muito longe da minha cidade natal. As questões de política agrícola têm uma importância especial para ele, por conta do lugar onde nasceu, mas ele também acha que ajudar a Virgínia rural é bom para a Virgínia urbana. Ele também sabe que, com as competências e a infraestrutura adequadas, qualquer um pode trabalhar com tecnologia de qualquer lugar.

"Vejo a questão não apenas de uma perspectiva altruísta, por ser a coisa certa a fazer, mas também de uma perspectiva egoísta, do norte da Virgínia [*região mais rica do estado*]. Quanto mais pudermos fazer para de fato ajudar as regiões rurais do estado a atrair novas empresas para fixar as pessoas nessas áreas, menos demanda haverá para que queiram verba do norte do estado para apoiar suas iniciativas."

David fez parte da "onda azul" de candidatos do Partido Democrata eleitos para a assembleia legislativa da Virgínia em reação à vitória de Donald Trump na eleição presidencial de 2016. Durante a campanha de 2017, David apontou que, para cada dólar que sai do norte da Virgínia para a capital do estado, apenas vinte centavos retornam. O restante do dinheiro, segundo ele, é realocado para outras regiões do estado que sofrem para se sustentar. Isso subtrai recursos do norte da Virgínia que poderiam ser empregados para melhorar a educação e o transporte. Ele não enxerga uma saída para o distorcido sistema político americano enquanto não houver maior igualdade econômica, geograficamente

Conclusão

falando. Os estados e comunidades apelidados de *flyover* (ou seja, que as pessoas só veem do alto, de avião) precisam ser "enxergados e reerguidos". Em outras palavras, os EUA urbanos e *high-tech* dependem tanto do renascimento dos EUA rurais quanto os EUA rurais dependem do crescimento e da demanda de consumo provenientes de regiões prósperas, com tecnologia intensiva.

A mão de obra dos dias de hoje pode trabalhar de qualquer lugar, desde que exista suficiente conectividade de banda larga. Ironicamente, uma das formas de financiá-la no interior da Virgínia é através de verba proveniente do acordo nacional do tabaco, que prioriza a infraestrutura de banda larga para antigas áreas de cultivo, como Campbell County. Christopher Ali, professor-assistente da Universidade da Virgínia, se tornou um dos principais pesquisadores e estudiosos da banda larga rural. Em um artigo publicado no início de 2019 no *New York Times*, ele defendeu um plano nacional de banda larga rural nos moldes da Lei de Eletrificação Rural do presidente Roosevelt, de 1936. Diante de um prato de ovos com bacon no restaurante Farm Bell de Charlottesville, o professor Ali me contou que, embora o país tenha gastado bilhões com banda larga rural, ela é péssima, porque as empresas de telecomunicações usaram fios de cobre, em vez de fibra ótica, chamando erroneamente de "banda larga de alta velocidade" uma DSL de baixa velocidade.

"A DSL é considerada 'boa o suficiente' para a população rural", explicou Ali.

Ele considera as cooperativas rurais importantes aliados. Segundo Ali, o condado de Rock, no estado de Minnesota, já tem 100% de fibra nas residências e empresas, em parte graças a títulos emitidos com créditos de geração eólica. Supostamente, a Lei Agrícola dos EUA teria incluído verba para a banda larga rural. Ali, porém, minimiza essa verba, observando que para recebê-la as comunidades rurais precisam demonstrar que 90% das residências não possuem acesso sequer à baixa velocidade. Em outras palavras, basta o provedor local fornecer uma DSL terrivelmente lenta.

Mas isso não basta. E as consequências negativas ficam evidentes de imediato quando me encontro com Hunter Bass, filho de meu colega de classe W. B. Bass, que hoje, com o irmão Allan, administra a fazenda de grama perto da casa de minha mãe, em Gladys. Hunter me lembra um pouco eu mesmo quando tinha a idade dele. Depois de terminar o ensino médio, em 2012, ele foi estudar ciência da computação na faculdade. Ao contrário de mim, Hunter e a esposa optaram por ficar em Gladys — pelo menos por ora —, perto da família e dos amigos. Eles têm uma vida confortável, Hunter como desenvolvedor de software em uma empresa de Lynchburg e a mulher estudando para se tornar enfermeira. Mas a possibilidade de trabalhar de casa, de constituir família e começar um negócio, é ameaçada por uma velocidade de internet de 3 megabits por segundo, inadequada para conectar-se plenamente às atuais possibilidades do digital, que dirá a um futuro alimentado por IA. A casa dos pais, perto dali, tem velocidade ainda pior. Minha tia, que também mora na região, tem sorte de receber 300 kilobits por segundo.

É fácil ignorar disparidades como essa quando você vive em um centro urbano de inovação, como o Vale do Silício, Seattle ou Nova York, e ainda mais fácil quando seu trabalho é totalmente concentrado nas fronteiras das possibilidades tecnológicas. Nas conversas e nos debates sobre o futuro das tecnologias de IA, é fácil esquecer que o acesso igualitário às tecnologias mais básicas é tão importante quanto o próximo avanço em aprendizado de máquina, o próximo negócio alimentado por IA ou nossa discussão sobre como expandir as fronteiras tecnológicas. Ou até mais importante que isso. À medida que a tecnologia continua a progredir a um ritmo inacreditável e empresas e pessoas dependem cada vez mais dela para o próprio sucesso, os fossos digitais hoje existentes servirão apenas para amplificar a desigualdade no futuro.

Hunter, porém, é otimista. Deposita suas esperanças no sonho de que a casa onde mora em Gladys possa um dia dispor da mesma infraestrutura — da mesma base de oportunidades — que enxerga em outras comunidades. A poucos quilômetros dali, por exemplo, South Boston, no estado da Virgínia, tirou a sorte grande quando a Mid--Atlantic Broadband Communities Corporation e a Microsoft anunciaram uma parceria para implantar conectividade de alta velocidade e uma nova central de tecnologia. Mas precisamos de algo além de sonhos e esperanças.

Depois de me despedir de Hunter, dei uma passada no campus da Governor's School, que estava na última semana do ano letivo de 2019. Quando eu era adolescente, meus sonhos e esperanças levavam ao curso técnico de ciência e tecnologia da Governor's, na região central da Virgínia. Ela foi a plataforma de lançamento da minha carreira como tecnólogo e cientista da computação e uma base de oportunidades para mim e meus colegas. O prédio, mais bonito hoje em dia do que quando eu o frequentei, nos anos 1980, tem trezentos computadores conectados a uma banda larga excelente para seus 136 alunos e vibra com a empolgação dos funcionários pela missão da instituição. Porém, apesar do excelente trabalho feito pela escola para incentivar a curiosidade e a criatividade dos estudantes, entregando-os à sociedade com as competências e a mentalidade essenciais para o sucesso, o financiamento continua insuficiente. Steve Howard, que leciona linguagens de programação como Python e C#, é quem forma as pessoas que ajudarão a criar o futuro da inteligência artificial e tecnologias de última geração que nem sequer imaginamos ainda. Em uma aula recente chamada de "cenários científicos", seus alunos anunciam que o tema do trabalho será a busca por um tratamento contra o câncer que seja 100% eficaz. Embora seja improvável que um grupo do ensino médio, por mais brilhante que seja, vá descobrir a cura do câncer, quem sabe algum dia — com as competências certas, a dedicação de uma vida inteira à curiosidade e ao aprendizado, a determinação de ajudar os outros e o otimismo — um deles consiga.

A Governor's School recruta alunos nas escolas da região, entre elas as de Appomattox, Lynchburg, Bedford e Campbell County. Fiquei curioso para saber se alguém da minha cidade natal, que fica a uns

45 minutos de carro, seguiu meus passos. Havia um, sim, um jovem chamado Joshua. Orador da turma, ele ia estudar próteses na faculdade. As histórias pessoais de Hunter e Joshua me deixaram emocionado. Hunter me disse que preferiria ter estudado ciência da computação antes de terminar o ensino médio, mas não havia cursos. Na Governor's School, doze vagas ficaram sem preenchimento em 2019. Não podemos nos permitir que lacunas como essa persistam, sobretudo em nossas comunidades rurais, que precisam de vagas em tecnologia e de trabalhadores qualificados para preenchê-las.

Fazia décadas que eu não ia de carro de casa para a escola. Apesar disso, as retas e curvas da estrada de Lynchburg até Gladys continuavam familiares e despertaram antigas memórias. O interior da Virgínia fica lindíssimo no mês de junho. Cornisos, lilases, louros-da-montanha e loniceras estão em flor. De repente, o céu nublado ficou arroxeado e um temporal de raios castigou o carro alugado. Contemplar os morros arredondados e entrever as montanhas de Blue Ridge ao fundo me trouxe conforto. São as mesmas casas dos dois lados da estrada desde que eu era pequeno. Tudo isso me trouxe um sentimento de serenidade.

Nas minhas viagens fora do Vale do Silício, em regiões que o filtro do setor *tech* não alcança, recebi incentivo e até inspiração de meus velhos amigos: os irmãos Bass, em Gladys; Hugh E. e Sheri Denton, em Brookneal. Se estivermos convencidos de que o futuro é sombrio, vamos assumir uma postura protecionista e defensiva. Se acreditarmos que temos um futuro de esperança, criaremos coisas que tornarão essa esperança realidade. Foi o que eu constatei com Hunter. Eis um jovem que cresceu no mesmo lugar que eu. Frequentou a escola fundamental de Gladys e o ensino médio em Rustburg High. Encontrou para si uma oportunidade de fazer algo diferente, sem ter que desprezar a tradição para buscar seu próprio caminho. Era como se estivesse dizendo a si mesmo: "Não, meu caminho é este e ainda assim consigo honrar minhas raízes familiares". Dava para ouvir na voz dele a enorme admiração pelo que sua família realizou. Ele e a maioria dos amigos entraram na faculdade, à diferença da minha classe de ensino médio.

Porém, assim como eu, muitos amigos de Allan saíram de casa para fazer carreira. Acho que isso tem um lado bom e um ruim. O lado bom é que sabemos quais são os benefícios de uma educação superior. A faculdade não é a única via para um futuro próspero, é claro. Existem, e devem existir, inúmeros caminhos a seguir. Porém, sabemos que a instrução superior traz benefícios concretos e tangíveis. O potencial de geração de receita de quem tem um diploma universitário é maior que o de quem tem ensino médio. O lado ruim é que os colegas de Allan tiveram que se mudar porque só assim enxergaram oportunidades de trabalho e de vida. Temos que fazer uma profunda reflexão sobre como criar mais oportunidades de emprego para o trabalho do futuro aqui, no interior dos EUA, para que as pessoas decidam ficar. É por isso que me entusiasma tanto o trabalho de Linc Kroeger para proporcionar competência digital a quem está entrando na força de trabalho na interiorana Jefferson, em Iowa.

Às vezes as pessoas adotam uma atitude de desinteresse, até de desdém, por gente que decide viver em outro lugar, que decide ir em busca de um caminho diferente na vida. É cômodo cercar-se das mesmas fontes de notícias, das mesmas opiniões políticas, do mesmo entretenimento, das mesmas atividades e da mesma cultura que as pessoas à sua volta. Com a tecnologia contemporânea, passamos mais tempo online e com nossos aparelhos, e cada vez mais nossa conexão com os outros é mediada pelas redes sociais. Fica difícil fugir da armadilha das bolhas dos filtros de autorreforço e evitar que essas bolhas exerçam influência sobre outros aspectos das nossas vidas. Muitos amigos e colegas meus enxergam quem vive em comunidades rurais, quem vive fora dos centros urbanos de inovação, onde o motor da economia gira atualmente, de um jeito bem diferente do meu. Isso não só é lamentável, mas também é um obstáculo à realização do sonho americano para todos. Meus conhecidos no interior dos EUA estão entre as pessoas mais dedicadas, empreendedoras e inteligentes que existem. São capazes de realizar qualquer coisa a que se proponham e alimentam as mesmas esperanças para o futuro delas, de suas famílias e de suas comunidades que todos nós que vivemos no Vale do Silício e em outros centros urbanos. Querem que a carreira e a família prosperem, como todo mundo quer. Onde escolhemos viver não pode se tornar uma linha divisória, um impedimento, para um bom emprego e um futuro promissor.

Esse é o sonho americano. E cabe a todos nós garantir que ele dê certo, porque de certa forma bastante concreta, se não der certo para todos nós, é porque não deu certo para nenhum de nós.

Enxergue as pessoas. Se você já pegou um avião de Nova York ou Washington para Atlanta, é provável que já tenha sobrevoado minha cidade natal. Da próxima vez que voar, levante a persiana da janela do avião e olhe para baixo. Veja os campos e a infraestrutura lá embaixo. Perceba as comunidades. Note a vastidão e seu valor comercial. Alguém lá embaixo — inteligente, motivado e ambicioso, alguém tão inteligente, motivado e ambicioso quanto você — ergueu tudo aquilo e está trabalhando arduamente para tornar o futuro melhor para si e para as pessoas à sua volta.

Em novembro de 2019, enquanto este livro estava em fase de produção, o Aspen Institute publicou um estudo definitivo, *Rural Development Hubs: Strengthening America's Rural Innovation Infrastructure* [Hubs de Desenvolvimento Rural: fortalecendo a inovação da infraestrutura dos Estados Unidos rural, em tradução livre]. O grupo de estratégias comunitárias da Aspen fez uma aprofundada pesquisa e redigiu o relatório para auxiliar os gestores públicos e outros tomadores de decisões a compreender o contexto do campo e a implantar um ecossistema melhor para o desenvolvimento rural. O estudo foca no papel de um conjunto específico de intermediários, os *hubs* de desenvolvimento rural, que estão realizando esse desenvolvimento de um jeito diferente.

Em um capítulo anterior, propus a ideia de um programa especial Apollo — um "voo à Lua" — para a IA. Precisamos ter um ideal unificador desse nível. Andando de carro pelas estradinhas da Virgínia, ouvimos uma das minhas peças musicais favoritas, a sinfonia número 9 de Dvořák, "Do Novo Mundo", que ele compôs durante uma estadia nos Estados Unidos. Neil Armstrong levou uma gravação dessa sinfonia na Apollo 11. É uma música cheia de otimismo, expectativa, tensão e triunfo. Dvořák foi influenciado pela música afro-americana e nativa americana e pela amplidão de Iowa, que ele visitou no final do século XIX.

Eu adoro piano clássico, quase como uma obsessão, desde que era pequeno. Ninguém na minha família ouvia música clássica. Em casa, não tínhamos piano. E eu nunca aprendi a tocar de verdade. Apesar disso, na infância o piano me atraía, como uma máquina enorme e complexa. Fascinava-me o fato de que algumas pessoas podiam sentar-se diante dele e extrair algo bonito. Sentia-me frustrado, e ainda me sinto, pela existência de um fosso, fosso que eu nunca fui capaz de superar, entre tirar sons do teclado e tirar música. E quando comecei a programar, sempre enxerguei um paralelo entre a jornada do pianista e a do programador de computadores. O pianista, diante de sua máquina, tentando atingir um grau de maestria que lhe permita realizar algo relevante. O programador, essencialmente, tentando fazer a mesma coisa com um computador.

Minha composição para piano favorita é a "Balada número 1 em Sol Menor" de Chopin, op. 23. Tenho fases em que essa é a única coisa que ouço, várias vezes por dia, semanas a fio. Às vezes ouço gravações de pianistas diferentes; às vezes, gravações diferentes do mesmo pianista. E às vezes apenas a mesma gravação, de novo, de novo e de novo. A "Balada em Sol Menor" é uma das poucas peças musicais que, por mais que eu ouça, sempre me dão arrepios na espinha em certas performances, em geral quando o pianista chega ao duplo *fortissimo* na barra 106, que libera toda a tensão que vem crescendo desde o duplo *pianissimo* na barra 68.

O que me fascina é que algumas performances, mesmo com todas as notas perfeitas e tocadas por pianistas extraordinários, não me dão esses arrepios, não me subjugam com uma reação emocional que tenho dificuldade para descrever. Sou capaz de apreciar analiticamente performances menos arrasadoras, mas fica faltando a mesma emoção bruta e visceral. Não tenho ideia da razão disso e desconfio que nunca serei capaz de descobrir. Para mim, esse é um dos grandes e maravilhosos mistérios da condição humana.

A IA é capaz de compor e executar música, de forma até convincente. Mas eu nunca senti, de uma performance computadorizada, algo próximo do que sinto quando Murray Perahia interpreta a "Balada em Sol Menor". Sinto muita dificuldade em expressar por que uma performance de Perahia ou de Vladimir Ashkenazy da op. 23, número 1, me provoca esse sentimento, enquanto uma performance de Vladimir Horowitz e Arthur Rubinstein não, embora eu considere ambos melhores pianistas que Perahia e Ashkenazy. Tenho certeza de que outras pessoas reagem de forma completamente diferente a essas peças e performances. A reação de cada pessoa à música é profundamente... pessoal. Sempre achei a interpretação musical a forma mais pura de um ser humano comunicar um estado emocional para outro. Não vejo como uma máquina não supervisionada poderia criar, de forma eficaz, a mesma conexão emocional, seja de forma direta ou como mediadora.

E o mais importante: por que você iria querer isso?

Comece a se capacitar mais cedo. Estou convencido de que todos necessitarão de competências para incorporar a IA a seu trabalho, qualquer que seja o setor econômico — seja um doutorado em ciência da computação que lhe proporcione um emprego em pesquisa de ponta; formação universitária ou técnica para criar coisas com a infraestrutura de IA implementada por outros; ou as competências de que todos precisaremos para lidar, pensar e debater de forma inteligente produtos e serviços alimentados por IA à medida que o impacto deles em nossa vida for cada vez maior. Estudantes em Iowa, na Virgínia e no Wyoming me disseram que gostariam de ter tido aulas e treinamento em ciência da computação mais cedo, talvez até por meio de um programa de organizações como a 4-H ou a Future Farmers of America. Precisamos proporcionar um nível básico de competência técnica a todas as pessoas do planeta, da mesma forma que se espera que todos tenham um nível básico de competências matemáticas, científicas e linguísticas. Assim, todos terão condições de participar do desenvolvimento da IA. Isso vai ajudar a gerar prosperidade para mais pessoas e a garantir que a criação de IA seja mais diversa e inclusiva. Nosso jeito de criar tecnologia está para mudar, por conta da IA, em dois aspectos. Grupos cada vez menores terão cada vez mais poder para criar produtos e serviços de alto impacto; e o mecanismo que utilizamos para produzir coisas com tecnologia vai passar de *programar* computadores a fazer coisas para *ensinar* computadores a fazer coisas. A combinação de ambos significa que a criação de tecnologia pode ser mais inclusiva e diversa do que nunca e que, se quisermos que o impacto da tecnologia seja direcionado para um grupo mais inclusivo e diversificado, precisaremos utilizar todas as ferramentas desse kit no treinamento em tecnologia.

A magnitude e o escopo dessa possível transformação fazem com que os gestores públicos tenham um papel significativo a desempenhar. Governo, indústria, academia, sindicatos e organizações de promoção do bem-estar social precisam trabalhar em conjunto, em quase todas as áreas, para elaborar políticas que tanto estimulem o desenvolvimento apropriado dessas tecnologias quanto ajudem a minimizar os piores efeitos colaterais de sua adoção.

Existem quatro objetivos mais abrangentes que devemos buscar atingir: democratizar o acesso às tecnologias de IA e garantir seu uso justo e ético; encorajar e incentivar o desenvolvimento de tecnologias que reduzam o custo da subsistência humana; auxiliar todo indivíduo a encontrar autonomia e propósito em um futuro alimentado pela IA; e proteger os indivíduos do uso indevido de seus dados e de usos nocivos da IA.

Para democratizar o acesso às tecnologias de IA, precisamos cogitar a concessão de incentivos a laboratórios de pesquisa, universidades e indústria para que continuem a realizar pesquisa e desenvolvimento para que o estado da arte da IA progrida, cumprindo exigências específicas para que essas tecnologias sejam produzidas de modo a facilitar seu uso por desenvolvedores "comuns". Precisamos incentivar especificamente o desenvolvimento de tecnologias para "aprender a aprender" e outras que busquem reduzir as barreiras de entrada à incorporação da IA em novos produtos e serviços. Precisamos estimular os estudantes a aprender computação e oferecer formação e educação técnica tanto para jovens quanto para quem está no meio da carreira, treinando-os em competências digitais para os empregos de IA do futuro. Além disso, precisamos garantir que os dados e a ética da IA estejam entre os fundamentos da formação, tanto universitária quanto técnica. Todos os que trabalham com dados alheios ou criam sistemas de tomada de decisões que impactam seres humanos devem ser capazes de responder à seguinte pergunta: "Quais são as minhas obrigações éticas perante aqueles com cujos dados estou lidando e cujas vidas meu trabalho impacta?".

Os dados são a matéria-prima que alimenta os atuais e futuros sistemas de IA. Quem cria produtos e serviços alimentados por IA precisa ter acesso apropriado aos dados necessários para o treinamento dos sistemas de aprendizado de máquina. Incentivar mercados justos e fluidos para o intercâmbio de dados será de extrema importância não apenas para as empresas, mas para os consumidores, que devem receber compensação justa pelos dados que disponibilizam nesses mercados.

Os mercados já vêm trabalhando para estimular o desenvolvimento de tecnologias que reduzam o custo de subsistência, sobretudo na área da saúde. Nesse aspecto, também, há uma missão política de incentivo ao desenvolvimento de sistemas que reduzam o custo na saúde ao mesmo tempo que aumentem a qualidade da assistência; que ajudem a reduzir o custo da produção e da distribuição de alimentos; que reduzam o custo de construção e manutenção dos espaços onde vivemos e trabalhamos; e que ajudem a reduzir o custo e a qualidade de nossa segurança nos níveis pessoal, local e nacional.

Democratizar o acesso a tecnologias de IA e usar a tecnologia para prover melhor nossas necessidades humanas básicas de sobrevivência ajudará naturalmente a nos oferecer tanto autonomia quanto propósito no futuro. Deixar de trabalhar como escravizados para prover nossas necessidades básicas criará uma liberdade que o ser humano nunca teve. A IA também tem o potencial muito concreto de criar empregos que sequer imaginamos hoje, emancipando a criatividade humana de formas sem precedentes. No momento em que escrevo isto, estou visualizando a cena de *Star Trek: Primeiro Contato*, em que Jean-Luc Picard mostra a uma personagem chamada Lily uma *Enterprise* infestada de Borgs. Dentro do roteiro tortuoso em torno de viagens no tempo, Lily e Jean-Luc pertencem a eras separadas por séculos. Quando Lily pergunta a Jean-Luc sobre dinheiro, ele diz a ela: "A economia do futuro é um tanto diferente. Veja bem, não existe dinheiro no século XXIV [...]. A aquisição de fortuna deixou de ser a força motriz de nossas vidas. Trabalhamos em prol do aprimoramento pessoal e da humanidade como um todo". Pode soar como uma bobajada para nós, cidadãos do século XXI, confrontados com a realidade dos sistemas econômicos atuais, mas minha aspiração é essa. E, se não tivermos aspirações, principalmente as bem complicadas, elas não vão se materializar sozinhas. Nós somos as histórias que contamos.

Assim como aconteceu na Revolução Industrial, quando uma série de tecnologias, como o motor a vapor, forneceu um substituto para a mão de obra humana, alterando de forma fundamental a natureza do trabalho, a IA causa rupturas. Empregos vão desaparecer, e pessoas precisarão de novos propósitos e novas formas de sustentar a si e a suas famílias. Acelerar a criação de tecnologias para a subsistência e garantir que a economia de custo gerada por essas tecnologias resulte em queda dos preços, e não em elites ainda mais ricas, juntamente com subsídios governamentais e capacitação, vai assegurar que a duração e a magnitude dessa ruptura sejam menores. Dito isso, precisamos lutar para auxiliar aqueles que perderem seus empregos. Como ajudá-los a encontrar novos objetivos e gerir o custo pessoal dessa ruptura econômica, bem como a perda de dignidade que o desemprego acarreta? É preciso que os governos atuem em relação a isso, ainda que seja apenas alterando as regras do mercado atual de modo a incentivar as empresas a darem apoio aos trabalhadores prejudicados para que encontrem um caminho pessoal em meio a essas transformações.

O governo também precisa desempenhar o papel de definir uma proteção robusta dos dados pessoais, garantindo que eles sejam respeitados e que pessoas, empresas e governos não utilizem a IA para fazer o mal aos outros. Isso inclui capacitar as pessoas para detectar e se defender de *hackers* turbinados por IA e de manipulações. E incluirá implantar um marco legal de responsabilização para a IA que interage com seres humanos.

Prover acesso à banda larga e às ferramentas digitais para todos. Caso você seja jovem demais para se lembrar do acesso discado à internet e nunca tenha vivenciado o sofrimento da conectividade a conta-gotas, certamente já passou por isto: o engarrafamento de trânsito que o fez chegar atrasado a uma reunião muito importante; a pia da cozinha entupida na hora de fazer o almoço da família; a cadeira ou porta que fica sem conserto porque lhe faltam as ferramentas ou a habilidade para consertá-la. Carecer das ferramentas adequadas para criar e manter um negócio na era digital é a sensação de quem está fora das zonas urbanas de inovação. Quando você mora fora de uma cidade agitada, a sensação de impotência por não poder participar da economia digital chega a ser incapacitante. Falta acesso à banda larga de alta velocidade, assim como às ferramentas e competências digitais que, em zonas urbanas, são dadas como certas. Uma pesquisa que comparou a velocidade média de download nos EUA e na China, por estado e região, mostrou disparidades concretas. Estados como Mississippi, Wyoming e Iowa estão na ponta mais lenta do gráfico, enquanto Nova York e Washington, D.C. estão na ponta rápida. As regiões mais lentas da China ainda são mais rápidas que as zonas mais rurais dos EUA. Há relatos de que o avanço da China no 5G vai deixar para trás os EUA.

Compense. Uma das questões mais espinhosas é como compensar o ser humano à medida que as máquinas assumem cada vez mais, de maneira incontestável, habilidades e empregos humanos. Alguns especialistas propõem uma renda básica universal, o que é uma ideia nobre, mas uma solução ruim para o problema que ela em tese tenta resolver. Esse problema — como as pessoas vão ganhar a vida quando uma máquina tirar o emprego delas? — pode ser resolvido melhor com outras técnicas.

Por exemplo, eu e meus colegas estamos pesquisando um método que batizamos de "dados como mão de obra". Explicamos isso no início de 2018 em uma reportagem de capa da revista *Economist*. A inteligência artificial não para de melhorar e se prepara para transformar uma série de setores. Porém, para aprender a dirigir um automóvel ou reconhecer um rosto, os algoritmos que fazem as máquinas inteligentes existirem precisam ser treinados com quantidades maciças de dados. As empresas de internet coletam esses dados dos usuários toda vez que eles clicam em uma busca do Google ou falam com a Cortana. "Paga--se" por serviços gratuitos e úteis fornecendo às empresas os dados que elas tanto querem. Em vez de encarar esses dados como capital, eles poderiam ser tratados como mão de obra — e, mais especificamente, encarados como propriedade pessoal de quem gera essas informações, que a pessoa pode fornecer às empresas em troca de pagamento.

Só uma profunda falta de imaginação e uma boa dose de arrogância permitem achar que os únicos seres humanos capazes de tirar proveito da IA para criar grandes negócios serão os especialistas em IA e a elite dos engenheiros de software e que a única forma de progredir, para todos os demais, são subsídios da elite endinheirada. Se eu tivesse que apostar, colocaria enormes quantias na chance de que a IA crie mais empregos e prosperidade do que qualquer tecnologia na história. Quanto antes pararmos de pensar na IA como substituta do trabalho humano e começarmos a imaginar como ela pode se tornar uma força multiplicadora da engenhosidade humana, melhor. Imagine a dona de uma pequena empresa, com recursos limitados, ser capaz de realizar seu sonho utilizando tecnologias de IA que lhe deem o equivalente a uma mão de obra automatizada, superbarata e maciça para fazer o "trabalho pesado", complementando os funcionários humanos, que ficarão livres para criar valor que de outro modo não conseguiriam.

Vamos supor, porém, que leve algum tempo para que se materialize essa nova visão do trabalho, do empreendedorismo e dos negócios e que trabalhadores sofram com a disrupção econômica provocada pela substituição de seus empregos por máquinas. Algum tipo de rede de segurança financeira é inteiramente apropriado e, na verdade, necessário. É desumano deixar de olhar por trabalhadores dedicados de nossas comunidades que perderão seus empregos sem ter culpa disso, inconsistente com ensinamentos baseados na fé e antiamericano. É preciso garantir a subsistência das pessoas. Elas precisam de comida, roupa, teto, saúde, acesso a formação e educação e os meios básicos de participar da força de trabalho. A renda básica universal poderia ajudar a garantir parte disso. Mas é um instrumento simplista, que deixa de atacar a questão de fundo: que o custo de várias dessas necessidades de subsistência, especificamente moradia, saúde e educação, tem aumentado mais rapidamente que a inflação ou o PIB, o que gera pressão para que essa renda básica universal acompanhe. No contexto de um mercado livre, a renda básica universal também traz um problema de "guetização". Um exemplo — talvez de enorme importância, considerando o ciclo de feedback negativo que a especialização regional provoca, resultante da expulsão dos trabalhadores de baixa qualificação dos prósperos centros urbanos de inovação — é que uma renda básica universal fixa (não indexada ao custo de subsistência) forçará ainda mais os que precisam dela a viver nos lugares menos desejados e potencialmente longe das regiões onde, através da recapacitação, poderiam ter as oportunidades futuras de emprego mais interessantes. Se indexarmos a renda básica universal aos custos de subsistência, teremos uma série de questões complicadas, por conta do aumento exponencial desses custos, provocado por desequilíbrios entre oferta e demanda e desigualdades de renda.

Talvez uma resposta melhor que a boa e velha renda básica universal seja essa renda conjugada a uma série de investimentos em tecnologia e políticas públicas que reduzam esse custo de sobrevivência. Por exemplo, é altamente provável que a IA e os rápidos progressos da biotecnologia, como o CRISPR-Cas9 (edição de genes), reduzam drasticamente os custos com saúde, aumentando significativamente a qualidade dos desfechos. *Startups* e grandes empresas têm dado grande ênfase ao desenvolvimento de tecnologias de IA capazes de detectar e diagnosticar doenças precocemente, quando é mais fácil e muito mais barato tratá-las e antes que elas impactem a qualidade de vida e/ou a expectativa de vida. São novas técnicas e tecnologias que já se mostram tremendamente promissoras. IA, sensores de saúde física e computação móvel onipresente serão capazes de reduzir o custo de checkups e diagnósticos de rotina. E a tecnologia pode ser capaz de melhorar a qualidade dos cuidados paliativos, ajudando pessoas mais idosas ou com doenças terminais e suas famílias a tomarem decisões melhores, aumentando a autonomia, a dignidade e a qualidade de vida do paciente e reduzindo os custos. Um percentual elevado das despesas médicas nos EUA provém dos cuidados médicos dispensados nos doze últimos meses de vida. Poderíamos gastar 100% do PIB com isso e, no limite, o desfecho não seria diferente. Não há como enganar a morte. Nesse aspecto, também há um papel para os gestores, tanto na preparação do terreno para a adoção e implementação dessas tecnologias quanto na garantia de que o mercado de seguros de saúde continue a funcionar da maneira mais eficiente possível.

ESPERANÇA NÃO É UMA ESTRATÉGIA

Talvez a esperança seja uma das coisas mais importantes que nós, seres humanos, possuímos. A crença em um futuro melhor é a base do progresso. A esperança alimenta nossa determinação para enfrentar os obstáculos de hoje para chegar ao futuro, qualquer que ele seja. E a falta de esperança é, de fato, algo sombrio.

Não saberia dizer quantas vezes, depois de lançar uma ideia, um artigo, uma obra de arte, um software, um projeto complexo ou uma empresa eu perguntei a mim mesmo ou àqueles com quem tive a sorte de trabalhar: "E agora?". Quando a réplica é: "Fizemos tudo que podíamos, agora é esperar que dê certo", a resposta que aprendi depois de décadas de sofrida experiência foi: "Esperança não é uma estratégia". Por si só, a esperança não faz o futuro que queremos ou de que precisamos.

O futuro da tecnologia, sobretudo da automação avançada e da IA, nos dá muitos motivos para ter esperança. A esperança é de importância monumental. Mas é como se fosse apenas um adiantamento de um compromisso recíproco que precisamos assumir: fazer todo o trabalho necessário para recompensar essa esperança com um futuro edificante para todos.

Agradecimentos

Talvez as melhores coisas a respeito de escrever este livro tenham sido todas as conversas interessantes que tive com tantas pessoas inteligentes e apaixonadas e a oportunidade que isso me deu de refletir sobre todas as pessoas que me influenciaram. Quando contei a Satya Nadella, meu chefe na Microsoft, que estava pensando em escrever um livro, ele não hesitou em me encorajar e apoiar. Além de me dizer para seguir em frente, colocou-me em contato com Greg Shaw e compartilhou o que estava aprendendo ao terminar de escrever seu próprio livro, *Hit Refresh*. Meus colegas na Microsoft são incríveis. Aprendi mais com eles nos últimos anos do que creio ter aprendido em toda a vida. Tive muitas conversas interessantes com Eric Horvitz, Saurabh Tiwary, XD Huang, Yuxiong He, Ranveer Chandra, Doug Burger, Jaime Teevan, Umesh Madan, Luis Vargas, Mat Velloso e Eric Boyd que foram particularmente úteis para este livro. Brad Smith e o trabalho que ele e sua equipe na Microsoft estão fazendo sobre privacidade, ética em IA e acesso à tecnologia representam muito para mim como indivíduo, e fico grato pelas nossas conversas e pelo trabalho que realizamos juntos nessas questões importantes.

Tive o privilégio de trabalhar com pessoas realmente incríveis ao longo dos anos, mais recentemente com uma equipe incrível no

LinkedIn. Durante boa parte dos anos mais intensos do LinkedIn, Mohak Shroff, Bruno Connelly, Igor Perisic, Dan Grillo, Sonu Nayyar e Alex Vauthey trabalharam comigo para criar uma equipe de engenharia e operações e uma cultura que vou amar para sempre. Aprendi muito com cada um deles e nunca poderei expressar gratidão suficiente por todo o trabalho árduo, sacrifício, compromisso, orientação, humor e elegância.

Meus colegas da equipe executiva do LinkedIn eram um time fantástico de irmãos e irmãs com quem estar nas trincheiras. Deep Nishar, com quem trabalhei no início de minha carreira no Google, foi meu elo com o LinkedIn e ótimo parceiro de produtos nos meus primeiros anos por lá. David Henke, Erika Rottenberg, Mike Callahan, Shannon Brayton, Steve Sordello, Pat Wadors e Mike Gamson se preocupavam mais uns com os outros e com o que estávamos tentando fazer juntos do que qualquer equipe com a qual eu já havia trabalhado. Quando entrei no LinkedIn, me reportei a David Henke durante algum tempo e depois fui seu colega na equipe executiva por alguns anos, quando ele dirigia as operações técnicas, e eu, a engenharia. David é o melhor líder de operações com quem já trabalhei (embora seu pupilo, Bruno Connelly, esteja muito próximo) e me ensinou mais sobre liderança sem ego, intensidade, sinceridade total e excelência operacional do que jamais aprendi com alguém. Eu senti falta da companhia de David desde o dia em que se aposentou.

Ao ler minhas palavras neste livro, ouço claramente a voz de Jeff Weiner e sinto sua influência em quase toda parte. Eu era, e continuo sendo, um pé no saco para administrar. Logo, pode ser que Jeff não tenha uma ideia completa de quanto aprendi com ele. Sou grato por sua paciência como gestor, sua generosidade ao dar conselhos e ajuda quando precisei e por se importar de verdade com meu bem-estar, não apenas com o trabalho que eu estava produzindo. Fico feliz em chamá-lo, e a meus outros colegas do LinkedIn, de amigos.

Quando entrei no LinkedIn, Reid Hoffman já era uma figura de proa. Devo dizer que no início fiquei tão intimidado que não tentei conhecê-lo melhor. Talvez tenha sido um dos maiores erros que já cometi. Reid é uma das pessoas mais inteligentes que conheço. Às vezes é difícil se relacionar com pessoas tão inteligentes quanto Reid, que optam por pensar de forma tão ampla quanto ele. Pessoas como ele têm uma cabeça que gira tão rápido e de um jeito tão peculiar que coisas simples, como conversar com elas, podem se tornar complicadas. Mas Reid também é acessível, compreensivo, verdadeiramente atencioso e um doce de pessoa. Grande parte deste livro foi influenciada por ele, em parte pelas muitas conversas que tivemos sobre como moldar o impacto da IA para que ela sirva ao bem comum e em parte porque segui o conselho dele de tentar me envolver no debate público de ideias, mesmo que esse debate possa ser incômodo.

Eu não poderia ter escrito este livro sem minha família e meus velhos amigos. Minha mãe e meu pai, meu irmão, minha tia e meu tio, meus primos e meus avós moldaram a maneira como penso sobre o mundo e deram um apoio inabalável a mim e às maluquices que eu quis fazer. Sempre tiveram fé em mim, e essa fé tem sido o alicerce da minha confiança para tentar coisas novas e persistir quando se mostram, como sempre acontece, difíceis e frustrantes. Olhando para trás, não sei por que sempre tiveram tanta fé em mim, mas sou grato por isso e desejo que todos, em toda parte, tenham mais disso em suas vidas. Quando as pessoas acreditam em você, acho que fica mais fácil acreditar nos outros. E esse é um ciclo virtuoso que deveria existir mais no mundo.

Como qualquer um que já leu a seção de agradecimentos de um livro sabe, escrevê-lo cobra um preço especialmente alto da família mais próxima. No meu caso, o trabalho diurno já representa um bom tempo longe da minha família. Escrever um livro além disso representou muitas noites, fins de semana e férias gastas digitando no notebook em vez de fazer tudo que amo fazer com a família. Mas o fato é que este livro, a esperança para o futuro que ele busca estimular e o trabalho que precisamos realizar para adquirir essa esperança são as missões que eu e minha esposa, Shannon, temos juntos desde 2002. Ela, mais do que ninguém na minha vida, entende. Mais que entender, porém, Shannon, com seu desejo incansável de ajudar os outros, mesmo quando isso a deixa esgotada e em lágrimas, é a razão pela qual continuo insistindo ano após ano e a principal razão da existência deste livro. Ela também passou muitas preciosas horas nos fins de semana revisando minuciosamente os esboços e dando feedbacks incrivelmente úteis. Eu a amo muito e me pergunto todos os dias como tive tanta sorte.

Meu coautor, Greg Shaw, é um dos maiores golpes de sorte que tive em minha longa série de golpes de sorte. Quando comecei a pensar em escrever um livro, não tinha a menor ideia de como fazer acontecer. Amontoar algumas centenas de páginas de ideias minimamente coerentes parecia assustador, e eu não sabia absolutamente nada sobre a indústria editorial e como me orientar. Greg é um profissional, tendo passado por esse processo várias vezes e, além de ser um ótimo parceiro de escrita e editor, ajudou-me a fazer contato com meu agente, Jim Levine, e com minha editora da Harper Business, Hollis Heimbouch. Já seria sorte e motivo de gratidão receber os comentários tão precisos e incrivelmente valiosos de ambos mesmo que este livro nunca viesse à luz. Rebecca Raskin e toda a equipe da HarperCollins tornaram o produto final muito melhor, e a experiência, mais divertida. Greg e eu trabalhamos tão bem juntos, na verdade, que ambos sentimos um pouco de melancolia ao nos aproximarmos da linha de chegada. Já estou pensando em nosso próximo projeto, só para poder passar mais tempo com Greg.

— Kevin Scott

Minha cidade natal, em Cotton County, Oklahoma, fica a 2113 quilômetros da casa de Kevin em Campbell County, Virgínia. Treze é um número da sorte. Para chegar lá, é preciso passar por Memphis e Nashville. No entanto, na primeira vez que nos sentamos para almoçar frango com *Phaseolus lunatus*, imediatamente começamos a debater que nome dávamos àquilo onde nascemos, feijão-de-lima ou feijão-

-manteiga. Tanto faz: no interior dos EUA, esses feijõezinhos verdes são sinônimo de prato chique de restaurante. Assim que eu soube que um especialista em tecnologia sulista, assim como eu, queria escrever um livro sobre IA e a América rural, topei na hora. Não tenho palavras suficientes para agradecer a Kevin pela oportunidade.

Muitas pessoas nos subsidiaram e inspiraram ao longo do caminho, e a maioria é citada no texto deste livro. Mas quero agradecer a alguns que não são:

Na Microsoft, Mary Snapp, Jennifer Crider, Mike Egan e Mike Miles vêm liderando um trabalho importante de apoio ao acesso às tecnologias rurais. Sou imensamente grato a Peter Lee pela explicação fundamentada de *dropout* no Capítulo 7.

Kitty Boone, do Aspen Institute, e Janet Topolsky, do grupo de inovação em desenvolvimento rural do mesmo instituto, forneceram contatos úteis. Meu grande amigo David LaFuria, sócio da Lukas, LaFuria, Gutierrez & Sachs, tem um conhecimento enciclopédico de leis e regulamentações relacionadas à banda larga rural. Meu amigo e colega Rob Shepardson, que fundou a SS+K com Lenny Stern e Mark Kaminsky, produziu um belíssimo documentário sobre os valores rurais, que espero que um dia seja disponibilizado para todos. Meus agradecimentos especiais à equipe da biblioteca da Microsoft, Kimberly Engelkes e Amy Stevenson, pela revisão dos originais e pela produção da seção de notas e recomendações de leitura.

Por fim, minha paixão por este tópico tornou-se possível graças a dois casais de avós de Cotton County, Oklahoma, uma comunidade agrícola rural despovoada perto do Rio Vermelho do Sul, no Texas. Clifford e Vida Mae Farley eram agricultores, Vermont Shaw era funcionário da companhia elétrica, e Dorothy Shaw cuidava das finanças de uma madeireira e da cidade de Walters.

— Greg Shaw

Notas

1. SHAH, Semil. "Transcript: @Chamath At StrictlyVC's Insider Series". Haystack, 17 set. 2015. Disponível em: http://haystack.vc/2015/09/17/transcript-chamathat-strictlyvcs-insider-series/. Acesso em: 8 mai. 2023.
2. O Teste de Turing é um dos testes indiretos de inteligência de máquina mais antigos. Nele, pede-se a um ser humano que conversa com algo ou alguém que ele não pode ver que adivinhe se está conversando com um ser humano ou uma máquina. Se a máquina for capaz de enganar o ser humano, ela passou no Teste de Turing.
3. O desafio do Esquema de Winograd é um teste indireto de inteligência de máquina mais difícil. Nesse desafio, tem-se uma frase como: "Os vereadores negaram autorização aos manifestantes porque eles [temiam/defendiam] a violência"; e pede-se à máquina que determine corretamente o sujeito do pronome para as duas opções de complemento da frase. Para um ser humano, em geral, fica imediatamente evidente a quem "eles" se refere. Com "temiam", "eles" são "os vereadores". Com "defendiam", são "os manifestantes". Para a máquina, isso é particularmente complicado, porque é preciso um contexto mais amplo e certo nível de raciocínio com bom senso para determinar corretamente o sujeito.
4. TRIOLO, Paul; KANIA, Elsa; WEBSTER, Graham. "Translation: Chinese Government Outlines AI Ambitions through 2020". *New America*, 26 jan. 2018. Disponível em: https://www.newamerica.org/cybersecurity-initiative/digichina/blog/translation-chinese-government-outlines-ai-ambitions-through-2020/. Acesso em: 8 mai. 2023.
5. Ministério Federal da Economia e Energia da Alemanha. "SMEs Are Driving Economic Success: Facts and Figures about German SMEs". 1 mar. 2018. Disponível em: https://www.bmwi.de/Redaktion/EN/Publikationen/Mittelstand/driving-economic-success-sme.pdf?_blob=publicationFile&v=4. Acesso em: 8 mai. 2023.

6. PETRONE, Paul. "The Age of AI Is Here. Here's How to Thrive in It". LinkedIn, 17 set. 2018. Disponível em: https://learning.linkedin.com/blog/advancing-your-career/the-age-of-ai-is-here--here-s-how-to-thrive-in-it-. Acesso em: 8 mai. 2023.
7. BARTIK, Timothy J.; HERSHBEIN, Brad J.. "Degrees of Poverty: The Relationship between Family Income Background and the Returns to Education". W. E. Upjohn Institute for Employment Research, mar. 2018. Disponível em: https://doi.org/10.17848/wp18-284. Acesso em: 8 mai. 2023.
8. CARNEVALE, Anthony P.; STROHL, Jeff; MELTON, Michelle. "What's It Worth? The Economic Value of College Majors". Washington, D.C.: Center on Education and the Workforce, Universidade Georgetown, 2015. Disponível em: https://cew.george town.edu/cew-reports/valueofcollegemajors/. Acesso em: 8 mai. 2023.
9. CASE, Steve. "The Rise of the Rest". *Revolution*, 11 set. 2012. Disponível em: https://www.revolution.com/the-rise-of-the-rest. Acesso em: 8 mai. 2023.
10. Agricenter International. Disponível em: http://www.agricenter.org. Acesso em: 8 mai. 2023.
11. "Green Revolution". *Wikipédia*. Disponível em: https://en.wikipedia.org/wiki/Green_Revolution. Acesso em: 8 mai. 2023.
12. Clayborn Temple. Disponível em: https://www.claybornreborn.org. Acesso em: 8 mai. 2023.
13. "Breakthrough in Quality, Translation and Efficiency". Soundways. Disponível em: https:/www.soundways.com. Acesso em: 8 mai. 2023.
14. "Filter Bubble". *Wikipédia*. Disponível em: https://en.wikipedia.org/wiki/Filter_bubble. Acesso em: 8 mai. 2023.
15. Economic Graph Team. "Workforce Report: August 2018: United States". LinkedIn, 10 ago. 2018. Disponível em: https://economicgraph.linkedin.com/resources/linkedin-workforce-report-august-2018. Acesso em: 8 mai. 2023.
16. VAUGHN, Grisham; GURWITT, Rob. *Hand in Hand: Community and Economic Development in Tupelo*. Washington: The Aspen Institute, 1994. Disponível em: https://assets.aspeninstitute.org/content/uploads/f iles/content/docs/pubs/Tupel o_0.pdf. Acesso em: 8 mai. 2023.
17. The White House. "Executive Order on Maintaining American Leadership in Artificial Intelligence". 11 fev. 2019. Disponível em: https://www.whitehouse.gov/presidential-actions/executive-order-maintaining-american-leadership-artificial-intelligence/. Acesso em: 8 mai. 2023.
18. MICROSOFT. "Airband Initiative". Disponível em: https://www.microsoft.com/en-us/air band. Acesso em: 8 mai. 2023.
19. LI, Yuan. "How Cheap Labor Drives China's A.I. Ambitions". *New York Times*, 25 nov. 2018. Disponível em: https://www.nytimes.com/2018/11/25/business/china-artificial-intelligence-labeling.html. Acesso em: 8 mai. 2023.
20. McCARTHY, John; MINSKY, Marvin L.; ROCHESTER, Nathaniel; SHANNON, Claude E.. "A Proposal for the Dartmouth Summer Research Project on Artificial

Intelligence". *AI Magazine*, inverno 2006. Disponível em: https://aaai.org/ojs/index.php/aimagazine/article/view/1904/1802. Acesso em: 8 mai. 2023.

21. "Behavioral Modernity". *Wikipédia*. Disponível em: https://en.wikipedia.org/wiki/Behavioral_modernity. Acesso em: 8 mai. 2023.

22. STERLING, Peter; LAUGHLIN, Simon Laughlin. *Principles of Neural Design*. Cambridge, MA: MIT Press, 2015.

23. SIMARD, Patrice Y. et al. "Machine Teaching: A New Paradigm for Building Machine Learning Systems". arXiv, 21 jul. 2017. Disponível em: https://arxiv.org/abs/1707.06742. Acesso em: 8 mai. 2023.

24. GORDON, Joan. "Winsome Ghosts in the Machine: Joan Gordon's 'The Lifecycle of Software Objects'". *Los Angeles Review of Books*, 27 abr. 2012. Disponível em: https://lareviewofbooks.org/article/winsome-ghosts-in-the-machine-joan-gordons-the--lifecycle-of-software-objects/. Acesso em: 8 mai. 2023.

25. ESTRIN, Judy; GILL, Sam. "The World Is Choking on Digital Pollution". *Washington Monthly*, jan./fev./mar. 2019. Disponível em: https://washingtonmonthly.com/magazine/january-february-march-2019/the-world-is-choking-on-digital-pollution/. Acesso em: 8 mai. 2023.

26. "OpenAI Charter". OpenAI. Disponível em: https://openai.com/charter/. Acesso em: 8 mai. 2023.

27. CSIKSZETMIHÁLY, Mihaly. *Flow: The Psychology of Optimal Experience*. Nova York: Harper & Row, 1990 [Ed. bras.: *Flow: A psicologia do alto desempenho e da felicidade*. São Paulo: Objetiva, 2020].

28. National Education Association. "Code of Ethics". Disponível em: http://www.nea.org/home/30442.htm. Acesso em: 8 mai. 2023.

29. Partnership on AI. Disponível em: https://www.partnershiponai.org. Acesso em: 8 mai. 2023.

30. Stanford Institute for Human-Centered Artificial Intelligence. Disponível em: https://hai.stanford.edu. Acesso em: 8 mai. 2023.

31. "'Whoever Leads in AI Will Rule the World': Putin to Russian Children on Knowledge Day". *RT*, 1 set. 2017. Disponível em: https://www.rt.com/news/401731-ai--rule-world-putin/. Acesso em: 8 mai. 2023.

32. Economic Graph Team. "Workforce Report: April 2019: United States". LinkedIn, 8 abr. 2019. Disponível em: https://economicgraph.linkedin.com/resources/linkedin--workforce-report-april-2019. Acesso em: 8 mai. 2023.

Recomendações de leitura

Introdução

HARARI, Yuval Noah. *Sapiens: A Brief History of Humankind*. Nova York: Harper, 2015 [Ed bras.: *Sapiens: Uma breve história da humanidade*. Porto Alegre: L&PM, 2018].
LEE, Stan; DITKO, Steve. *Doctor Strange Omnibus*, v. 1. Nova York: Marvel, 2016.
MENZEL, Donald H. *A Field Guide to the Stars and Planets: Including the Moon, Satellites, Comets, and Other Features of the Universe*. Peterson Field Guide. Boston: Houghton Mifflin, 1964.
PUCHNER, Martin. *The Written World: The Power of Stories to Shape People, History, and Civilization*. Nova York: Random House, 2017 [Ed. bras.: *O mundo da escrita: Como a literatura transformou a civilização*. São Paulo: Companhia das Letras, 2019].
VANCE, J. D. *Hillbilly Elegy: A Memoir of a Family and Culture in Crisis*. New York: Harper, 2016 [Ed. port.: *Hillbilly: Era uma vez um sonho – A elegia de um mundo em transformação*. Alfragide: Leya, 2017].

Capítulo 1: Quando nossos empregos começaram a ir embora

ABERNATHY, Gary. "Our Town's Newspaper Was Mocked for Endorsing Trump. Here's What We Think Now". *Washington Post*, 7 jun. 2017. Disponível em: <https://www.washingtonpost.com/opinions/our-towns-newspaper-was-mocked-for-endorsing-trump--heres-what-we-think-now/2017/06/07/3365e17c-4acb-11e7-9669-250d0b15f83b_story.html>. Acesso em: 2 abr. 2023.
BRANDT, Allan M.. The *Cigarette Century: The Rise, Fall and Deadly Persistence of the Product That Defined America*. Nova York: Basic Books, 2006.
Ministério Federal da Economia e Energia da Alemanha. "SMEs Are Driving Economic Success: Facts and Figures about German SMEs". Berlim: Federal Ministry for Economic

Affairs and Energy, 2018. Disponível em: <https://www.bmwi.de/Redaktion/EN/Publikationen/Mittelstand/driving-economic-success-sme.pdf?__blob=publi cationFile&v=4>. Acesso em: 2 abr. 2023.

FISCHER, Paul M.; SCHWARTZ, Meyer P.; RICHARDS, John W.; GOLDSTEIN, Adam O.; ROJAS, Tina H.. "Brand Logo Recognition by Children Aged 3 to 6 Years: Mickey Mouse and Old Joe the Camel". *Journal of the American Medical Association*, v. 266, n. 22, pp. 3145-8, dez. 1991.

HERNANDEZ, Daniela. "How to Survive a Robot Apocalypse: Just Close the Door". *Wall Street Journal*, 10 nov. 2017. Disponível em: <https://www.wsj.com/articles/how-to-survive-a-robot-apocalypse-just-close-the-door-1510327719>. Acesso em: 2 abr. 2023.

"The History of Boydton Virginia". Prefeitura de Boydton, Virgínia. 2019. Disponível em: <https://boydton.org/history/the-history-of-boydton-virginia/>. Acesso em: 2 abr. 2023.

MEDEIROS, João. "Stephen Hawking: 'I Fear AI May Replace Humans Altogether'". *Wired*, 28 nov. 2017. Disponível em: <https://www.wired.co.uk/article/stephen-hawking-interview-alien-life-climate-change-donald-trump>. Acesso em: 2 abr. 2023.

STONE, Peter; BROOKS, Rodney; BRYNJOLFSSON, Erik; CALO, Ryan; ETZIONI, Oren; HAGER, Greg; HIRSCHBERG, Julia, et al. "Artificial Intelligence and Life in 2030: One Hundred Year Study on Artificial Intelligence: Report of the 2015–2016 Study Panel". Stanford: Universidade Stanford, set. 2016. Disponível em: <https://ai100.stanford.edu/2016-report>. Acesso em: 2 abr. 2023.

VANCE, J. D. *Hillbilly Elegy: A Memoir of a Family and Culture in Crisis*. New York: Harper, 2016 [Ed. port.: *Hillbilly: Era uma vez um sonho – A elegia de um mundo em transformação*. Alfragide: Leya, 2017].

Capítulo 2: Minha escolha de carreira

BARTIK, Timothy J.; HERSHBEIN, Brad J. "Degrees of Poverty: The Relationship between Family Income Background and the Returns to Education". *Working paper* do Upjohn Institute, pp. 18-284. W. E. Upjohn Institute for Employment Research, Kalamazoo, Michigan, mar. 2018. Disponível em: <https://research.upjohn.org/cgi/viewcontent.cgi?referer=&httpsredir=1&article=1302&context=up_workingpapers>. Acesso em: 2 abr. 2023.

CARNEVALE, Anthony P.; STROHL, Jeff; MELTON, Michelle. "What's It Worth? The Economic Value of College Majors". Washington, D.C.: Center on Education and the Workforce, Universidade Georgetown, 2015. Disponível em: <https://cew.georgetown.edu/cew-reports/valueofcollegemajors/>. Acesso em: 2 abr. 2023.

DUNBAR, Robin I. M. *How Many Friends Does One Person Need? Dunbar's Number and Other Evolutionary Quirks*. Londres: Faber and Faber, 2010.

Capítulo 3: Histórias de volta por cima

CASE, Steve. "The Rise of the Rest". *Revolution*, 11 set. 2012. Disponível em: <https://www.revolution.com/the-rise-of-the-rest/>. Acesso em: 2 abr. 2023.

FORD, Sam. "Future of Work Initiative in Kentucky". Palestra na Universidade do Kentucky, Lexington, 28 mar. 2018. Disponível em: <https://www.as.uky.edu/video/future-work-initiative-kentucky-lecture-sam-ford>. Acesso em: 2 abr. 2023.

HOFFMAN, Reid; YEH, Chris. *Blitzscaling: The Lightning-Fast Path to Building Massively Valuable Companies*. Nova York: Currency, 2018 [Ed. bras.: *Blitzscaling: O caminho vertiginoso para construir negócios extremamente valiosos*. Rio de Janeiro: Alta Books, 2019].

MORETTI, Enrico. *The New Geography of Jobs*. Boston: Houghton Mifflin Harcourt, 2012.

POSNER, Tess. "Artificial Intelligence for All: A Call for Equity in the Fourth Industrial Revolution". Our World, Nações Unidas, 29 out. 2018. Disponível em: <https://ourworld.unu.edu/en/artificial-intelligence-for-all-a-call-for-equity-in-the-fourth-industrial-revolution>. Acesso em: 2 abr. 2023.

REINHART, R. J.. "Most Americans Already Using Artificial Intelligence Products". *Gallup*, 6 mar. 2018. Disponível em: <https://news.gallup.com/poll/228497/americans-already-using-artificial-intelligence-products.aspx>. Acesso em: 2 abr. 2023.

WYKSTRA, Stephanie. "Developing a More Diverse AI". *Stanford Social Innovation Review*, v. 17, n. 1, p. 7, inverno 2019.

Capítulo 4: O agricultor inteligente

BRYNJOLFSSON, Erik; MITCHELL, Tom. "What Can Machine Learning Do? Workforce Implications." *Science*, v. 358, n. 6370, pp. 1530-422, dez. 2017. Disponível em: <https://www.cs.cmu.edu/~tom/pubs/Science_WorkforceDec2017.pdf>. Acesso em: 2 abr. 2023.

Economic Graph Team. "LinkedIn's 2017 U.S. Emerging Jobs Report", 7 dez. 2017. Disponível em: <https://economicgraph.linkedin.com/research/LinkedIns-2017-US-Emerging-Jobs-Report>. Acesso em: 2 abr. 2023.

GRISHAM, Vaughn. *Tupelo: The Evolution of a Community*. Dayton, Ohio: Kettering Foundation Press, 1999.

HAWKSWORTH, John; SNOOK, Richard. *UK Economic Outlook*, PricewaterhouseCoopers, jul. 2018. Disponível em: <https://www.pwc.co.uk/economic-services/ukeo/ukeo-july18-full-report.pdf>. Acesso em: 2 abr. 2023.

NEEL, Phil A. *Hinterland: America's New Landscape of Class and Conflict*. Londres: Reaktion Books, 2018.

POST, Todd (Org.). *The Jobs Challenge: Working to End Hunger by 2030*. 2018 Hunger Report. Washington, D.C.: Bread for the World Institute, 2018.

Capítulo 5: IA: Por que ela é necessária

PIKETTY, Thomas. *Capital in the Twenty-First Century*. Trad. Arthur Goldhammer. Cambridge, Massachusetts: Harvard University Press, 2014 [Ed. bras.: *O capital no século XXI*. Rio de Janeiro: Intrínseca, 2014].

RICHARDSON, Ken. *Genes, Brains, and Human Potential: The Science and Ideology of Intelligence*. Nova York: Columbia University Press, 2017.

Capítulo 7: Como os modelos aprendem

CHIANG, Ted. *The Lifecycle of Software Objects.* Burton, Michigan: Subterranean Press, 2010.

CLARKE, Arthur C. *Profiles of the Future: An Inquiry into the Limits of the Possible.* Nova York: Harper & Row, 1962 [Ed. bras.: *Perfil do futuro.* Petrópolis: Vozes, 1970].

GERRISH, Sean. *How Smart Machines Think.* Cambridge, Massachusetts: MIT Press, 2018.

HINTON, Geoffrey; OSINDERO, Simon; TEH, Yee-Whye. "A Fast Learning Algorithm for Deep Belief Nets". *Journal of Neural Computation,* v. 18, n. 7, pp. 1527-54, jul. 2006.

Capítulo 8: IA: Ameaça ou bênção para os empregos?

KOFMAN, Fred. *Conscious Business: How to Build Value through Values.* Boulder, Colorado: Sounds True, 2006 [Ed. bras.: *Consciência nos negócios: Como construir valor através de valores.* Rio de Janeiro: Elsevier/Campus, 2007].

KOFMAN, Fred. *The Meaning Revolution: The Power of Transcendent Leadership.* Nova York: Currency, 2018 [Ed. bras.: *Liderança & propósito: O novo líder e o real significado do sucesso.* Rio de Janeiro: HarperCollins, 2018].

THIEL, Peter A.; MASTERS, Blake. *Zero to One: Notes on Startups, or How to Build the Future.* Nova York: Crown Business, 2014 [Ed. bras.: *De zero a um: O que aprender sobre empreendedorismo com o Vale do Silício.* São Paulo: Objetiva, 2020].

Capítulo 9: Política e ética

KENNEDY, John F.. "President Kennedy's Special Message to the Congress on Urgent National Needs". Discurso pronunciado diante de sessão conjunta do Congresso americano, Washington, 25 mai. 1961. Disponível em: <https://www.jfklibrary.org/archives/other-resources/john-f-kennedy-speeches/united-states-congress-special-message-19610525>. Acesso em: 2 abr. 2023.

PINKER, Steven. *Enlightenment Now: The Case for Reason, Science, Humanism, and Progress.* Nova York: Viking, 2018 [Ed. bras.: *O novo Iluminismo: Em defesa da nação, da ciência e do humanismo.* São Paulo: Companhia das Letras, 2018].

ROSLING, Hans; ROSLING, Ola; RÖNNLUND, Anna R. *Factfulness: Ten Reasons We're Wrong About the World — And Why Things Are Better Than You Think.* Nova York: Flatiron Books, 2018 [Ed. bras.: *Factfulness: O hábito libertador de só ter opiniões baseadas em fatos.* Rio de Janeiro: Record, 2019].

Leituras adicionais

AGRAWAL, Ajay; GANS, Joshua; GOLDFARB, Avi. *Prediction Machines: The Simple Economics of Artificial Intelligence*. Boston: Harvard Business Review Press, 2018 [Ed. bras.: *Máquinas preditivas: A simples economia da inteligência artificial*. Rio de Janeiro: Alta Books, 2019].

BANERJEE, Abhijit V.; DUFLO, Esther. *Poor Economics: A Radical Rethinking of the Way to Fight Global Poverty*. Nova York: PublicAffairs, 2011 [Ed. bras.: *A economia dos pobres: Uma nova visão sobre a desigualdade*. Rio de Janeiro: Jorge Zahar, 2020].

DAUGHERTY, Paul R.; WILSON, H. James. *Human + Machine: Reimagining Work in the Age of AI*. Boston: Harvard Business Review Press, 2018 [Ed. bras.: *Humano + máquina: Reinventando o trabalho na era da IA*. Rio de Janeiro: Alta Books, 2019].

GRAY, Mary L.; SURI, Siddharth. *Ghost Work: How to Stop Silicon Valley from Building a New Global Underclass*. Boston: Eamon Dolan Books, 2019.

JASANOFF, Sheila. *The Ethics of Invention: Technology and the Human Future*. Nova York: Norton, 2016.

SCHWAB, Klaus. *The Fourth Industrial Revolution*. Nova York: Currency, 2017 [Ed. bras.: *A quarta revolução industrial*. São Paulo: Edipro, 2016].

Este livro foi impresso pela Cruzado, em 2023,
para a HarperCollins Brasil. O papel do miolo é
pólen natural 70g/m², e o da capa é cartão 250g/m².